KB235595

해양생태와 해양문화

나승만 · 신순호 · 조경만 지음
이경엽 · 김　준 · 홍순일

景仁文化社

이 책은 2003년도 한국학술진흥재단의 지원에 의하여 출간되었음.
(KRF-2003-005-A00008)

서 문

이 책은 목포대학교 도서문화연구소의 한국학술진흥재단 중점연구소 지원과제 제3단계(2003년 12월～2005년 11월)의 연구 성과를 간추린 것이다. 도서문화연구소는 서남해지역을 중심으로 유형문화자원과 무형문화자원으로 나누어 9년 동안 「서남해 도서·연안지역 문화자원 개발과 지역활성화 방안 연구」라는 과제를 '문화론적 지역활성화론', '현장론적 연구론', '학제간의 공동연구방법론'의 원칙으로 진행해 왔다. 그 결과 『다도해 사람들─사회와 민속─』, 『섬과 바다─어촌생활과 어민─』을 성과물로 출판하였고, 이번 『해양생태와 해양문화』는 세 번째 결과물이다.

서남해의 섬과 연안은 바다 속에서 주민들의 다양한 삶이 이루어지는 생활의 현장이자 역사 문화의 무궁한 저장고이다. 전남의 서남해는 300개의 유인도와 1,600여 개의 무인도가 있으며, 전국 섬의 60여 %를 차지하고 있다. 이들 지역의 주민들은 바다를 안방처럼 다니면서 고기를 잡고, 갯벌을 일구며, 바다·섬·연안을 생계의 터전으로 삼아왔다. 철도가 놓이고 도로가 뚫리면서 뱃길과 어업이 쇠퇴하자 화려했던 섬과 바다의 문화도 시들해졌다. 그러나 정보와 문화의 시대를 맞이하면서 해양문화는 한국문화의 정체성을 밝히는 문화원형으로 주목하기 시작하고 있다. 뿐만 아니라 21세기 문화시대가 지향하는 미래가치로 인정되고 있다. 해양문화는 주민들이 바다를 매개로 합의·전승해온 생활양식이요, 도서적 생태환경과 역사·문화적 환경 속에서 배태된 생활과 문화이다. 그래서 진취성·개방성·다양성을 그 특징으로 한다. 이것은 21세기 문화사회의 본질적 가치와 전술적 비전을 설정하기에 더할 나위 없는 것이다.

이 책은 제1부 '해양생태의 변화와 어촌', 제2부 '해양생태의 변화와 해양문화', 제3부 '해양문화의 전승과 재해석' 등으로 구성되어 있다.

제1부 '해양생태의 변화와 어촌'은 도서지역의 인구구조, 갯벌생태와 마을어장의 변화, 생태계와 문화의 시각으로 본 새만금 등 해양생태의 변화에 따른 어촌어민공동체의 적응원리를 살펴보았다.

제2부 '해양생태와 해양문화'는 민속생태학적 환경 인지, 새우잡이 젓중선의 어로, 갯제와 용왕신앙 등 해양생태의 변화에 따른 도서민들의 해양문화적 창조원리를 살펴보았다.

제3부 '해양문화의 전승과 재해석'은 민속학의 임자도 파시 사람들, 일제하 소안도 민족해방운동가의 수용과 전승, 민요의 문화관광, 전남 서남권의 개발방향 등을 내용으로 발굴 보존된 해양문화를 문화론적 지역활성화의 측면에서 재구성하고 그 가능성을 살펴보았다.

이번 과제를 수행하면서 서남해의 도서·연안지역 주민들의 자연을 인식하는 차별화된 인지체계, 생업 도구들의 다양성, 생태환경에 적응하는 어로방식과 생업기술, 신과 인간이 만나는 의례현장의 다양성, 신명을 표현하는 다양한 방식들, 그들이 엮어내는 다양한 구술자료 등을 접할 수 있었다. 이러한 소중한 자료들은 오롯이 이 책에 담아내지는 못했지만 앞으로 해양문화연구에 소중한 가르침이 될 것이다.

이번 중점연구 사업을 마무리하면서 도움을 주신 분들께 감사의 인사를 드리지 않을 수 없다. 우선 변방의 작은 대학에서 고집스럽게 연구

활동을 해온 우리연구소를 인정하고 지원해준 한국학술진흥재단의 관계
자 및 심사위원님들께 감사의 말씀을 드린다. 무엇보다 이번 연구가 6년
동안 지속될 수 있었던 것은 공동연구원 선생님들과 연구보조원의 헌신
적인 참여가 있었기 때문이다. 현지연구가 대부분을 차지하는 관계로 지
역주민들과 섬의 면사무소 관계자 여러분의 열성적인 제보와 관심이 없
었다면 불가능한 연구였다. 무엇으로도 그 보답을 다할 수 없겠지만 몇
마디 감사의 말로 대신한다. 끝으로 대중성 없는 연구 성과물을 책으로
만들어 주신 경인문화사의 사장님과 편집장님 및 관계자 여러분께 감사
를 드린다.

2007년 5월
공동연구원들을 대표하여
나 승 만 씀

목 차

서 문

제1부 해양생태의 변화와 어촌

제2부 해양생태의 변화와 해양문화

제3부 해양문화의 전승과 재해석

제1부
해양생태의 변화와 어촌

제1장
갯벌생태의 변화와 어민생활

김 준

1. 환경과 어촌

　많은 사람들이 도시의 번잡한 일상생활과 대비되는 자연의 꿈을 이야기할 때면, 으레 이 섬들을 떠올리곤 한다. 때로는 이 섬들이 폐쇄된 사회이거나 매우 멀리 떨어진 오지로 인식되기도 한다. 그러나 이들은 항상 바다를 통하여 외부에 개방되어 있었고, 오늘날과 같은 육상교통이 중심인 세계가 오기 전에는 더 빨리 근대의 문물이 밀려오기도 한 열린 세계였다. 이 섬들도 육지의 어느 지역사회 못지않게 역사적 풍상과 복잡하게 얽혀 있는 사회적 단면들을 가지고 있다.

　섬은 바다로 둘러싸여 있는 생산과 생활의 공간이다. 섬사람들에게 바다는 여러 가지 다양한 의미를 갖고 있다. 바다는 이들을 육지로부터 분리시키지만, 동시에 어디든지 쉽게 접근할 수 있도록 하는 장벽 아닌 장벽이다. 모든 사람들에게 개방되어 있으면서 동시에 닫혀 있는 생산의 터전으로서의 바다는 해안선으로부터의 거리, 해양환경(수심, 수온, 해저, 조류, 물때, 바람, 계절)에 따라 인간과 맺는 관계가 서로 다르다.

해안선으로부터 멀리 떨어진 바다는 고기잡이 어민들의 어장이지만, 연안어장은 마을 경계에 따라 분할되면서 가장 가까운 어촌의 배타적 점유와 이용의 대상이 된다. 이 연안어장은 마을주민들의 공동어장이거나 특정 개인의 면허어장으로 규정되어 마을과 국가의 통제를 받고 있다. 해양환경에 따라 어구와 어법이 다양하며, 어민들의 살림도 어촌마다 차이가 있다.

문제는 해양환경이 자연상태에서 변하는 것이 아니라 인위적으로 조성되는데 있다. 인위적으로 조성된 환경에 어민들이 어떻게 적응하며 살아가는가는 앞으로 지속적으로 관심을 가져야할 부분이다. 이러한 대표적인 사례는 '새만금'이 될 것 같다.

어촌은 흔히 생각하듯이 자급자족적 공동체가 아니다. 한국의 어촌은 1960~1970년대의 수출중심경제 하에서 급속하게 상품생산을 위한 기지로 변모했다. 이 기간에 한국의 수산업은 크게 발전했지만, 일부 생산물은 일본시장에 전적으로 의존하는 경향도 나타났다. 이런 수출경제에 가장 깊숙하게 편입된 지역이 해조류 양식업이 발달한 남서해안 지역이다. 이 기간에 한국 수산업의 생산성은 비약적으로 증가했지만, 이것이 가져온 폐해는 1980년대부터 두드러지기 시작했다. 어족고갈현상이 나타나고 어장환경이 크게 파괴되었다. 1980년대 후반부터 1990년대 중반까지 고창, 부안 등 전북지역과 충남의 일부 갯벌지역에 해조류 양식이 공간적으로 확대되었던 것도 완도를 비롯한 해조류 양식지역의 어장고갈, 노후화 등으로 신천지를 찾으려는 노력으로 시작된 것이다.

어촌에 큰 어려움을 안긴 것은 이런 내적 요인뿐 아니라 외부로부터 밀려오는 시장개방의 파도였다. 1990년대에 불어 닥친 시장개방의 파도는 한국 어촌의 내수시장 뿐 아니라 수출시장을 위축시켰다. 최근에는 중국의 수산물 수출경쟁력이 한국을 압도하고 있는 현실에서 한국의 어촌사회는 큰 타격을 받지 않을 수 없다. 이것은 기존의 마을의 운영체계나 공동체적 관행들의 존재기반을 무너뜨리는 요인으로 작용한다. 이 글은 그 동안 서남해 도서·연안 어촌을 조사 연구한 결과를 중심으로 해양생태가 어민생활에 어떤 영향을 주고 있는지 살펴본 것이다.

2. 어민의 환경인지와 어촌사회의 이해

한국사회에서 정치적으로나 정책적으로 어촌 자체에 관심을 가졌던 적은 없다. 새마을운동으로 대변되는 근대화 과정에서 어촌과 어민들은 행정력의 미비로 소외되었고, 간척과 개발은 그들의 생활과 생산의 공간을 무너뜨렸다. 최근에는 소외와 개발로부터 배제된 곳은 체험과 관광을 앞세워 어민들을 몰아내고 있으며, 최근 문화원형 발굴이라는 이름으로 콘텐츠 사냥의 중점대상이 되고 있다.

1) 어촌의 사회문화적 관심들

인문·사회적으로 어촌과 어민들을 접근한 연구들이 매우 제한적이다. 1980년대까지는 인류학, 사회학, 경제사, 민속학, 지리학 등 몇몇 학문 분야에서 어촌사회에 대한 연구들이 시도되었지만, 1990년대 접어들면서 민속학 분야의 일부 선구자를 제외하고 중단되었다.

해방 후 어촌사회에 대한 최초의 연구로는 '한국서해도서'(국립박물관, 1957)를 꼽을 수 있다. 본격적이 연구라기보다는 역사·고고·사회·언어학 분야의 조사보고서의 성격을 띠고 있지만 덕적도, 외연도,

원산도, 흑산도 등의 당시의 생활상을 잘 보여주고 있어 매우 소중한 자료라 할 수 있다. 이후 다양한 분야의 연구자들이 어촌연구를 시도하였는데 이중 1990년대 이후 몇 개의 연구사례를 살펴보자.

어촌의 사회문화의 종합적 연구로는 인류학총서로 발간한『한국의 낙도민속지』(한상복 외, 1992)와『한국어촌의 저발전과 적응』(전경수 편, 1992), 국립민속박물관에서 경기도와 충청남도를 조사한『어촌민속지』(국립민속박물관, 1996)와『경남어촌민속지』(국립민속박물관, 2002),『도서문화』(도서문화연구소, 1982~2003),『동해안 어촌의 민속학적 이해』(권삼문, 2001), 그리고『해조류 양식 어촌의 구조와 변동』,『어촌사회의 변동과 해양생태』,『갯벌을 가다』(김준, 2004),『새만금 그곳에 여성들이 있다』(윤박경, 2004) 등이 있다.

『한국의 낙도 민속지』는 백령도·대청도·소청도, 덕적군도, 격열비열도, 외연열도, 고군산군도, 안마군도, 비금·도초·우의군도, 조도군도, 완도남단, 추자군도, 거제도 인근, 울릉도·독도지역의 인류학적 주제를 갖는 현지답사 보고서를 묶은 것이다. 주제는 어촌지역의 인구구조와 가족구조, 통혼권, 경제생활, 신앙과 의례, 교육과 보건 등이다.

이 책이 민속지적 조사 위주라면,『한국어촌의 저발전과 적응』은 보다 진전된 어촌연구의 결과를 묶은 것이다. 앞의 책이 결혼과 통혼권에 초점을 맞추고 있는데 비해 이 책에서 다루어진 주제는 훨씬 더 다양하여, 양식어업이나 선단조직, 의례, 성 체계, 리더쉽 등 경제인류학이나 정치인류학적 문제의식이 많이 드러난다.

목포대학교 도서문화연구소는 1980년대 초반에 섬 연구를 목적으로 설립되어 설화, 방언, 지명, 역사, 고고, 인류, 민속, 전통건축, 사회 등 인문사회 각 분야의 학계간 연구를 수행하고 있다. 그 결과 매년 발행하는 연구소학술지『도서문화』는 서남해 도서지방의 지역사회와 문화연구에 큰 도움이 되고 있다.

이외에 의미 있는 조사연구로, 경기도, 인천광역시, 충청남도의 어촌의 어업과 어로기술, 어촌계의 조직과 활동, 주거생활, 어로신앙, 설화와 민요 등을 연구한 국립민속박물관의 『어촌민속지』, 『동해안 어촌의 민속학적 이해』 등이 있다. 후자는 동해안 지역의 생업, 어업기술, 민속, 사회조직, 개발 등을 주제로 연구하였다.

반면에 『해조류 양식어촌의 구조와 변동』과 『어촌사회의 변동과 해양생태』는 서남해 지역의 어촌지역을 조사연구 하였다. 이 연구는 해조류 양식어촌의 마을운영과 어장의 상호관계에 주목하였으며, 해양생태의 변화가 어민들의 생활을 어떻게 변화 시키는가 살펴보고 있다.

연구논문은 아니지만 어민들의 생활과 해양생태를 연결해서 살펴본 글로는 『새만금 그곳에 여성들이 있다』(윤박경, 2004)와 『갯벌을 가다』(김준, 2004), 『새만금은 갯벌이다』(김준, 2006)가 있다.

『새만금 그곳에 여성들이 있다』는 "에코페니즘적 시선으로 어촌을 바라본 글로 그동안 남성 중심적 사회 속에서 간과되거나 무시되어 온 여성들의 삶과 목소리를 드러내고, 바로 그 '여성의 눈'과 '여성의 몸'으로 생태·환경 영역의 다양한 문제들을 분석하는 작업을 펼쳐 왔으며, 또한 대안적인 삶의 방식을 모색하면서, 일상의 삶 속에서 생태적이고 여성해방적인 감수성과 문화를 새롭게 찾고 실천하기 위한 노력을 계속하고 있다."

『갯벌을 가다』는 갯벌을 체험과 관광의 대상으로 정도로 보는 한정된 시선을 넘어 희로애락의 갯살림의 생활사를 이야기하고 있다.

"많은 갯벌이 논이 되고 아파트가 되고 공장이 되고 있다. 영산호가 그랬고 시화호가 그랬고 새만금이 그렇게 되고 있다. 평생 김을 뜯고 꼬막을 파고 석화를 까던 어부들은 농민이 되고 노동자가 되었다. 어촌의 문제는 급격한 인구 감소가 아니다. 문제는 바다를 보는 뭍사람들의 잘못된 시선에 있다. 뭍에서 바다를 보는 시선은 항상 개발에 있었다. 물론 도장을 꾹꾹 눌러준 어민들에게도 책임이 있다. 그동안 어민들은 갯벌을 어떻게 나누고 이용할 것인가에만 관심을 가졌을 뿐이다.”

2) 환경인지와 어민생활

어촌을 사회문화적으로 접근을 한 연구는 많지 않으며 그 중에서도 갯벌과 바다 등 해양생태와 어민들의 삶의 상호작용을 들여다보는 시도는 매우 한정되어 있다. 그 동안 사회학적 어촌연구는 마을, 마을조직 중심으로 진행되어왔다. 어촌이 환경에 영향을 많이 받는 지리적 특징에도 불구하고 해양생태와 어촌의 상호관계에 대한 연구는 이루어지지 않고 있다. 사회학은 물론 어촌사회(학)의 연구에 있어서 환경의 문제는 고려의 대상에 늘 제외되어 왔다.

어촌사회 연구에서 생태환경(바다와 갯벌, 어장)에 주목해야 하는 이유는 무엇인가. 생태환경은 어촌사회의 구조를 결정하기 때문이다. 어민의 생활을 결정하는 것은 갯벌과 바다의 공간적 환경만이 아니라 계절, 바람, 물때 등 시간적 환경이다.

우리의 어촌주민들은 일반 농촌에서 발견되지 않는 독특한 어업력을 가지고 있으며 시간적으로 공간적으로 매우 섬세한 인지도를 발전시켜왔다. 어업활동은 어업력에 의존하며, 이는 조수의 흐름을 나타내는 ‘물때’와 바람이 중요한 구성요소이다. ‘물 때’는 지역마다 이름이 다르지만, 대체로 음력 초하루가 일곱물이며 이 때부터 한 계단씩 증가하여 음력 초이레가 열세물, 즉 ‘아침조금’이 된다. 여드레는 조금, 아흐레가 무수, 그리고 열흘부터 한 물이 시작되어 보름에는 여섯물이 된다. 열 엿새부터 다시 새로운 주기가 시작된다.

바람은 8개의 방위로 세분되고 특히 북쪽과 동쪽 사이의 바람은 더 세분된다. 서남해안의 경우 북풍을 하늬바람, 동풍을 샛바람, 남풍을 마파람, 서풍을 늦바람이라고 부르는데, 북풍과 동풍 사이에 높하늬와 높새가 있고, 동남풍을 샛마파람, 남서풍을 늦마, 북서풍을 늦하늬라고 부른다. 이외에 마을의 해안선은 지형지물에 따라 세분되어 있다. 이런 어업력과 인지지도가 지역별 비교를 통해 체계화될 수 있다.

한편 어촌사회의 변화는 모든 어촌에서 동일하게 나타나는 것이 아니다. 어장조건, 기술, 양식형태 등 어업환경에 따라서 변화의 정도와 방향은 다르다. 특히 우리의 어업기술과 어업형태는 선진 기술을 먼저 습득한 지역에서 성공하게 되면 비슷한 환경을 가진 지역으로 빨리 확산되기 때문에 어촌사회의 지역적 변동을 파악하기 위해서는 역사지리학적 접근도 요구된다. 사회적 측면에서도 의사결정의 구조와 과정이 모든 어촌에서 동일하게 진행되는 것은 아니며, 어장의 특징에 따라 의사결정에 개입하는 계층이 다르다.

어촌의 공동체성은 역사적으로 변화되어 왔을 뿐 아니라 지역에 따라 다르다. 전국 어촌에서 개별어업에 대한 공동어업의 상대적 비율을 본다면, 공동어업의 비중은 전남이 가장 높으며, 개별어업은 충남이 가장 많다. 전남이 공동어업 건수가 많은 것은 양식어업과 마을어업의 비중이 높기 때문이며, 충남이 개별어업 건수가 많은 것은 허가어업과 신고어업이 높기 때문이다. 특히 충남지역은 신고어업이 차지하는 비중이 매우 높은데 이는 서해 어장의 특성상 신고어업인 맨손 어업, 투망 어업, 나잠 어업, 육상 양식 어업, 육상 종묘 어업 등이 발달해 있기 때문이다. 면허 어업 중에서 강원과 경남북 지역에서 상대적으로 높게 나타나는 정치망 어업[1]과 전남지역에서 높게 나타나는 내수면 어업은 개별어업의

---

1) 수산업법 제8조에 의하면 정치망은 정치성 어구를 설치하여 수산물을 포획하는 어업으로 대형정치망(10ha이상 구획된 수면), 중형정치망(5-10ha), 소형정치망(5ha미만)으로 구분된다. 이러한 정치망에 사용할 수 있는 어구는 대부망, 대모망, 개량식 대모망, 낙망, 각망, 팔각망, 소대망, 죽방렴 등이다.

성격이 강하며 대규모의 자본을 필요로 하는 어업이다. 정치망은 바다의 일정한 곳을 구획하여 어구를 고정시켜 수산물을 포획하는 어업으로 지선어장 내에서 이루어지는 경우 어촌계에 일정한 행사료를 내는 것이 관행이다. 내수면 어업은 육지에서의 어류 양식 및 수산물 종묘 어업 등을 말하는데 시설 및 유지에 많은 자본이 요구되기 때문에 기업적 성격을 띠고 있다. 해조류 중심 지역인 전남, 특히 완도는 최근 육상에 대형 수조를 만들어 광어나 돔을 양식하는 내수면 어업이 확산되고 있다.

수심이나 조수간만의 차이, 농지의 규모나 분포상태 등의 생태학적 조건은 어촌마을의 생산 및 생활의 유형을 결정하는데 가장 중요한 요소이다. 이런 어촌의 생태학적 조건은 어업과 농업의 비중을 결정하며, 고기잡이 어업, 양식어업, 맨손어업 등 어업 형태를 결정하게 한다. 이런 생태학적 조건은 사실상 어촌의 역사적 경험에 큰 영향을 미쳐왔다. 저지대의 해안에서는 갯벌의 간척을 통한 농지확보 노력이 끊임없이 이루어져왔다. 이것은 다시 어촌 주민들의 생업 뿐 아니라 의례나 놀이문화를 다르게 한다.

따라서 어촌의 연구에서 보다 구체적으로 고려해야 할 것은 어장이용을 바라보는 생태학적 시각이다. 타와[田和正孝, 1997]는 어장이용행태를 연구할 때 어업지리학적 관점을 도입할 것을 제안했는데, 그것은 시간적 차원과 공간적 차원을 함께 고려하는 것이다. 시간적 차원은 연기성 또는 계절성, 월 주기성, 일 주기성으로 구성된다. 이것은 기온과 풍우 등의 기상조건과 함께 조류 및 조석현상과 밀접하게 연관되어 있다. 공간적 차원은 어촌이 위치하고 있는 육지와 바다로 구성되며, 바다는 평면이 아니라 입체적 공간으로 상정되어야 한다. 이는 해저 지형과 수심, 경사도 뿐 아니라 해수면, 해수중, 해저 등 3층적 구성을 고려하는 것을 의미한다. 각 층마다 수온, 조석, 조류, 염분농도가 다르고 이에 따라 어업자원이 달라지기 때문이다. 완만한 대륙붕과 리아스식 해안이 발전하고 조수간만의 차가 커서 넓은 갯벌을 가진 서해안이나 서남해안 어촌에서는 이런 해저의 생태학적 특징을 연구에 고려하지 않을 수 없다.

3. 갯벌과 어촌마을

어촌마을은 마을공동체적 속성과 어업공동체적 속성을 동시에 가지고 있지만, 자연조건, 특히 연안어장조건과 농경지의 발달정도에 따라 많은 변이를 보인다. 서남해안 일대는 해조류 양식에 유리한 생태지리적 조건을 갖추고 있어서 이를 통해 상품경제에 빨리 포섭되었다. 그것의 중심에는 김 양식이 있었다. 상품경제에 많이 포섭된 만큼 최근 의 세계화와 시장개방의 물결은 이들이 감당할 수 없을 만큼 크다. 농촌 못지않게 어촌은 국내외 시장상황에 크게 의존하고 있다.

어촌의 구조와 변동에 영향을 미치는 또 하나의 변수는 국가의 어촌정책이다. 국가의 수출지향적 발전전략은 어촌경제를 규정하는 요인이었다. 최근 섬과 어촌정책이 관광 위주의 발전전략으로 선회하는 모습은 시장개방에 따른 경쟁력의 약화와 무관하지 않다. 어업생산성의 증대에 따른 자원의 고갈은 지속가능한 발전의 문제를 더 심각하게 고려하도록 자극하고 있다. 이런 점에서 어촌사회를 이해할 때 공동체, 국가, 시장의 상호관계가 가장 중요한 개념이자 틀을 구성한다.

간만의 차이가 크고 갯벌이 발달한 서남해안과 섬에 있는 어촌에서는 일찍부터 김을 중심으로 하는 해조류 양식어업이 주된 생업으로 자리잡았다. 어촌마을과 마을 앞의 어장의 생태적 조건은 해조류 양식이나 어류 양식의 형식과 내용을 규정한다. 갯벌이 발달한 곳은 갯가에 둑을 쌓은 축제식 양식어업이 발달했지만 그렇지 않는 지역은 가두리 양식이 발달했다. 갯벌이 발달한 지역은 마을 성원들이 공동으로 참여하는 공동 점유 어업이 강하며, 어장 분배가 공동체적 방식에 가깝게 이루어지는 경향이 있다. 해조류 양식지역이라도 생태학적 조건의 차이에 따라 자원의 이용방식이 다르다. 조수간만의 차이가 심하고 갯벌이 발달해 있는 지역의 해조류 양식어업은 대부분 수심 5m 내외에서 이루어지는 지주식 방식이다. 지주식 방식은 부류식에 비해서 양식규모의 대형화와 자본의 집약화가 쉽지 않다. 그리고 가족노동력 중심의 영세소농적 어업양식이 지속되어 마을 성원들 대부분이 행사에 참여할 수 있다. 이처럼 마을 성원들이 대부분 양식어업의 참여하기 때문에 공동어장을 유지시키기 위한 규제도 발전했다.

공동어장은 해조류, 패류, 어류 양식과 각종 시설을 이용한 정치망 어업을 하는 어촌 성원들의 공동어업 공간이다. 이들 어장은 공유수면으로 수협, 어촌계, 개인이 국가로부터 이용권을 얻어 일정기간 사용한다. 1980년 무렵까지 어장은 수협이나 어촌계에서 국가로부터 허가를 받아 마을성원들이 공동으로 이용하였지만, 최근에는 개인, 혹은 개인들이 협업으로 어장을 점유하는 것이 가능해지면서 어장의 사적 점유화가 진전되고 있다. 뿐만 아니라 공동점유 어장도 성원(마을주민)들 사이에 이용방식의 균등화라는 특징이 약화되고, 자본력과 노동력, 그리고 생산의 효율성에 따라 행사량의 대규모화, 어장지의 고정화가 진행되고 있다. 그러나 여전히 어장의 공동체적 관행과 법적 형식이 서로 어긋나고 있다는 지적도 가능하다.

최근 서남해 어장과 어촌마을의 변화는 다음과 같이 요약할 수 있다. 첫째, 과거 어촌은 시장과 생산이 분리되었지만 현재는 생산영역까지 자본의 논리가 깊숙이 침투하고 있어 어촌마을의 개별화가 급격하게 진행되고 있다. 오히려 마을성원이 공동으로 점유하고 있는 마을어장보다는 개인이 사적으로 점유하고 있는 어업권의 의미가 커지고 있다. 최근에는 공동 채취권을 기반으로 한 공동생산, 공동노동, 공동분배들이 약화되고 있으며, 인구 노령화에 의한 공동어장 이용권의 양도 현상이 증가되고 있다. 어장 이용권을 전문적인 양식업자에게 판매하여 그 수익금을 마을 기금으로 이용하거나 성원들에게 현금으로 분배하는 경향이 있다. 즉 과거처럼 호당 일정 수의 성인이 참하여 공동채취한 후 공동분배하는 방식은 찾아보기 어렵다. 완도의 일부지역에서는 양질의 노동력을 소유한 성원들 몇 명이 결합하여 거대한 어장을 매입하여 자본제적 경영을 하는 경우도 발생하고 있다. 뿐만 아니라 해조류 양식장을 축양장으로 개조하여 공동 어장에 축양시설을 설치하고 이를 자본력과 노동력이 있는 사람들이 임대하여 사용하고 있다. 물론 어촌계에 임대사용료는 지불하고 있지만 개별화가 훨씬 진전된 형태라고 할 수 있다.

둘째, 1970년대의 매년 추첨(주비)에 의해서 어장의 위치와 행사량을 결정하던 방식에서 어장 지분과 심지어 어장의 위치까지 고정화되는 경우도 발생하고 있다. 물론 새로운 면허지나 어장조건이 매우 좋은 지역은 아직도 장소의 추첨과 행사량이 공동체적 방식으로 결정되기도 한다. 그러나 면허의 주체가 어촌계가 아닌 개인에게도 가능해지면서 추첨과 분배는 갈수록 의미를 잃게 될 것이다. 그리고 이러한 어장지나 지분의 고정화는 행사권의 판매로 나타나고 있다. 지금은 마을 사람에게 판매하고 있지만 인근 마을사람에게까지 확대될 수도 있을 것이다.

어장분배 방식이 자본과 노동의 크기에 따라서 결정되고 있다. 양식 기술의 발달로 어장의 공간적 제한이 의미를 잃게 되고 대량생산이 가능해지면서 어장의 이용은 자본과 노동의 크기에 의해서 규정받고 있다. 양식노동의 형태도 공동노동의 범위가 급격하게 감소하면서 개별화되고 있다. 공동노동의 경우에도 그 비용을 개별 가구에서 부담하는 사례들이 늘어나고 있다. 뿐만 아니라 일부지역에서는 상시적인 임금노동자를 고용하는 사례도 나타나고 있다. 매년 추첨을 통해서 어장을 분배하던 방식이 농촌의 농지와 같이 고정화되는 경향을 보이는 것은 어장 이용에 투자되는 고비용, 어장정리에 소요되는 막대한 추가부담, 그리고 양질의 노동력 감소 등의 요인이 작용한 것이다.

셋째, 어장운영의 변화는 이를 둘러싼 마을운영체계의 변화를 초래하고 있고, 공동체적 규제와 공동체성원규정도 변하고 있다. 특별한 경제작물이 없었던 1960년대에는 어장에서 수확하는 '해태'는 어민들에게는 매우 중요한 소득원이었다. 따라서 어장의 개발, 분배를 둘러싼 규칙들이 매우 발달했다. 일부 어촌은 1970년대 가족 구성원의 수와 등급에 의해 어장의 이용규모가 차등적이었고, 마을운영비도 차등적으로 부과되었다. 1980년대에는 거주 기간을 고려한 어장의 분배와 마을 운영비용을 부과하는 것이 균등해졌다. 전자가 어장이 사회보장적 기능을 했다면 후자는 어장의 시장적 질서에 편입으로 이해해야 할 것이다. 이와 함께 국가의 어민 파악방식도 마을단위로부터 개별 가구단위로 변화한 것을 의미한다.

마을내의 공동체적 규제, 특히 성원의 규정에 있어서도 1980년도 초반까지는 비싼 입호료와 함께 까다로운 자격과 절차를 요구했지만, 근래에는 매우 느슨한 규정으로 운영되고 있다. 다만 어장의 경제적 가치가 상대적으로 높은 일부 지역에서는 아직도 입호규정 등 공동체적 규제가 강하게 유지되고 있다.

넷째, 마을 주민의 공동체적 의식도 변화하고 있다. 생활공간과 생산공간이 같은 곳에서 이루어짐으로써 강력한 유대감을 가져왔던 어촌 마을의 주민들은 이제 생산공간이 파편화되고 생활공간이 분리되면서 개인주의적 행위와 가치관이 증가하는 현상을 보여주고 있다. 전반적으로 어장을 매개로 한 경제 공동체성은 점점 희석화되고 있는 반면에 공동의례나 체육행사 등에서 공동체적 성원의식을 고양시키는 내용들은 아직도 강하게 남아있다. 특히 완도의 노화도 넙도나 고금도의 척찬처럼 지정학적으로 종섬에 위치한 경우에는 더욱 강하게 잔존해있다.

다섯째, 어장의 공동이용방식과 마을운영의 공동체적 운영의 상호관계는 더욱 약화되고 있다. 어촌에서 생산과 공동체 생활의 관계는 서로 분리되면서 독자적인 범주로 전환되고 있는 것이다. 이러한 변화는 크게 양식어업의 등장과 어촌인구의 이동에 기인한 것이다. 양식어업의 등장은 공동체적 운영 질서를 가지고 있던 어촌 사회를 시장적 질서에 더욱 깊숙하게 편입시켰고, 급격한 인구이동과 노동력 재생산구조의 붕괴는 이를 더욱 가속화시켰다.

수출경제에 힘입어 지속적으로 양식면적과 생산액이 증가한 1970년대부터 1980년대 중반까지가 김 양식의 전성기였다. 그러나 해태, 톳 등 해조류의 일본수출이 활발해지면서 인공포자의 증식, 양식기술의 발달, 밀식을 통한 과잉생산으로 어장이 노후화 되면서 새로운 어장과 대체작물을 찾아 이동하는 현상이 나타나기 시작했다. 뿐만 아니라 중국이 동아시아 수산물 시장에 본격적으로 관심을 갖기 시작하면서 완도의 해조류의 대일 수출은 물론 내수시장도 크게 위협을 받기 시작하였다. 이런 어촌의 위기는 1980년대 후반 들어 어촌의 양질의 노동력이 어촌을 떠나기 시작하면서 가속화되었다.

4. 바다와 갯벌 그리고 어민

어촌사회는 비역사적 공동체로 존재하는 것이 아니라 역사성과 사회성을 띠고 있으며, 조건에 따라 변하는 개방사회이다. 어촌이 보다 실질적인 의미의 공동체로 성립한 것은 바다가 공동의 생활 원천으로서 의미를 갖기 시작한 시기라고 할 수 있는데 이런 계기가 1920년대 시작된 김양식이다. 식민지시기 일본 양식 기술의 보급과 대일 수출이 이루어지면서, 채포위주의 어업이 양식어업으로 전환되었고, 어장의 가치가 높아지자 어장을 둘러싼 공동체적 규제가 형성되기 시작한 것이다. 그리고 해방 후 1970년대와 1980년대까지 양식 기술의 발달과 해조류 수출시장이 호황을 맞으면서 어장을 둘러싼 공동체적 규제, 생산과 어장의 분배과정이 체계화되었다. 그러나 1980년대 말부터 어업 이외의 어촌개발이 본격화되었고, 대일 수출시장이 악화되었다. 그리고 반복된 양식과 생산성만 높이려는 어장 운영으로 생태환경이 노후화되면서 공동체적 규제는 무너지기 시작했다. 결국 어촌사회는 어촌공동체론자들이 주장하는 것처럼 선험적으로 공동체로 존재하는 것이 아니라 역사적, 사회적으로 변화하며, 폐쇄적 사회가 아니라 국가정책, 시장조건에 따라 변하는 개방적 지역사회라 할 수 있다.

둘째, 바다(어장)는 모든 어민에게 균등한 생산기회 제공이라는 공동체적(사회 보장적) 성격보다는 생산성과 효율성이 강조되는 자본제적 양식 형태로 변화하고 있다. 어장은 양식 기술의 발달로 깊은 바다까지 생산이 가능해지면서 비옥도가 균등해졌으며, 어장지의 잦은 변동에 의한 비용을 줄이기 위해 어장 점유기간이 장기화되고 있다. 따라서 어장은 법적으로는 공동점유의 성격을 띠고 있지만 실제로는 사적 점유화 되고 있다. 양식노동도 가족중심의 소농형 경영이 대부분이지만 해조류 양식의 경우도 부분적으로 개인이나 협업적 경영이 가능해지면서 대규모의 양식과 상시고용이 등장하고 있다. 그리고 어류 양식은 투자자본의 규모나 고용형태에서 자본－임노동 관계가 형성되고 있다. 그 결과 어촌공동체의 중요한 운영원리였던 입호권과 입어권의 결합이 해체·분리되고 있다. 해조류 양식이 어촌 사회이 중요한 자원으로 평가되었던 시기에는 입호와 입어는 결합되어 있거나 밀접한 관련을 맺고 있었지만 어장이 자원으로서 비중이 약화되면서 마을성원의 권리로서의 어장이용권은 점차 형식화되고 의미를 상실해가고 있다.

셋째, 오늘날 어업구조는 대규모 자본제적 어업과 영세소규모 어업이라는 이중적 구조를 이루고 있지만, 해조류 양식 어촌은 계급적 분화가 진전되지 않는 전형적인 소농형 어촌사회다. 해조류 양식처럼 가족노동 중심의 소농적 성격을 띠고 있는 경우도 있지만, 어류 양식은 중소기업의 성격을 띠고 있으며 자본-임노동의 관계가 형성되고 있다. 해조류 양식 어촌은 거의 모든 주민들이 개별 가구를 형성하면서 가족노동에 근거해 공동 어장에서 생산활동을 하며, 생산물을 수협이나 개인적인 판매망을 통해서 판매해 살아간다. 계급적 분화가 진전되지 않는 것은 양식 어업에 있어서 자본투하가 소규모이며 가족노동에 의존하고 있기 때문이다. 물론 해조류 양식도 개인이나 몇 명이 협업으로 운영하는 경우, 자본규모나 노동형태에서 자본주의적 양식이 미미하지만 보이고 있다. 이러한 해조류 양식지역의 소농적 특성들이 어촌공동체를 유지시키고 있다. 그러나 대규모의 인구이동으로 어촌가구의 세대간 재생산이 어렵고, 노동력이 노화되고 있다. 어촌공동체의 존립기반은 간척·매립 등 어촌개발과 시장개방 등 어업환경이 변화되면서 크게 와해되고 있다.

넷째, 해조류 양식 중심 지역의 바다(공동어장)와 채취어업이 이루어지는 갯벌은 가족노동중심의 영세어민의 경우 생계를 보장하고 어촌주민에게 경제적 사회적 안전망 역할을 하고 있다. 그 동안 국가에 의한 어업정책은 어촌사회의 개발이라는 측면이 강조되면서, 총유에 근거한 공동 어장의 이용방식을 단순하게 전근대적 방식, 개선시켜야 할 대상으로 접근하는 오류를 범했다. 어민들이 생활하는 어장을 단순히 개발의 대상이 아닌 어민들의 삶의 공간이라는 측면에서 접근하는 것이 무엇보다도 중요하다고 할 것이다.

다섯째, 어민들의 생업공간인 바다는 국제 수산물 시장구조에 강하게 포섭되어 있다. 농산물과 달리 수산물은 저장성이 떨어지고, 내수시장도 한계가 있기 때문에 시장지향성이 강한 생산물이다. 특히 수산물 소비가 높은 일본의 수입구조의 변화는 어민들의 일상생활에 큰 영향을 미쳤다. 이러한 시장구조의 변동은 어촌이 어떤 양식 어업 조건을 갖느냐에 따라 다르게 영향을 미쳤다. 해조류 양식의 확대는 넓은 바다(지선어장)를 갖고 있는 마을의 경제적 발전을 가져왔지만, 농촌형 어촌은 급속히 과소화 되었다. 좋은 어업환경을 가지고 있는 어촌은 급속히 시장권에 편입되어 젊은 층의 이출을 억제했지만, 어장 조건이 열악한 어촌은 고령화가 상대적으로 빨리 진행되었다. 어장 조건이 좋은 마을들도 오랫동안 반복된 양식과 밀식 등 어장 파괴형 양식으로 인해 어장이 황폐화되었다. 그 동안 공동체적 규제로 가능했던 어장 관리와 바다오염의 방지는 이제 국가의 개입을 통해서 이루어지고 있다. 특히 최근 일본 시장 규모와 소비 유형의 변화, 중국산 수산물의 일본 시장 진입 등으로 어장 환경과 어업 환경은 급속하게 변하고 있기 때문에 단순히 염산 사용을 유기산으로 대체하는 차원이 아닌 국가의 어장에 대한 포괄적인 해양환경 정책이 어느 때 보다 요구된다.

5. 지속가능한 어촌생활을 위하여

어장의 황폐화는 앞으로도 지속될 것이다. 중국 수산물의 막대한 유입, 일본 시장에서의 한중간 경쟁의 본격화가 예상되면서 한국의 해조류 양식 어민들의 생활은 더욱 어려워질 것으로 보인다. 마을운영에서 공동체 원리와 시장원리 사이에 갈등이 발생하고 있다. 해양생태 자원의 성격에 따라 공동체 원리가 성문화되어 법률적 규제로 강화되는 경향이 없지는 않지만, 점차 시장원리가 강화되는 경향을 보일 것으로 전망된다.

어촌사회의 지속여부는 어장의 상태에 의해서 결정된다. 물론 농사를 짓거나 다른 생업활동을 할 수 있지만, 섬과 연안의 마을들이 바다와 갯벌을 기반으로 하지 않는다면 어촌의 기능은 상실될 것이다. 따라서 어장의 생태환경, 어업자원은 곧 어촌사회의 성격을 결정하는 중요한 요인이다. 국가의 개입이나 시장의 변화 등도 우선적으로 어촌의 생태환경의 지속을 전제하지 않는다면 어촌이나 어민의 존재가 위협받는다.

이와 함께 어촌사회의 공동체성을 생산의 측면에 초점을 둔 어촌계와 생활단위 마을의 결합으로 파악할 필요가 있다. 마을은 한편으로 행정단위로서 면에 연결되어 있지만, 다른 한편으로는 자치조직으로서의 성격을 지닌다. 근래에 행정적 네트워크를 통한 마을의 국가조직으로의 편입이 강화되었다. 국가의 정책은 어촌사회의 변동에 큰 영향을 미친다. 이렇게 본다면, 어촌을 꿰뚫고 있는 핵심 개념은 국가, 시장 그리고 공동체임을 확인할 수 있다. 최근 들어 국가에서는 기존의 '어촌계'를 넘어서는 '자율관리어업제도'를 시행하고 있다. 이는 그 동안 국가가 추진해 온 국가개입을 통한 관리의 한계를 어업인의 '자발적' 참여를 통한 관리체제로 전환해 지속가능한 어업생산기반구축, 어업분쟁해소, 소득향상 및 어촌사회의 발전을 꾀하는 것을 목적으로 하고 있다. 이는 마을수준을 넘어서 해역, 어종, 어장 등을 중심으로 관리의 영역이 결정된다. 동일어업조건 및 동일어장에서 조업하는 어민들로 구성하는데 기존에 어촌계가 마을과 긴밀하게 결합되어 있는 반면에 '자율관리공동체'는 마을과 구분되는 새로운 생산조직의 성격을 띠고 있다.

지금까지 어촌 마을은 외부적 요인이 변할 때마다 공동체유지를 위한 방어와 통제기제를 만들며 적응해왔다. 따라서 시장조건과 국가개입이라는 외부적 요인에 직면한 어촌공동체는 이제 새로운 어장운영원리와 성원규정, 공동체적 규제를 마련해야 할 것이다. 양식형태의 변화와 기술의 발전은 어촌의 공동체성을 약화시키고, 상품화된 시장영역에 주민들을 보다 깊숙하게 편입시키고 있다. 또한 어민들은 노동의 효율성과 생산성을 높이기 위해 밀식과 염산처리가 성행하고 있어서 어장의 황폐화는 가속화될 것이다. 김 양식이 오래전부터 이루어진 지역에서는 대규모 생산위주의 어장이용에 따라 어장이 황폐화되어 다른 작목으로 전환하지 않을 수 없는 상황이 반복되는 것을 확인할 수 있다. 어촌사회의 공동체적 기반인 어장의 파괴는 공동체 파괴로 이어진다. 따라서 지속가능한 관리형 자원이용이 가능할 수 있는 제도가 무엇인지를 모색할 필요가 있다.

<참고 문헌>

국립민속박물관,『어촌민속지』, 국립민속박물관, 1996.

국립민속박물관,『경남어촌민속지』, 국립민속박물관, 2002.

권삼문,『동해안 어촌의 민속학적 이해』, 민속원, 2001.

김　준,『어촌사회의 구조와 변동』, 전남대 박사학위논문, 2000.

김　준,「시장개방과 서남해안 천일염원 생산구조의 변화」,『농촌사회』11집 2호, 한국농촌사회학회, 2001.

김　준,「어장환경의 변화와 어민의 적응」,『농촌사회』제12집 1호, 한국농촌사회학회, 2002.

김　준,「근대어업의 형성과 공동어장의 변용」,『도서문화』22집, 목포대 도서문화연구소, 2003.12.

김　준,『새만금은 갯벌이다』, 한얼미디어, 2006.

김　준,「생업적 어업과 상업적 어업」,『도서문화』21집, 목포대 도서문화연구소, 2003.02.

김　준,「생태환경의 변화와 파시촌 어민의 적응」, 나승만 외,『다도해 사람들 -사회와 민속』, 경인문화사, 2003.

김　준, 鹽と國家と漁民について, 立教大學日本學研究所年報, 立教大學日本學研究所, 2004.

김　준,『갯벌을 가다』, 한얼미디어, 2004.

김　준,『어촌사회 변동과 해양생태』, 민속원, 2004.

김　준,『해조류양식 어촌의 구조와 변동』, 경인문화사, 2004.

김　준,「어촌사회의 작업조직의 변화」,『농촌사회』제14집, 한국농촌사회학회, 2004.

김　준,「해양생태의 변화와 어민생활」,『수산업사연구』권11, 2005.

도서문화연구소,『도서문화』, 목포대 도서문화연구소, 1982~2003.

전경수,『한국어촌의 저발전과 적응』, 집문당, 1992.

정근식·김준,「도서지역의 경제적 변동과 마을체계」,『도서문화』11집, 목포대 도서문화연구소, 1993.

정근식·김준, 「어촌마을의 집단적 지향과 공동체 운영의 변화」, 『도서문화』 13집, 목포대 도서문화연구소, 1995.

정근식·김준, 「시장과 국가 그리고 어촌공동체」, 『도서문화』 14집, 목포대 도서문화연구소, 1996.

정근식·김준, 「김 양식과 어촌공동체」, 『도서문화』 15집, 목포대 도서문화연구소, 1997.

정근식·김준, 「어촌공동체 변화의 변화에 대한 연구」, 『현대사회과학연구』, 전남대 사회과학연구소, 1998.

정근식·김준, 「어장공동이용의 변화와 어민의 합리성」, 『도서문화』 18집, 목포대 도서문화연구소, 2000.

정근식·김준, 「해조류양식과 마을운영체제의 변화」, 『도서문화』 17집, 목포대 도서문화연구소, 2001.

한상복 외, 『한국의 낙도민속지』, 집문당, 1992.

田和正孝, 『漁場利用の生態』, 九州大學 出版會, 1997.

제2장

근대어업의 형성과 공동어장

김 준

1. 머리말

1) 근대와 어민

어민에게 있어서 바다는 매우 다층적인 공간이다. 모든 것을 수용할 듯 개방된 공간으로 보이기도 하지만 외부의 점유와 이용을 차단하는 배타적 공간이기도 하다. 내부적인 개방성도 모든 구성원에게 균일한 노동과 생산의 공간을 제공하는 것이 아니라 차등성과 호혜성을 함께 갖는 모순을 띠고 있다. 이러한 차이는 바다의 이용과 통제의 형식에 따라서 더욱 심화되고 있다.

바다의 이용을 둘러싼 근대적인 제도의 형성과 어장에 대한 권리를 갖는 '어민'이 등장하기 전의 바다의 이용과 어촌의 운영은 매우 다르다. 근대어업은 어업형태에 따라서 시공간적으로 매우 다양한 형태로 나타났다. 이러한 변화는 선단어업을 비롯해 고기잡이를 하는 지역과 양식어업을 하는 지역에서는 매우 빠르게 진행되었지만 갯벌어업을 하거나 양식어업에 불리한 조건을 가지고 있는 지역에서는 최근까지도 바다에 대한 전통적 이용방식이 남아 있다.

이러한 어촌의 변화는 단지 환경생태적 측면에만 의존하는 것이 아니라 법과 제도의 변화에 의해서도 영향을 받는다. 특히 근대어업이라 할 수 있는 양식어업의 등장, 공동어장의 점유 주체와 형태의 변화 등 법과 제도의 변화는 어촌사회의 구조에 큰 영향을 미쳤다. 그럼에도 불구하고 어촌사회에서 근대의 문제는 매우 소홀하게 취급되어왔으며 어촌사회를 곧 전근대사회로 등치시키는 오류를 범해왔다. 그 근간에는 어촌사회는 공동체라는 동의가 자리하고 있으며, 그 이유로 어촌의 폐쇄성과 배타성을 들고 있다. 하지만 바다야말로 문화의 나들목이었고, 어민들이야말로 개방성과 포용성을 갖는 주체였다.

그렇다면 왜 바다와 어민들에게 그러한 선입관이 씌워졌을까. 이는 어민과 바다를 둘러싼 법과 제도에 대한 연구를 통해서 밝혀져야 할 것으로 보인다. 특히 근대어업의 형성기라 할 수 있는 식민지시대에 어업제도와 어업의 주체로서 '어민'의 형성과정에 대한 성찰을 통해서 오늘날 어업과 어민의 문제는 물론 섬과 바다에 대한 왜곡된 이미지의 실체를 확인할 수 있기 때문이다.

생일도의 공동어장은 조간대에서 이루어지는 채포어업과 바다에서 이루어지는 양식어업의 이중적 구조를 가지고 있다. 대부분 어촌들은 기술이 발달하고 자본이 규모화되면서 조간대에서 이루어지는 해조류와 패류 등 전통의 채포어업이 사라졌지만 생일도는 양식어업이 시작된 이후에도 10여 년 동안 지속되고 있다. 따라서 이 글에서 근대어업의 전형이라 할 수 있는 양식어업의 등장이 전근대적 어업에 어떤 영향을 주고 있는지 살펴볼 것이다. 이를 위해 한국에 근대어업의 형성과정에서 공동어장의 제도변화를 검토하고, 생일도를 중심으로 공동어업과 공동어장, 그리고 어촌과 어민이 근대어업의 형성과정에서 어떻게 변화해 가는가 살펴보고자 한다.[2]

2) 조사지역의 특성

생일면은 1896년 완도군이 설군 되면서 함께 설립되었지만 1916년 평일·생일·금당이 통합되었다. 1980년 금일읍으로 승격되면서 생일출장소로 개칭하였고 1989년 4월 생일면으로 승격되었다. 생일면은 3개의 법정리에 6개의 자연마을로 구성되어 있으며 전체 모양이 새와 같은 형상을 하고 있다.[3]

<표 1> 생일면 행정구역

법정리	행정리	자연마을	반	비 고
유서리	서성리	큰멀(몰)	10	
	유촌리	버들개	6	
		배낭구미		

---

2) 이 조사는 2003년 여름 목포대 도서문화연구소 정기학술조사(2003.8.7~9)를 통해서 이루어졌으며, 개별적인 조사와 전화인터뷰가 추가로 이루어졌다. 마침 여름 조사기간에는 전근대적 어업이 형태인 주비작업이 진행되어서 살펴볼 수 있었고, 1종공동어장이 거래하는 것도 확인할 수 있었다.

3) 서성리西城里는 새의 밥통에 위치하여 부유하게 살고 있다하여 큰 동네를 의미하는 '큰멀'이라고 부르며, 면사무소, 수협, 파출소 등 모든 행정기관이 모여 있으며 도선장이 위치해 외부와 연결되는 중심지이다. 유촌리柳村里는 학의 날개 쪽에 자리잡고 있는 형국으로 버드나무들이 학의 날개깃을 이루고 있어서 '버들개'라고 부르며, 금곡리金谷里는 옛날부터 금을 팠었다고 '쇳금이(새금이)'에서 비롯되었다. 용출리龍出里는 앞 섬에서 용이 나왔다고 해서 용내이, 용이 나온 굴 앞에 있는 마을이라고 해서 굴전리堀前里로 부르고 있다. 배낭구미는 과거에는 사람이 거주하였지만 지금은 사람이 거주하지 않는다.

금곡리	금곡리	새끼미	6	
봉선리	용출리	용내이	6	
	굴전리	굴 압	4	
	덕우리	덕우리	5	
		목 섬		섬은 용출 소유, 인근 어장은 서성리 어장

  생일면의 마을별 인구 변화를 보면 <표 2>, <표 3>과 같이 1980년대까지 인구감소가 급격하게 이루어졌다. 생일도는 양식어업이 완도의 다른 도서지역에 비해서 늦은 편이며 교통도 용이하지 않다. 인구의 감소 추세가 마을별로 약간 차이를 보이는데 1970년대에는 금곡리의 인구 감소가 두드러진 반면에 용출과 유촌리는 상대적으로 인구 감소 폭이 낮았다. 1980년대에는 덕우도를 제외한 대부분의 마을의 인구 감소 폭이 비슷하였으며, 1990년대에는 용출리를 제외하고는 감소 폭이 둔화되는 경향을 보이고 있다.

  이렇게 마을별로 인구 감소의 경향이 차이를 보이는 것은 마을별 생산구조 및 지역개발과 밀접한 관련을 갖는다. 1970년대 후반부터 1980년대 초반까지 '개방농정'의 영향으로 가장 큰 타격을 본 지역은 벼농사 중심의 마을이었다. 이 시기 대부분 농촌지역의 인구가 50%이상 감소하는 경향을 보이는데, 생일도의 경우 농업

<그림 1> 조사지역 마을위치

의존도가 상대적으로 높은 금곡리의 인구가 급격하게 감소하였던 것이다. 용출리와 유촌리 등 상대적으로 좋은 양식어장 조건을 가지고 있는 마을들은 1970년대 양식어업이 시작되어 이어인구를 붙잡았던 것이다. 1980년대에 생일도에 큰 변화를 준 것은 다시마 양식어업의 등장과 전복양식이었다. 특히 이 시기에 다시마는 생일도의 특산물로 자리를 잡지만 과잉생산으로 다시 어려움을 겪게 되었고, 그 돌파구는 생일도에서 좀 떨어진 덕우도에서 전복양식으로 마련되었다. 인구 감소율에서도 덕우도가 가장 낮게 나타나고 있으며 1990년대 후반에는 생일도에도 전복과 다시마 양식이 병행되어 가장 중요한 산업으로 자리하고 있다. 덕우도는 지난 IMF때 타지로 나갔던 젊은이들이 귀향하여 전복양식을 하기도 하였다.

<표 2> 생일면 인구의 변화 (단위: 명)

마 을	1976	1986	1999	2003.1
서 성	1204	785	467	417
유 촌	576	443	186	173
금 곡	848	444	236	221
용 출	662	488	197	168
굴 전	484	305	99	88
덕 우	541	267	196	185

<표 3> 생일면 가구의 변화 (단위: 호)

마 을	1976	1986	1999	2003.1
서 성	196	187	164	168
유 촌	95	97	79	81
금 곡	122	100	90	98
용 출	94	107	79	74
굴 전	96	66	44	45
덕 우	89	76	74	82

생일면은 농업이 비중은 매우 낮아 생일면 전체 논은 73.79ha에 불과하며 농사가 많은 서성리와 금곡리의 경우 이미 논을 묵혀 농사를 짓지 않고 있었다. 금곡리는 정부의 직접지불제로 겨우 3가구만이 벼농사를 짓고 있을 뿐이었다.

2. 어업주체의 형성과 어업제도

1) 어업법과 어업조직

한국사회에서 근대의 문제는 식민지의 문제와 불가분의 관계에 위치해 있다. 지금까지 근대 혹은 근대성의 문제가 많이 논의되었지만 어촌이나 어민, 혹은 어업의 측면에서 접근한 경우는 찾기 어렵다. 근대에 대한 논의는 매우 다양하지만 어촌지역의 근대에 관한 '주체'와 '제도'의 측면에서 접근할 수 있을 것이다. 어업의 주체는 어장을 점유할 어민으로, 제도는 어업법으로 나타내며, 이는 모두 공동어장의 점유 및 이용과 불가분의 관계를 맺고 있다.

한국사회에서 근대어업의 형성과정은 '공동어장'의 형성과 변화를 의미하며, 이는 공동어장의 어업주체와 법과 제도를 어떻게 규정하느냐는 문제로 나타난다. 다른 측면에서 본다면 근대어업의 형성은 어민들의 생산공간인 바다(어장)에 대한 통제를 통해서 이루어진다고 할 수 있다. 어민들의 어장이용을 제도적으로 규제하기 시작한 것은 식민지시대로부터 출발한다.

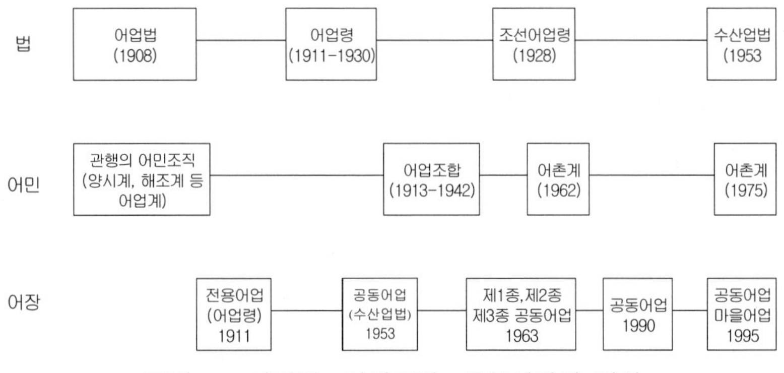

<그림 2> 어업법·어업조직·공동어장의 변화

어업행위에 대한 법률적 근거는 1908년 한국 '어업법'으로부터 찾을 수 있다.4) 이 어업법은 일본인과 한국인도 동등한 자격으로 한국의 연해 및 내수면에서 어업행위를 할 수 있는 조치였다. 그러나 이 법에는 외국인의 어업을 제한하는 조항이 없는 것으로 처음부터 일본인의 어업을 수용한다는 것을 전제했던 셈이다. 이 법 제12조에는 "면허어업 및 허가어업 이외에 어업을 하고자하는 자는 군수 또는 부윤에게 신고하여 감찰을 수함이 가함. 단 어업을 하고자하는 자가 일본인이면 일본이사관에게 신고하여 감찰을 수함이 가함"이라고 규정하고 있다. 결과적으로 이 법은 통감부의 계략에 의해 일본의 어업침략을 합법화 해주는 역할을 했던 것이다.

---

4) 이보다 앞서서 조선통감부시대에 고래를 보호하기 위해 단일어업의 규제라 할 수 있는 '포경업관리법'(1907.9)을 제정하여 고래의 남획을 방지하였다. 이 시기에 포경업은 대부분 일본 포경회사에 의해서 이루어졌으며 한국수산지에 의하면 당시에 6종의 고래가 한국연안에서 포획되었던 것으로 조사되었다. 1908년 일본의 조선통감부 주간하여 정부의 농상공부수산국에서 펴낸 『한국수산지 1집』(1908, 199쪽)에 의하면, 1908년 2월부터 11월까지 한국연안에서 생산되는 수산동식물은 104종으로 해수류海獸類(고래 포함) 6, 어류 60, 패류 19, 조류 9, 기타 10종으로 구분하고 있다.

그 후 1911년 공포된 어업령의 경우, 가장 큰 특징은 '어업조합'의 설립이었다. 어업조합의 설립은 어민들을 집단관리하기 위한 법령으로 이 어업조합이 설립되기 이전에는 어민들의 자생적이고 원시적인 협동조직체인 양식계養殖契, 해조계海藻契, 포패계捕貝契 등이 있었다. 이는 자연마을을 단위로 상부상조의 협동정신에 근거한 조직체로 지선어장의 공동관리, 공동채취 등 경제적 공동체의 성격을 띠고 있었다(김준, 2000, 79). 이러한 어업관련 계 조직들은 일제시대 어업조합이 등장하면서 왜곡되고 변질되었다.

어업령의 규정에 따르면 어업조합은 스스로 어업을 할 수 없으며 조합원은 어업조합의 권리를 얻거나 대부 받은 어업권의 범위 내에서 각자 어업을 할 권리를 갖도록 하고 있다. 어업조합은 어민의 경제조직으로서 협동과 단결은 부수적인 목적에 지나지 않으며 새로운 전용어업권을 관할 어민에게 행사시키는 연안어업의 기본 틀을 만드는 데 목적이 있다. 특히 모든 지구내 거주하는 어업자는 그 조합에 가입해야 한다는 강제조항을 만들어 어민 지배형태를 정착시켰던 것이다.

특히 어업령에서 규정한 '전용어업'에 주목할 필요가 있다. 지선어민이 생업보장과 자원보호를 위한 자치적 공동관리 목적이라는 측면에서 마을의 집단적 점유를 인정한다는 점에서 오늘날 마을어업과 유사한 성격을 띠고 있다. 하지만 그 속셈은 1929년 조선어업령에서 명확히 드러났다. 조선어업령에서는 어업권을 물권적 재산권적 성격을 강화시켜 어업이민한 일본인의 어장점유를 가능케 할 뿐 아니라 수많은 영세어민을 양산하여 일본인 어업경영의 기반을 마련해준 것이다.

어업조합과 함께 주목해야 할 것이 면허어업 중 양식어업으로 산업적 형태의 김 양식 등장이다. 산업의 형태로 등장한 최초의 양식어업은 김 양식으로, 어업령 시행 이후 본격화 되었다. 어업령을 시행하기 시작한 1911년 김생산액은 94,540엔이었으나 1928년엔 2,476,000엔으로 18년 동안 26배로 증가하였으며 당시 양식어업 전체 생산고 3,3000,000엔의 75%를 차지하고 있었다(한규설, 113). 당시의 주요 김 생산지는 전남 완도군, 광양군, 고흥군, 장흥군, 경남 동래군, 하동군 등이었다.

해방 후에도 수산업 관련법은 제정되지 않은 채로 일제의 조선어업령은 지속되었으며, 1953년에 이르러 수산업의 기본법이라 할 수 있는 '수산업법'이 제정되었다. 하지만 '전용어업'도 명칭만 '공동어업'으로 바뀌었을 뿐이며, 면허어업제도와 허가어업제도를 기반으로 어업질서를 유지하고 어업자원을 보호하려는 점은 조선어업령과 큰 차이가 없었다. 이 법에서는 어업면허의 존속기간 단축, 특정주체로 어업의 면허나 허가가 집중되는 것 금지, 어업권 대부 등을 금지시킨 점은 의미가 있다. 하지만 기간 만료시 특별한 사유가 없을 경우 기간 연장을 허가해야 한다는 의무규정을 두어 어업질서와 자원보존이라는 목적과 배치되는 결과를 낳기도 하였다.

1963년 수산업법을 개정하여 '공동어업'을 패류와 해조류를 중심으로 한 제1종공동어업, 이동하며 고기를 잡는 제2종공동어업, 정치망이나 낚시를 이용한 제3종공동어업으로 구분하였다. 1990년에 제1종공동어업은 '공동어업'으로 규정하고 '일정한 지역 안에 거주하는 어업자의 경영상 공동이익을 증대하기 위해 어촌계 또는 지구별 수산업협동조합에 대하여 면허한다'로 개정하였다. 1990년에 들어서 어촌계도 공동어업권 소유의 자격자가 되었던 것이다. 그리고 제2종, 제3종 공동어업은 구획어업으로 전환하였다. 그 후 1995년 마을지선의 '공동어장'을 '마을어업'으로 개정하였다. 마을어업으로 전환한 것은 외지인이 마을에 이주해 10여 년이 되어도 공동어업이 행사에 참여하지 못하는 등 여러 관행 때문에 어민으로 살고자 하는 사람들을 위해 마을 앞 어장의 이익을 나누는 길을 마련하기 위해서였다(한규설, 327).

2) 어촌계

　법적 근거를 갖는 어촌계가 만들어지기 이전의 어촌사회에는 자생적이고 원시적인 협동조직체인 양식계養殖契, 해조계海藻契, 포패계捕貝契 등이 있었다. 이는 자연마을을 단위로 상부상조의 협동정신에 근거한 협동조직체로 해조계와 포패계는 지선어장의 공동관리와 해조, 패류 공동채취 등 경제적 공동체의 성격을 띠고 있다. 따라서 어촌계가 조직되기 이전에 이미 어촌에는 그 모체가 되는 각종 협동 조직체들이 존재하였다.[5] 역사적으로 어촌에 자연발생적으로 존재했던 어촌계가 법적인 근거를 갖고 조직화된 것은 1962년 12월 수협법이 공포되면서이다.

　어촌계는 어민 협동단체와 어촌마을 자치공동체의 기능적 성격이라는 이중성을 갖고 있다. 특히 수협법의 제정으로 어촌계가 공동어장의 어업면허권을 갖게 되면서 어장점유를 둘러싼 '마을총유'와 '어촌계 총유'사이에 갈등의 요소가 존재하고 있다. 법률적으로는 어촌계원이 되기 위해서는 먼저 수협조합원의 자격을 취득해야 하지만 실제 어촌현장에서는 어촌계원 자격을 먼저 취득하지 않고서는 수협조합원에 가입할 수 없다.[6] 일제시대의 어업조합제도 하에서는 어촌마을 구성원들은 자신들의 노력이나 의사에 의해서 어업조합 조합원 자격을 취득하는 것이 아니고 마을구성원의 자격만 갖게 되면 자동적으로 조합원 신분을 갖고 어업권의 행사계약, 지선어장의 공동이용을 할 수 있었다. 공동어장은 토지와 달리 어장의 생산성, 생산력의 증진을 위해 공동관리 해야 하기 때문에 대체적으로 어촌의 자연마을과 어촌공동체가 일치하는 경향이 있다. 현

---

5) 수협조사일보 14권(1971.5), 8~10쪽.

6) 완도군 생일면 서성리의 '서성리어촌계규약'의 시행규칙 6호에 의하면 "수협의 조합원에 신규로 가입하는 자는 어촌계장의 승인을 받고 먼저 어촌계원에 가입하고 나중에 조합원에 가입해야만 어촌계원으로 인정한다"는 규정이 있다(안중기 외, 177).

실적으로 어촌마을에서는 어촌계원과 마을성원을 동일시하는 경향이 있기 때문에 제도와 현실이 불일치한 셈이다.

어촌계의 업무구역과 조직 형태도 시기에 따라 변화했다. <표 4>와 같이 1962년 이후 수협법은 어촌계의 업구구역을 "계의 구역은 부락단위로 한다. 다만 공동어장의 분할이 불가능하거나 기타 부득이한 경우에는 인접한 수개부락 또는 리·동을 업무구역으로 할 수 있다"고 규정하였다. 1973년제 8차 개정 수협법 시행령으로 어촌계를 경제단체로 육성하고 어촌계의 규모화를 위해 "계의 구역은 부락단위로 한다. 다만 공동어장의 합리적인 운영과 협업사업의 추진 등을 위하여 필요한 경우에는 인접한 수개부락 또는 리·동을 업무구역으로 할 수 있다"라는 내용으로 개정하였다.

<표 4> 어촌계의 분화

업무구역	조직	개정년도
자연마을	어촌계(자연마을)	1963년
자연마을 2개 이상 마을단위	어촌계1(자연마을) 어촌계2(복수 자연마을)	1973년
자연마을 생활권, 경제권	어촌계1(자연마을) 어촌계2(복수 자연마을) 법인어촌계(생활권, 경제권)	1976년

수협보다 1년 일찍 조직된 농업협동조합은 1966년 농협법 개정으로 리·동비법인 농협조직을 법인 조직으로 전환하여 조직을 활성화시켰다. 이에 자극받은 수협은 어촌계의 경제사업체로서의 역할을 촉진시키기 위해 1973년부터 대대적인 통폐합작업을 추진하였다. 수협법이 개정되기 전이 1972년 어촌계는 2,258개의 어촌계가 1973년에는 1,641개로, 1980년에는 1,440개로 감소하였다. 1972년 말 기준으로 어촌계 감소율은 충청남도가 62.2%, 전라북도가 37.4%, 전라남도가 33.1% 순, 어촌계

감소 숫자로 보면 전라남도가 323개, 경상남도가 132개, 충청남도가 68
개 순이었다. 당시에 국가가 강력하게 추진한 어촌계 정비기준은 '계원
수 20인 이내 소규모 어촌계, 자연부락 단위로 된 소규모 어촌계를 계원
수 50인 이상의 공동어장 중심 또는 건전어촌계에 통합시킨다'는 것이
었다. 게다가 1973년 어촌계 통폐합이후 전어촌계의 법인화를 시도하는
법률작업을 추진하여 1976년 업무구역을 생활권과 경제권 단위로 대폭
확대하였다. 그 결과 1978년에는 총 1,436개의 어촌계 중 경제권과 생활
권 단위의 대규모 어촌계가 831개, 이중 법인어촌계는 44개에 이르렀다.

<표 5> 지역별 어촌계 현황(2001)

구분	계		경 기		강 원		충 남		전 북		전 남		경 북		경 남		제 주	
	어촌계	법인	어촌계	법인	어촌계	법인	어촌계	법인	어촌계	법인	어촌계	법인	어촌계	법인	어촌계	법인	어촌계	법인
1962	1,658		67		67		125		32		744		154		382		87	
1970	2,236		146		86		177		90		1,003		170		465		99	
1971	2,227		147		86		163		91		1,006		168		467		99	
1972	2,258		137		87		180		91		1,031		169		464		99	
1973	1,641		99		80		112		57		708		157		332		96	
1974	1,646		107		76		112		60		705		157		333		96	
1975	1,650		108		76		114		61		704		157		333		97	
1976	1,650		108		76		114		61		704		157		333		97	
1977	1,591	17	93	2	74	1	114	2	59	2	681	3	153	2	326	3	91	2
1978	1,436	44	87	2	63	2	83	6	53	2	641	7	124	8	313	8	72	8
1980	1,440	45	90	2	65	2	84	7	53	2	642	7	124	8	311	8	71	8
1985	1,513	30	76	1	61	2	69	7	52	2	743	2	134	5	296	7	82	4
1990	1,598	25	76	1	60	2	70	7	54	2	774	2	136	5	340	4	88	2
1995	1,685	21	87	1	63	2	69	7	56	2	809	1	137	5	367	3	97	
2000	1,809	17	92	1	69	2	73	6	60	1	844		137	4	435	3	100	

주: 어촌계 수는 법인어촌계를 포함한 숫자임

어민의 생존과 연관되어 있는 공동 어장의 법률적 이용주체는 어촌계
이다. 공동어업권을 비롯한 국가에서 승인하는 면허 어업의 권리는 거의
전부를 어촌계가 독점소유하며 어촌공동체의 어업권은 공동 어장의 입
어관행이 있을 경우에만 한정적으로 인정되고 있지만 아직도 어촌마을

에서는 공동 어장의 실질적인 수익의 주체는 어촌계가 아니라 어촌 자연마을의 관습상의 어촌공동체이다(이완근, 1990). 그러나 1990년대 중반 개인면허와 협업면허가 가능해지면서 소수이기는 하지만 이용주체가 개별화되기도 한다.[7]

법인어촌계는 수협법령제도상의 어민협동단체로서 관련법령제도와 국가가 예시해준 어촌계 정관(예)에 의해서 운영되는 어민협동조직이며 비법인어촌계는 수협법령 규정에 의해 인가된 어민협동단체이다. 비법인어촌계는 설립과정에서 어촌마을의 기능조직으로 탄생되어 어촌마을 자치 규정에 의해 운영되는 마을자치공동체에 포함되어 있는 기능조직의 한 형태라 할 수 있다(안중기 외, 217).

어촌계의 규모화와 법인화는 경제사업의 주체로 성장하기 보다는 어장을 공동 점유한 자연마을간 갈등만 조장하면서 어촌과 어업질서의 혼란만 가중시키고 말았다. 형식적으로는 비법인 어촌계이 통폐합은 하나의 인가된 어촌계 내에 몇 개의 임의어촌계가 병존하는 현상이 발생했고, 명칭도 '어촌계장'과 '간사'가 병행하는 현상이 발생하였다.

국가는 1977년 새마을운동의 추진주체의 형성과 말단행정기능을 수행할 수 있는 조직을 형성할 목적으로 어촌계 50명 이상의 어촌계에 법률적 실체를 인정하는 법인어촌계를 신설하여 17개를 조직하였다. 그 후 1979년부터 법인격 어촌계로 개편작업이 중단되고 오히려 소규모 마을단위의 어촌계로 재분할하기도 하였으며, 1980년대에는 점차 축소되어 2000년 현재 17개로 축소되었고, 비법인 어촌계는 증가하였다. 1990년대 후반 농·수·축협개정 논의가 진행되면서 수협은 조합의 기능과 중복되는 법인어촌계를 폐지하기로 결정하였다. 2000년 현재 어촌계는 전남이 844개로 가장 많으며, 우리나라 전체 법인 어촌계는 총 19개이다.

---

7) 완도의 경우 1999년 19건의 어촌계 및 수협면허 외에 개별화된 면허가 19건에 이른다(완도군 해양수산과 자료, 1999).

<표 6> 법인 어촌계와 비법인어촌계의 차이점

구 분	법인어촌계	비법인어촌계
설립 조합원수	10인 이상	-
설립 업무구역	읍·면(행정구역 경제권 중심)	자연부락
설립 인가권자	해양수산부장관	시장·군수
가입자격	조합원	조합원
임원	계장 1인(4년) 이사 3~5인(4년) 감사 2인 이하(3년)	계장 1인(4년) 간사 1인(4년) 감사 1인(3년)
재산소유	어촌계	계원총유
기구	총회, 이사회	총회, 총대
출자	출자제	-
직무대행	이사	간사
사업내용	지도사업 공동구매사업 판매사업 신용사업(95삭제) -수입, 자금차입 간이가공사업 후생복리사업	지도사업 공동구매사업 판매사업 - -수협자금차입 간이가공사업 후생복리사업

자료: 해양수상부

3. 공동어장의 운영체계

1) 공동어장에 대한 환경인지와 마을

생일도는 높은 산과 좁은 면적으로 인해 경작면적이 매우 협소하여 바다에 대한 의존도가 높으며, 그 운영도 매우 체계적이며 조직적이다. 3개의 행정리에 6개의 자연마을로 구성된 생일도는 섬을 둘러싸고 1종 어업에 해당하는 공동어장('마을어업'이라고 한다)에서 6종의 해조류를 채취해 왔다. 김, 미역과 다시마, 전복으로 이어지는 양식어업이 일반화되기 전까지는 조간대에서 채취하는 6종의 해조류는 마을주민들의 소중한 생계자원이었으며, 마을을 운영하는 기금원이었다.

어촌에서 시간과 공간의 문제는 육지와 사뭇 다르다. 어촌의 시간은 도시와 농촌의 고정된 육지의 시간개념이 아니라 매우 유동적인 개념이다. 어촌의 시간은 '물 때'로 이야기하는데 물때는 갯벌어업이나 고기잡이 어업이 발달한 곳에서는 민감하지만 양식어업이 발달한 곳에서는 '물때'가 약화된다. 아래 물때에서 보듯이, 여섯물에 물길이 세어져서 일찍 아홉물에 약해지는 '겉사리', 여덟 아홉물에 세어져서 12물까지 이어지는 '속사리' 등 조금보다 사리 때의 시간 구분이 훨씬 구체적이다. 과거 채포어업과 일정한 관련을 맺고 있음을 알 수 있다. 조간대에서 해초를 채취해야 했던 까닭에 물빠짐이 큰 사리 때에 시간구분을 보다 구체화 시켰던 것으로 볼 수 있다. 즉 육지의 고정된 시간에 익숙해진다는 것이다. 양식어업이 발달하기 전에 생일도 주민들도 물때에 따라 움직였다. 특히 개포에서 채포어업을 주로 했던 1970년대에는 물의 들고 남에 따라 일상생활이 변했었다.

생일도 마을어장이 어떤 기준으로 나뉘게 되었는지는 알 수 없지만 마을별 어장의 경계가 육지와 연결된 조간대부터 매우 분명하다. 그리고 <그림 3>

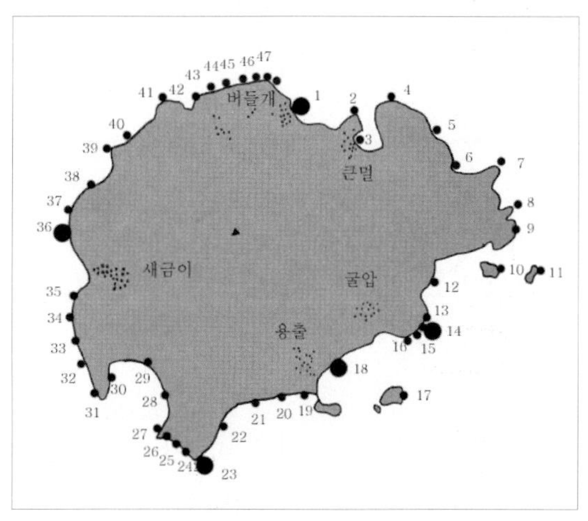

<그림 3> 생일도 마을별 개포(공동어장지)

에서 보듯이 생일도의 공동어장이 이루어지는 짝지의 이름이 매우 다양하다. <그림 3>에서 굵은 ●표는 마을간 경계지역이다. 개포 지역으로만 본다면 큰멀인 서성리와 새끼미의 금곡리가 가장 넓으며 많은 '짝지'를 가지고 있다. 반면에 굴압의 굴전리와 용이 나왔다는 용출리는 개포가 매우 작고 협소하다.

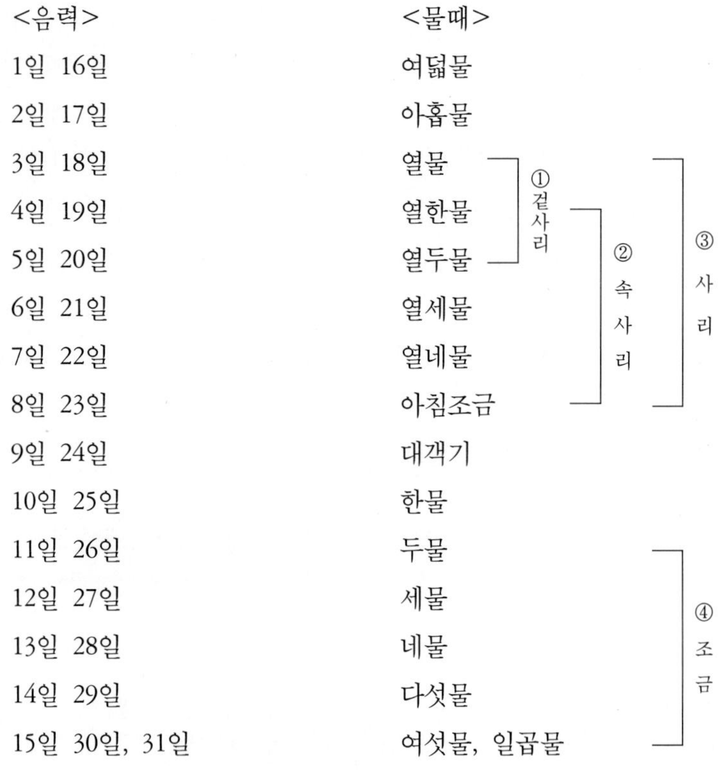

특히 17번 섬용냉이는 굴전과 용출리 앞에 위치해 있지만 바닥(어장)은 큰멀이 점유하고 있으며 섬은 용출리 소유로 되어 있다. 이 섬은 일찍부터 어장분쟁의 대상이 되었던 섬이었는데 용출리에서 땔감을 이용

하기 위해 1970년대 큰멀에서 섬을 구입하였지만 바닥어장은 구입하지 못했다. 아니 팔지 않았다고 해야 옳을 것이다. 특히 섬용냉이와 10번 딸목섬 등은 자연산 전복과 소라 등이 풍부한 곳으로 잠수어업의 적지 이다.

생일도의 마을간 연결된 도로가 만들어지기 전에는 섬의 가장 높은 산인 백운산 용낭골을 넘어 다녔다. 서성과 유촌은 금곡과 연결하는 재 (지금의 도로)를 이용했고, 용출과 굴전은 용골을 이용하였다. 양식어업 전에는 큰몰과 새금이에 계단식 논이 있어 자급할 수 있었지만 다른 마을들은 자급할 정도의 논이 없었다. 특히 용출과 굴전은 논이 거의 없어 식량이 떨어지면 용골을 넘어 잡은 고기를 새금이에 가지고 와서 식량과 바꾸어가곤 했다. 새금이는 골이 깊은 백운산의 물줄기 자락에 위치해 물이 풍부하고, 섬이지만 비가 많은 경우에는 홍수가 날 정도였다.

<표 7> 자연마을별 개포(공동어장지)

자연마을	마을별 공동어장지(개포)			
큰멀(몰)	1. 망개짝지	2. 또박끝	3. 개안	4. 용두리
	5. 꿀배미	6. 개목	7. 따순기미	8. 명지개
	9. 호롱바우	10. 딸목섬	11. 냉개	12. 순천김이
	17. 섬용냉이			
버들개	37. 큰물새이	38. 작은물새이	39. 솔중매	40. 생치목
	41. 배낭금	42. 굴밑	43. 작은중배	44. 큰중배
	45. 병풍바위	46. 물레지기	47. 매물바위	48. 목넘
새끼미	24. 청색그미	25. 작은청색그미	26. 큰바우	27. 두텁니
	28. 문외	29. 밴니리	30. 음지	31. 낭끝
	32. 상록바우	33. 솜널	34. 큰넙	35. 오리바우
	36. 칙끝			
용내이	19. 작은입금이	20. 큰입금이	21. 신짝지	22. 노루섬머리
	23. 큰끝			
굴압	13. 높은너리	14. 높은너리끝	15. 높은너리끝	16. 부도리끝
	18. 지미짝지			

　도서지역은 바람에 대해서 다양한 인지체계를 가지고 있다. 생일도의 경우 동풍을 샛바람, 서풍을 하누바람, 남풍을 갈바람, 북풍을 높바람이라고 부르는데 제일 무서운 바람은 북동풍에 해당하는 높새바람이다. 이 바람은 7월 보름이 넘어서면서 일기 시작하는데 '키울수록 강해지는 바람'으로 인식하고 있다.

　생일도의 마을 구성을 보면 큰멀, 버들개는 북쪽에, 새금이는 서쪽에, 용내리와 굴압리는 남쪽에 위치해 있다. 생일도의 양식어업의 출발은 용내리와 굴압리 앞 바다에서 시작해서 버들개, 큰몰로 확산되었으며 새금이는 가장 늦게 정착되었다. 해조류 양식들이 대부분 추석을 지내고 시작하기 때문에 바람과 파도에 노출이 심하지 않고 수온이 적당한 곳에서부터 양식이 시작되었다. 생일도의 양식어업은 다른 지역에 비해서 매우 늦게 시작되었는데 이는 초기 양식형태인 지주식을 할 수 있는 갯벌이 거의 없고 바다물의 들고남이 분명치 않는 바위해안이라는 생태환경의 차이가 크게 작용했기 때문이다. 1980년대 후반에 시작되어 1990년대 본격적으로 양식어업이 확산되었던 것도 부류식이 가능한 부표와 강한 바람에도 견딜 수 있는 로프가 개발되고 인공포자의 번식이 가능해지면서부터이다.

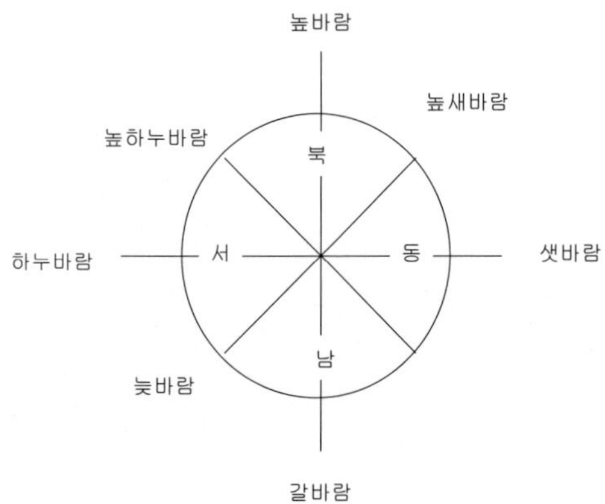

2) 공동어장과 주비제도

주비제도와 유사한 공동어장의 운영체제를 가지고 있는 지역이 아직도 동해, 서해, 남해의 여러 곳에서 확인할 수 있다. 진도 임회면 굴포마을은 '갱번'이라고 칭하는 마을공동 소유의 1종공동 어업권을 공동노동 공동분배하는 사례다. 갱번은 오늘날의 '마을어업'에 해당한다. 1960년 대까지 갱번에서 각 가구당 1명씩 출력하여 자연산 톳, 미역, 우뭇가사리 등 해초를 채취한 후 판매 수익금을 공동분배 해왔다. 갱번을 5개 구역으로 나눈 다음 추첨을 통해 주민들에게 배당하고 음력 6월 이후 1주일간 작업을 하여 판매금을 각 구역의 생산량에 따라 분배하였다. 1970년대 이후에는 다양한 생업활동(낭장망, 통일벼 등장)에 따라 갱번이 개인에게 매각되어 그 매도금을 분배하였다. 1980년대 후반 입찰가격이 주민들의 뜻에 맞지 않자 갱번매도를 포기하고 공동 채취작업을 하기도 하였다.

갱번에서의 공동채취의 의무와 수익금 배당의 권리는 각 가구의 호 행사권과 관련된다. 즉 행정적으로 굴포의 정식가구가 되기 위해서는 전년도 갱번배당금의 절반을 마을기금으로 내야하며, 이로써 갱번에 대한 권리, 의무와 더불어 마을회의시 발언권과 의결권을 갖는다(구양희, 418-419). 생일도에서도 이러한 사례를 찾을 수 있다.

이와는 약간 차이를 보이지만 동해의 삼천포 신수도는 1종공동어장을 수심 1m 이하의 '다리 걷고 채취 가능한 구역'과 1m 이상의 '다리 걷고 채취 불가능한 구역'으로 나누어 관리하고 있다. 전자는 마을 주민들이 직접 채취하는 반면에 후자는 입어행사권을 마을 외부의 특정업자에게 '빈매濱賣'8)하고 있다. 지선어민들이 직접 관리가 가능한 전자의 경우 음

---

8) 어촌의 공동어장구역 내에 서식하는 특정 해산물의 입어행사권에 대한 판매 행위 일체를 의미한다. 빈매 방식으로는 어촌계총회 등 공개석상에서 입찰자

력 2월 그믐날 어촌계 모임을 열고 입어행사자를 결정한다. 이 경우에는 일차적으로 이미 구역화되어 있는 특정의 채취구역에 대해 어촌계 모든 성원을 대상으로 구두식 공개입찰방식을 통해서 입어행사권자(일명 '오야')의 선정과 판매금액을 결정한다.

이차적으로는 각 구역에 참여를 원하는 개별성원들이 자유로운 가입의사에 따라 정해진 입어료를 지불하면 참여할 수 있다. 선정된 사람은 계약금의 ⅓을 2월 그믐날 어촌계에 납입하고, 참여성원이 결정되면 15일 이내에 성원들로부터 입어료를 추렴해서 나머지 ⅔를 15일 이내에 납입하여야 한다. 계원들은 자원의 서식정도, 생산조건 등을 잘 알고 있으며, 참여성원의 수에 관계없이 개별가구의 채취능력 및 입어행사권의 취득능력 등에 따라 여러 구역에 동시 참여도 가능하다. 1개 구역당 본인이 부담하는 입어행사료는 5천원에서 3만원이며 산출액은 10~15만원이다(박경용, 1992, 175-177).

서남해의 대표적인 어장 분배 방식인 입호제도와 주비추첨은 완도지역에서 잘 나타나고 있다. 공동어장 이용방식 중 갯벌어업이 발달한 서남해안의 대표적인 방식이 입호제도라 할 수 있다. 이는 김과 미역 등 해조류양식과 고막, 석화, 바지락, 백합 등 패류양식이 발달한 지역에서 잘 나타나고 있다. 입호는 먼저 타 지역 출신인가 본 마을 출신인가, 장남인가 차남인가에 따라 입호금이 다르다. 1980년대의 경우 입호금은 주로 백미 혹은 현물로 몇 석으로 표시하는데 해남 송지면 중리의 경우 타지에서 집을 지어 들어온 경우 현물 18석, 타지에서 집을 사서 들어온 경우 현물 8석, 본 마을에서 분가한 겨우 현물 3석, 마을 거주 가정의 2세는 현물 3석(박금화, 1992, 144-145) 등으로 세분하고 있다. 완도의 경우 양식어장의 가치가 클수록 타지역 출신의 입호에 대해서 배타적이

들이 금액을 적어 넣는 방식과 어촌계장이나 일부 어촌계원들과 특정 입어행사권자간에 암묵적으로 계약하는 방식이 있다.

며 입호금도 비싸거나 입호가 불가능한 지역도 있다(김준, 2000, 148). 물론 1990년대에 들어 수산물시장의 개방으로 어장가치가 하락하고 이 어인구로 어촌인구가 감소하면서 어장에 대한 규제는 많이 약화되었지만 양질의 어장을 가지고 있는 지역에서는 아직도 이러한 규정이 남아 있다.

주비추첨은 김, 미역 양식어장의 분배뿐만 아니라 마을운영과 관련하여 서남해 어촌에서 많이 이용되는 주요한 의사결정 방식이다(김준, 2000, 97). 어장의 비옥도에 차이가 있으면 열등지와 우등지를 묶지만 그렇지 않을 경우에는 어장을 구획하여 번호를 부여하고, 양식어업 직전에 날(어촌계회의)을 잡아서 추첨을 하여 분배된 어장지를 마을회관에 공고한다. 이를 주비추첨이라고 하는데 1970년대까지는 매년 추첨을 하여 어장지를 변경하였지만 어업기술의 발달, 어장 가치의 하락, 양식인구의 감소, 시설비용의 규모화 등으로 추첨기간은 점점 길어졌고, 최근에는 고정화되어 가고 있다(김준, 2000). 뿐만 아니라 고막, 바지락 어장의 경우에는 어촌계 공동어장만 있는 마을도 있지만 대대로 세습되는 관행적으로 개별화(사적 점유)된 경우도 있다.9)

3) 주비제도의 운영체계

어민의 바다의 이용은 시기에 따라 조금씩 변해왔다. 1908년 어업법

---

9) 고흥 과역의 경우 고막과 바지락 양식장을 '방천'이라고 부르는데, '마을방천', '개인방천'으로 구분하고 있다. 내로마을의 경우에는 '마을방천'만 존재하지만 인근 독대, 술항, 외호 마을들은 개인방천만 있거나 개인과 마을방천을 모두 가지고 있는 경우도 있다. 동일한 생태환경에서 어장의 운영형태가 상이한 이유에 대해서는 좀 더 연구가 필요하겠지만, 어장규모와 형태, 성씨구조 등 마을을 둘러싼 인문사회적인 비교연구가 진행되어야 할 것으로 보인다(김준의 섬섬옥섬, http://www.jeonlado.com/).

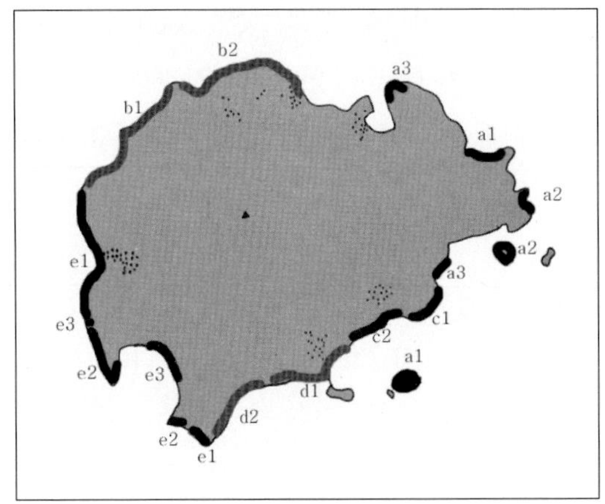

<그림 4> 생일도의 주비 구분도

이 제정된 후 어장은 마을 '총유', 어촌계의 '공유' 등 다양한 형태로 이용되어 왔다. 생일도의 경우 이러한 형태는 양식어업이 본격화되기 전인 1990년대 초반까지 '육종어장'은 마을의 소중한 공동자원이었다. 주비제도는 남해안 지역의 어장을 분배하는 대표적인 형태라 할 수 있다(김준, 2000). 이미 앞에서 살펴 본 것처럼 동해안지역은 미역바위(곽암), 서남해안 지역은 주비, 갱번(구양희, 1992, 418), 입찰 등 다양한 방식으로 어장을 분배해 오고 있다.

생일도는 1970년대 해조류양식이 발달한 완도의 다른 도서 지역과 달리 수심이 깊고 갯벌이 발달하지 않아서 부류식 양식어업이 발달하기 전까지는 어업의존도가 매우 낮은 어촌이었다. 다만 섬을 둘러싼 조간대에 바위가 발달해 육종생물을 채포하여 마을기금은 물론 생활을 해가고 있었다. 조간대에서 주로 채취하는 육종물로 우무, 진포 세모, 병포 가사리, 쭈꾸미('사꾸라초'라고 지금은 먹지도 않지만 옛날에는 먹었다), 톳 등이다. 이러한 해조류가 부착된 조간대를 '개포'라고 부르는데 생일도에서는 이곳을 나누어 일정한 시기에 공동채취, 공동분배하고 있다. 이를 '주비'라고 부르며 매년 주비구역을 순환하며 채취하고 있다. 주비제도는 양식어업이 시작되기 전은 물론 양식어업이 시작되고 나서도 이어지고 있다. 마을별로 주비구역은 다르며, 순환형태와 구성원의 숫자도 다르다. 주비구역과 구간이 과거에는 매우 세분화되어 있었는데 양식어업이 등장하자 개포는 자원으로서 가치가 낮아져 통합되는 경향을 보이고 있다. 그렇지만 큰멀이나 새금이처럼 매년 주비를 순환하는 경우도 있으며, 주비의 분배도 생산성에 따라서 다양한 조합을 이루고 있다.

<표 8> 생일도의 주비구역과 운영체계

마 을	구 역	주비구간	주비순환	구성원
큰멀 (서성리)	3구역	동주비(a1) 도룡양도, 개목 서주비(a2) 호롱바위,목섬일대 중주비(a3) 용두리, 순천기미	매년 순환	35명
버들개 (유촌리)	2구역	상주비(b1) 찍끝 – 배낭금 하주비(b2) 배낭금 – 목넘	10년 전 매년 5년마다 1회	통합
굴압 (굴전)	3구역	상주비(c1) 높은너리 – 부도리 하주비(c2) 부도리 – 지미짝지		30-15
용내리 (용출리)	2구역	상주비(d1) 방지뚱 – 큰입금이 하주비(d2) 큰입금이 – 큰끝	10년전통합	통합 운영
새김이 (금곡리)	3구역	동주비(e1) 칙끝 – 큰넘, 청색그무 – 큰끝 서주비(e2) 상록바우 – 음지 큰바우 – 청색그미 중주비(e3) 솜널(큰넘 – 상록바우) 낸나리 – 물외	매년 순환	23-24

<그림 4>와 <표 8>을 통해서 주비의 운영을 좀 더 구체적으로 살펴보자.

생일도에서 가장 큰 마을이라 '큰멀'이라 불리는 서성리는 동주비, 서주비, 중주비 세 개의 주비로 구성되어 있으며 일년 단위로 순환하여 채취하고 있다. 주비마다 수확량이 다르기 때문에 순환은 어장 균등분배의 사회적 장치라 할 수 있다. 2002년의 경우 동주비는 10만원, 서주비는 20만원 중주비는 5만원 정도의 소득을 올렸다. 주비로 마을 기금을 마련하지는 않으며 모두 구성원에게 분배하고 있다. 서성리의 경우 <표 7>의 3번 개안에서 바지락 등을 채취하여 부녀회의 기금으로 이용하고 있

다. 지금은 큰 소득이 아니지만 양식이라는 근대어업이 등장하기 전까지만 해도 채취어업을 통해 생활했다. 서성리는 1종어업으로 얻은 소득을 마을기금으로 활용하고 있으며, 전복, 소라 등 깊은 어장은 업자에게 판매하고 있다.

버들개라 불리는 유촌리의 경우 주비는 도로를 기준으로 웃침, 아래침으로 나누어지는데 웃침은 나이든 사람이 많고, 아래침은 젊은 사람이 비교적 많은 편이어서 작업량의 차이가 나기 때문에 통합운영되고 있다. 주비작업은 호당 2명씩 참가하여 채취를 하는데 톳은 연 1회, 가사리와 새모는 1~2회 채취하여 2~3백만 원의 마을기금(부녀회)을 마련했다.

용출리의 경우 일년에 개포를 양력 6~7월에 2회 튼다. 일부 부녀회 기금으로 이용하며 일년에 6~7만원 정도의 소득을 올리고 있다. 용출리는 용출은 6반으로 구성되어 있지만 과거에는 9반까지 나누어진 100호가 넘는 마을이었다. 그 당시에는 주비를 50호씩 2개 주비로 운영하였지만 지금은 합해서 60호가 참여하고 있다. 개포는 모든 어촌계원에게 주고 있으며, 입호를 하지 않는 사람에게는 개포를 주지 않는다.

새김이의 경우 1990년대까지만 해도 3개의 주비에 60여개의 '주비'(자리)를 뽑아서 자연산 톳, 미역, 우무, 진포, 병포 등 육종물을 거두었다. 어촌계장이 '오늘은 개를 놓습니다'라고 방송을 하게 되면 개포를 트는 작업을 하는 것이다. 해년마다 추첨을 하기 때문에 장소가 바뀌며 개를 잘 알고 통솔권이 있는 주비장이 주비를 맡으며, 각 주비마다 23~24호 정도로 구성되어 있다. 위치에 따라 동주비, 서주비, 중주비 3구역으로 나누어 있으며 매년 순환한다. 행정은 6개반으로 나누어져 있지만 행정구역과 주비가 직접적인 관련이 있는 것은 아니다. 어촌계장이 개를 막을 때는 주민들은 개포에 나가 채취 할 수 없으며, 멸치낭장을 하는 경우에는 개인사업이기 때문에 나갈 수 있지만 채취 할 수는 없다. 주비작업은 호당 1~2명이 나와서 작업을 하지만 불참하는 경우에는 당시의 일당을 부과하거나 분배금에서 제외하고 있다. 다만 질병 등 마을에서 인정하는 사유로 불참할 경우에는 예외로 인정하고 있다. 개포에서 채취한 돌김이나 자연산 톳 등은 건조해서 수협을 통해 공동으로 판매를 하는데 건조와 관리는 주비장이 맡아서 하고 있다. 주비는 호를 가지고 있는 마을 사람에게만 주어지며 다른 마을사람에게는 주지 않는다. 금곡은 주비 여건이 좋아서 4~5백만 원 소득을 올리고 있으며, 매년 주비를 순환하고 있다.

이러한 마을어업에 참여하는 사람들은 연1회 이상 바위닦기, 해안에 나무심기, 인공어초 시설, 어장의 오물제거 및 해안청소, 연 2회 이상 유해생물 없애기, 부정어업의 감시고발 등 어장관리를 해야 할 의무가 있다(수산업법 제 49조). 생일도에서도 매년 마을별로 해안청소 및 오물제거 작업을 실시하고 있다.

4) 공동어장의 판매

마을주민들의 직접채취가 가능한 곳은 주비제도를 통해서 생산과 판매가 이루어지지만 수심이 깊은 곳에 서식하는 전복과 소라 등 패류의 경우 해녀나 스쿠버 등 전문가들이 아니면 채취할 수 없다. 서성리의 경우 마을에 제주 해녀출신의 나잠업자가 있어 마을내부에서 거래가 이루어진다. 즉 마을 주민 중에서 '1종공동수역관리자'를 선정하여 채취권을 매도하고 채취량의 일부를 분배하는 방식이다. 앞의 삼천포 사례에서 보듯이 이러한 방법을 '빈매'라고 하는데 서성리는 8월에 총회를 열어 공개입찰하여 관리자를 결정하며 임대계약서도 작성한다. 임대계약서에는 임대물건, 매도대금, 입찰계약금, 잔액 등이 기록되어 있고, 계약금 외 잔액을 정한 기간 내에 해당어촌계장에게 입금하지 않을 경우 계약금은 물론 1종공동수역매도계약서를 무효화하여 해당어촌계에서 임의로 처리하겠다고 기록하고 있다. 계약기간은 5년간이며 관리기간을 허용하는 대가로 채취량 50%의 이익금을 마을에 보상해야 한다.

4. 양식어업과 어장운영

1) 양식어업의 등장10)

완도지역은 일찍부터 김 양식의 적지로 1970~1980년대 완도의 지역 경제를 좌우했다. 생일도에 근대어업인 양식어업이 등장한 것은 1970년대 중반 무렵이다. 이미 완도 지역을 중심으로 지주식 김 양식이 정착한 시기였지만 이곳은 갯벌이 발달하지 못하고 파도가 심해 지주식 김 양식은 생각도 하지 못하는 상황이었다. 게다가 해안이 바위로 이루어져 육종물인 해조류 채취나 주낙 일부 정치망을 이용해 고기를 잡는 것이

10) 김 양식은 한국사회의 대표적인 양식어업이다. 이미 한일합방 전에 일본은 조선의 각 해역에 대한 수산물을 수탈하기 위한 제도적 준비를 마쳤고, 1911년에는 남해안 일대를 중심으로 김 양식어장의 적지를 조사하기도 하였다. 그 결과 전남 완도군, 장흥군, 고흥군, 광양군, 경남의 동래군, 하동군 등이 주요 생산적지로 선정되어 해태조합이 만들어지는 등 활기를 띠기 시작하였다(김준, 2000, 51~52쪽). 특히 1923년 동경대지진으로 일본김의 대명사로 불리는 동경만의 양식어장이 감축되면서 김 수요가 급증한 것도 하나의 계기가 되었다(한규설, 113~114). 조선총독부는 1927년부터 10개년 계속사업으로 매년 42,000엔을 지원하여 김생산을 독려하였다. 그 결과 1942년 무렵에는 조선 양식어업의 95%가 김 양식일 정도로 확대되었다. 1910년대 히로시마, 후쿠오카를 비롯한 일본 어업인들이 들어와 김 양식을 시도하였지만 1930년대 후반에는 대부분 이탈하였다. 이는 전업을 계획했던 일본어민들에게 노동집약적이고 부업적인 김 양식이 관심을 끌지 못했기 때문이다. 양식어업의 등장은 한국의 양식기술은 물론 단순한 채취에 의존하던 어촌사회의 변화에 큰 영향을 주었다.

바다 일이었다.

　1970년대에 생일도 어민들은 농사일을 마치고 겨울 한철 다른 섬, 특히 김 양식을 많이 하여 노동력을 필요로 하는 곳으로 일자리를 구해 떠나곤 했다. 가장 많이 갔던 곳이 인근 평일도로 김 양식은 추석을 지내고 시작해서 설 무렵까지 한철을 하기 때문에 스스로 '김발머슴'이라고 부르기도 했다. 토지가 없었던 굴전이나 용출 사람들이 많이 갔기 때문에 기술도 가장 먼저 배워와 1980년대 초반에는 서성과 용출 앞 어장에 일부 지주식 김 양식을 시도하였다. 이곳 김 양식은 완도의 다른 지역에서 비해서 10여년 늦게 출발한 셈이다. 금곡리의 경우 가장 늦게 김 양식을 시작했는데 160호 마을 전부가 김 양식을 했다. 구지(행사구역)를 뽑아 평균 6때 정도하였다. 완도의 다른 지역 주민들이 수십 때씩 양식을 했던 것에 비하면 매우 적은 규모인 반면, 행사료는 때당 6~7만 원으로 매우 비싼 편이었다.

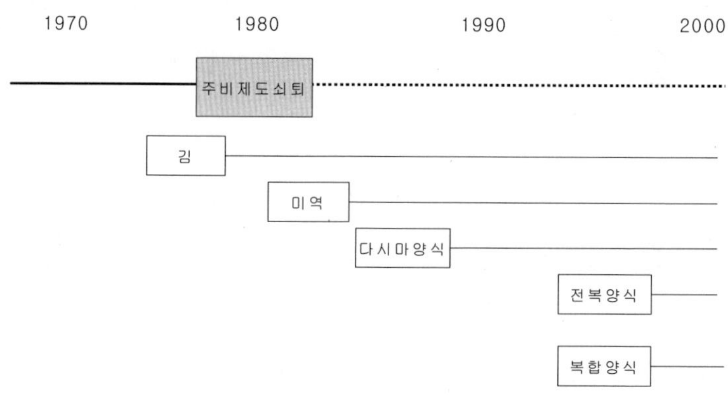

<그림 5> 생일도의 양식어업의 변화

　미역의 부류식 양식이 개발되고 일본 수출이 가능해지면서 김 양식은 미역양식으로 전환하였다. 지주식 김 양식은 노동력도 많이 필요할 뿐만

아니라 갯벌이 발달하지 않는 생일도에는 적합하지 않았다. 일본 수출이 어렵게 된 1980년대 말까지 직접 솥을 걸어 미역을 삶아 마른미역을 판매하기도 하였다. 그리고 1990년대에 다시마 양식을 시작하였다. 1990년대 시작된 다시마는 이웃 덕우도에서 전복양식이 성공하면서 전복의 먹잇감으로 미역 함께 이용되기 때문 더욱 확산되었다.

2003년 현재 생일도의 양식어업은 <표 9>와 같이 전체 54건, 1888ha에 이르고 있다. 특히 최근 생일면의 새로운 소득원으로 자리하고 있는 전복(패류)양식이 증가하고 있으며, 해조류양식은 미역과 톳 혹은 미역과 전복을 동시에 할 수 있는 전복양식으로 전환되고 있다. 마을별로 살펴보면 지선어장이 가장 넓은 서성리가 마을어업 5건을 포함해 가장 많은 12건의 어업권을 가지고 있지만 많은 주민들이 참여할 수 있는 미역과 다시마 등 해조류양식 면적에서는 금곡리와 유촌리의 어장을 오히려 주목해야 할 것이다. 해조류양식에 비하면 패류양식이나 어류양식은 자본의 규모가 큰 어업에 속하고, 마을어업은 공동체적 성격이 강한 어업으로 바위에 붙어 있는 해조류를 채취하거나 일부 마을에서 바다 속 자연산 전복이나 소라를 채취하는 어업을 말한다.

<표 9> 생일면 어업면허 현황

마을	계		해조류양식		패류양식		어류양식		복합양식		마을어업	
	건수	면적	건수	면적	건수	면적	건수	면적	건수	면적	건수	면적
계	54	1888	19	583	9	59.5	1	5	4	70	20	1170.5
서성	12	256	4	95	1	12	1	5	1	10	5	134
유촌	8	277	3	133	1	16			2	40	2	88
금곡	8	238	7	158							1	80
용출	6	182.5	3	121	1	2					2	59.5
굴전	3	97	1	48	1	10					1	39
덕우	17	97	2	28	5	19.5			1	20	9	157

2) 양식어업과 공동어장

양식어업이 등장하면서 마을운영에 적잖은 변화가 생기기 시작했다. 우선 마을 성원의 계층분화현상이 두드러지게 나타났다. 단지 경제적인 측면에서만 아니라 마을 성원들 중에는 주비에도 참여하지 못하는 어민, 주비에만 참여하는 어민, 양식어업에 참여하는 어민 등 그 층이 다양해졌다.

주비의 경우 마을사람이면 누구나 참여할 수 있었지만 미역과 전복양식의 경우에는 다르다. 특히 전복양식은 종자 값만 80만 원에 이르기 때문에 투자비용이 부담스러울 뿐만 아니라 몇 년간 양식을 해야 하기 때문에 자본 회수율도 늦어 경제적 여유가 없는 사람은 어렵다. 전복은 2002년에 1kg당 12만 원(7~8개)이었지만 2003년에는 가격이 떨어져 8만 원에 불과하다. 전복양식은 양식틀(100×35m) 안에 2m간격으로 1줄씩 20줄을 넣는다. 전복양식에도 어장에 따라 수확량이 조금씩 다르기 때문에 김이나 미역양식처럼 제비(주비)를 뽑아 분배하고 있다. 초기에는 5년에 한 번씩 뽑다가 지금은 3년에 한 번씩 뽑는데 한 사람이 적게는 20줄, 보통 50줄, 많게는 100줄을 양식하며 줄당 40만 원 정도 소득을 올리고 있다.

입호를 한다고 해서 바로 전복양식을 허락하는 것이 아니다. 1종어장의 개포에 참여할 수 있다고 해서 바로 양식어장을 분배받을 수 있는 것도 아니다. 우선 마을어촌계에 가입하는 철차를 받아야 하며, 수협조합원에도 가입하여야 한다. 서성리의 경우, 입호를 하기 위해서는 20년 동안 마을에 거주하며 주민의 '심판'을 받아야 한다. 그 후 총회에서 입호가 인정되면 입호금으로 중 쌀 15가마를 내야 인정된다. 마을주민의 경우에는 장남은 새로운 호는 불가능하며, 차남이 분가하여 호를 낸 경우에는 무료이다.

유촌리의 경우 마을성원이 되기 위해서 객지 사람들은 일반미 20가마를 내야 한다. 5년 전만 해도 50가마를 내야 했다. 마을주민은 장남이 10가마, 차남은 2가마를 낸다. 차남이 더 적게 내는 이유는 법적으로 분가가 가능하지만 장남이 부양해야 할 호주가 있는데 또 호를 갖기 때문에 자원의 분배 측면에서 입호금을 더 많이 부과시키고 있다.[11] 여기에 공동기금에 대한 개인 배당금을 추가로 내야 한다. 2002년 2명, 2003년 1명의 신입이 있었다. 유촌리의 경우 개포는 작지만 바다 면허지가 가장 넓다.

<표 10> 마을별 입호권

계	마을주민	외지주민
서성	장남 불가능, 차남 무료	20년 거주 후 쌀 15가마
유촌	장남 일반미 10가마 차남 일반미 2가마	5년전 일반미 50가마일반미 2003년 20가마
금곡	50만원	500만원
용출	150만원	150만원
굴전	1980년대 돌미역 15손값 2003년 돌미역 10손값	200만원

금곡리의 경우, 외지인이 마을에 입호할 경우 500만 원의 입호금을 내야한다. 마을주민 중 도시에 살다 부모와 함께 살기 위해 들어오는 경우는 50만원, 마을주민이 신입으로 분가한 경우도 50만 원의 입호금을 내야 인정된다.

굴전리는 객지에서 마을에 입호하는 경우에는 200만 원이고 그 자손들은 2002년까지 150만 원 정도였다. 고정되어 있지는 않고 작물의 상

---

11) 타지에서 이사 온자가 입어행사를 원한다면 어촌계(마을) 내에 적립되어 있는 공동기금의 1인당 평균 할당액에 상당하는 금액과 수협출자금을 본인이 부담해야 어촌계원으로 입어할 수 있다(신수도 어촌계, 박경용, 175쪽).

황에 따라 다르다. 최근 굴전리는 2002년 신입호금으로 150만 원을 부과했으며, 별도로 마을재산에 대한 풀이는 없었다. 이 마을의 경우 장손은 부모님의 것을 물려받는다. 보통 부모의 전체 재산(개포) 중 1/2은 장손에게 나머지 1/2은 나머지 형제들에게 나누어 주는 경향이 있었다. 즉 장남은 부모개포를 물려받고, 차남은 별도의 개포를 해야 하며 입호금을 내야 한다. 1980년 초반까지 돌미역 열손값(쌀 1~2가마)이나 열 다섯 손값을 내야 했다. 입호는 마을어업에 해당하는 개포의 허용을 의미하지 전복양식을 허가하는 것은 아니다. 공동어업에 참여하기 위해서는 어촌계의 가입과 수협조합원의 가입 등의 절차를 요구하는 마을도 있다.

5. 근대어업을 넘어서

근대어업의 전형이라 할 수 있는 양식어업의 등장이 전근대적 어업에 어떤 영향을 주고 있는지 살펴보았다. 근대어업이 본격화되면서 주비제도를 기반으로 한 전통적 어업형태는 급격하게 몰락하고 있다. 뿐만 아니라 사회보장적 기능으로서 공동어장은 자본과 규모에 의해서 잠식되고 노동과 자본을 규모화 할 수 없는 어민들은 배제되고 있다. 더욱 심각한 것은 근대어업이 마을의 공동체적 질서와 공동어장을 더욱 황폐화시키고 있다는 점이다. 이러한 측면에서 생일도에 지금까지 전통적인 어업방식인 '주비제도'와 '입호제도'는 근대어업과 함께 지속된다는 점은 경제적 가치를 넘어 공동어업을 지속시킬 수 있는 좋은 기제로 작용할 것이다.

전통적 어업형태인 주비제도는 근대어업에 비해서 훨씬 민주적이며, 환경지향적이고, 공동체적인 방식으로 운영되었다. 뿐만 아니라 인간의 자연에 대한 인식도 훨씬 다층적이고 체계적이며 합리적이다. 하지만 근대어업은 바다와 어장을 황폐화할 뿐만 아니라 사회성원을 층위화하고 자연과 인간을 분리시키고 있다. 어촌에는 마을어업에 참여할 수 있는 사람이 있는가 하면, 마을어업에 참여하지만 공동어장에 참여할 수 없는 사람이 있다.

최근 '자율관리형어업'이라 하여 제도와 법률에 의한 관리와 통제가 아니라 어민 스스로 공동어장을 관리하고 지속시키는 자기규제형 어업이 좋은 평가를 받고 있다. 약탈어업을 넘어서 인간과 바다가 함께 생존하는 방식을 모색하고 있는 것이다. 이러한 측면에서 전통어업방식인 생일도의 '주비제도'는 근대어업의 보완으로 매우 시사하는 바가 매우 크다.

어촌의 변화는 환경생태적 측면만이 아니라 법과 제도의 영향을 받는다. 근대어업이라 할 수 있는 양식어업의 등장, 공동어장의 점유 주체와 형태의 변화 등 법과 제도의 변화는 어촌사회의 구조에 큰 영향을 미쳤다. 그럼에도 불구하고 어촌사회에서 근대의 문제는 매우 소홀하게 취급되어왔으며 어촌사회는 곧 전근대사회로 등치시키는 오류를 범해왔다. 그 근간에는 어촌사회는 공동체라는 동의가 자리하고 있기 때문이다. 어촌사회에서 근대성은 어떻게 투영되고 있는지 보다 많은 연구가 지속되어야 할 것이다.

<참고 문헌>

구양희, 「진도 어촌의 작업방식과 놀이」, 『한국어촌의 저발전과 적응』, 집문당, 1992.

국립박물관특별조사보고, 『한국서해도서』, 을유문화사, 1957.

권삼문, 『동해안 어촌의 민속학적 이해』, 민속원, 2001.

김　준, 「어장환경의 변화와 어민의 적응」, 『농촌사회』 제12집 1호, 한국농촌사회학회, 2002.

김　준, 『어촌사회의 구조와 변화』, 전남대 박사학위논문, 2000.

김삼수, 『한국사회경제사연구』, 박영사, 1974.

농상공부수산국, 『한국수산지』 1부, 조선총독부, 1910.

박경용, 「삼천포시 어촌의 경제와 발전전략」, 『한국어촌의 저발전과 적응』, 집문당, 1992.

박광순, 『한국어업경제사연구』, 유풍출판사, 1981.

박금화, 「김 양식의 확대와 어촌의 변화」, 『한국어촌의 저발전과 적응』, 집문당, 1992.

서정호, 「어업공동체의 결속력 변화요인」, 『농촌사회』 제12집 1호, 한국농촌사회학회, 2002.

수우회, 『한국수산업사』, 사단법인 수우회, 1987.

안중기·김승·조용훈, 『어촌계 활성화방안에 관한 연구』, 수협중앙회, 2000.

이완근, 『어촌공동체의 법률관계에 관한 연구-가거도 어촌공동체의 관습을 중심으로』, 전남대 박사학위논문, 1990.

益田壓三, 『漁村社會の史的展開』(상, 하), 行路社, 1986.

장수호, 『어촌계에 관한 연구』, 동아대 박사학위논문, 1979.

정환담, 「마을공동체의 관습법상의 법인성에 관한 연구」, 『사회과학논총』 IX, 전남대 사회과학연구소, 1982.

최태호, 「일제하 한국 수산업에 관한 연구」, 『일제의 경제침탈사』, 1969.

한규설, 『한국어업제도 변천의 100년』, 선학사, 2001.

한상복·전경수, 『한국의 낙도민속지』, 집문당, 1992.

제3장

생태계와 문화의 시각으로 본 새만금

조 경 만

1. 생태계에 대한 관심이 필요하다

새만금 간척과 이에 대한 저항은 온 국민의 관심사일 뿐 아니라 세계 지식인과 학계, 환경단체들의 관심사이기도 하다. 우선 시화호의 수질 오염 경험에서 비롯된 간척의 반환경성이 새만금에서 다시 제기되어 수질 문제에 사람들의 관심이 집중되어 있다. 그러나 새만금은 여기에 그치지 않는다. 갯벌과 농토의 경제적 가치가 비교 담론이 되었고, 지금처럼 간척지를 농토로 사용하는 것에 대한 경제성이 문제시되었으며, 용도 변경을 이야기하기 훨씬 전부터 과연 간척지가 농지로 사용될 것인지에 대한 의구심도 있었다.

한편 꽤 오래 전부터 목포·군산·인천 등 서해안 지역의 지역 개발 담론에서 제시되었던 서해안과 중국의 지리적·경제적 연계가 최근에 새삼스럽게 강조되면서 새만금 지역이 그 개발의 한 지점으로 이야기되기도 한다. 새만금 간척을 중단시키려면 환경과 경제성에 대한 문제 제기만으로는 안 된다는 말도 있다. 전북 지역 주민들에게 지역 발전의 계기를 마련해줄 만한 대안이 있어야 한다는 것이다.

그러나 새만금 간척을 둘러싼 찬성과 반대 어느 편에서도 정작 생태계에 대해서는 거의 이야기하지 않았다. 생태계에 관한 이야기가 없었다는 필자의 말이 틀렸다고 반론을 펼 사람들이 많을 것이다. 그러나 사실이다. 엄밀히 말해 생태계란 하나의 체계를 뜻한다. 그 안의 구성원들의 종수種數, 개체수를 뛰어넘어 생물학적 구성원들과 무생물학적 구성원들 전체가 이룬 체계이다. 새만금 지역이 어떠한 하위 생태계로 구성되어 있으며, 각 체계가 어떤 형태를 띠고 있는지, 현재 어떤 과정을 겪고 있는지, 하위 생태계들은 어떻게 서로 연계되어 있는지를 이야기하는 것이 바로 생태계에 대한 이야기이다. 또한 새만금 지역을 넘어 인근 육지 생태계, 서해 해역과 도서, 나아가 시베리아, 중국, 일본, 호주 일대 등 해외 지역의 생태계와 어떻게 연계되어 있는지를 이야기하는 것이기도 하다. 이러한 이야기들은 종합적인 조사와 주기적인 모니터링 등을 통해서만 가능하며 상당히 큰 연구 규모를 갖추어야만 하는 것이다. 그런데 새만금 지역은 간척을 앞두고 있다는 이유로 거의 무시된 상태로 방치되어 왔다.

무엇보다도 변산반도의 복합적인 지형과 이에 따른 서식처의 다양성, 생태적 적소(ecological niche) 활동의 다양성을 고려한 생태계의 이야기가 결여되어 있다. 변산반도는 인근 김제평야 등지와는 대조적으로 현저하게 뚜렷한 산지와 구릉지들로 채워진 곳이다. 여기서부터 자세히 들여다보면 산지에서부터 평지와 해안까지, 해안에서 도서까지 매우 다양하고 변별적인 생태계들이 그 일대를 채우고 있으리라 예측할 수 있다. 산지에서부터 작은 하천수(watershed)들이 평야로 이어지고, 평야를 질러 만경강·동진강이 흐르며, 이 두 강이 해수와 만나는 두 개의 하구河口가 새만금 지역에 있다.

하구는 육지 지형과 갯벌 등의 해양 지형이 복합상을 이루며, 갯벌 동물과 염생식물과 육지 식물, 바다와 민물의 회유성 어종 등이 풍요한 생물종 다양성(biodiversity)을 이룬다. 하구에는 육지로부터 유입되는 유기물이 많고, 뚜렷한 환경 구배가 형성되는 곳이어서 다양한 서식 공간이 형성된다. 특히 해수와 담수 환경이 교차되는 기수환경을 선호하여 하구에서만 서식하는 종들도 적지 않다. 이러한 생물들 중에 일부는 수산 가치가 높은 종들도 있다. 하구는 생물들에게 풍부한 먹이와 적절한 은신처를 제공하며, 연안에 서식하는 해양생물들의 산란장으로도 활용된다. 뿐만 아니라 하구는 퇴적물의 공급이 왕성하게 이루어지는 곳이어서 넓은 하구갯벌과 염습지가 발달한다. 이러한 하구 습지는 철새들을 비롯한 다양한 생물들의 이상적인 서식지가 된다. 새만금과 같은 지역은 다른 모든 방안들에 앞서 이 복합 생태계의 본질을 살리며, 그 안에서의 삶의 체계를 파악하고 바람직한 체계를 구성할 수 있는 기본적인 방안부터 살펴야 할 일이다.

2. 문화는 자연을 보는 눈이다

1) 문화의 여러 가지 뜻

많은 사람들은 자연 이야기가 결국 삶의 이야기라고 말한다. 또한 오늘날 자연환경의 보전은 삶의 양식 전환을 통해 이루어질 수밖에 없다고 말한다. 그러나 지금까지 환경 이야기에 있어 인간 삶의 문제는 어떻게 다루어져왔는가? 너무나 많은 사람들이 환경을 대하는 인간과 그 삶의 총체성을 파악하기보다는 과학적 수치, 신체에 대한 영향, 기술에 대한 영향, 정치적·경제적 이해 관계 등 부분적 사항들에 집중해왔다. 조금 더 나아간다면 어떠한 사회가 생태적 합리성을 구현하는가 하는, 사회 체제의 문제를 취급했을 따름이다. 그러나 사람이 접하는 자연이란 사람의 직접적인 발길이 닿건, 닿지 않건 간에 한 시대, 한 사회가 갖고 있는 행위와 사고의 패턴에 의해 포착되는 것이고, 직접·간접적으로 영향을 받는다. 문화는 자연에 대한 적응의 산물이며, 역으로 사람들이 자연을 접할 때 어떻게 바라보고, 이에 대해 어떻게 행동할 것인가에 대한 지침을 제공하는 중간 필터와 같은 것이다.

그러나 우리나라에서 문화는 수난을 겪어왔다. 물화物化된 개념 때문이다. 전통문화를 예로 들어보자. 우리나라에서 전승시켜야 할, 혹은 되살려야 할 것으로 중시해온 것은 대부분이 '문화재'였다. 딱히 국가나 지방자치단체에서 지정한 문화재를 말하는 게 아니다. 전통예술, 그리고 전통문화 전체를 보는 시각이 곧 문화재를 보는 시각이었다는 것이다. 문화재 보호는 명맥이 끊길 뻔한 것들을 존속시켰다는 점에서 대단히 중요한 일이었다. 그러나, '재財'라는 표현이 이미 물화된 사고를 반영하는데다가, 그 범주에 드는 것들이 외형적 사물, 행위 절차, 기예 정도에 머물다 보니 사고의 물화가 더욱 강화되었다. 비단 전통문화뿐만이 아니다. 현대 문화에서도 문화는 거의 어김없이 행위와 사고의 패턴이 아니라 물화된 '재'로서 부각되어왔다.

문화를 넓은 뜻에서 생각해보자. 인간에게 자연은 문화의 틀을 통해 접촉되는 대상이고, 그 문화가 어떤 방향인가에 따라 개발이 자연과 공존하거나 파탄을 초래하기도 한다. 그래서 문화가 중요하다. 경제 행위, 사회 조직, 정치적·종교적·예술적 행위의 시대적·지역적인 특수한 틀, 사람들이 의식하지 않아도 따르게 되는 행위와 인식의 틀이 바로 문화이다. 문화 연구도 이러한 개념의 문화를 다루는 것이 큰 줄기이다. 예를 들어 경제 재화의 가치 분석은 다른 분야에서 하지만, 왜 그것이

'경제적 재화'로 인식되기에 이르렀고, 어떤 생산·분배·소비 행위의 패턴들이 사람들의 행위 선택을 이끌어내는가는 문화 분야의 연구 대상이다. 새만금의 보전과 발전을 논할 때만이라도 주민이나 환경운동권, 학자는 생태계와 지역을 겸허하게 생각하고, 어떠한 사고방식과 행동방식으로 이것들을 대할 것인가 하는 넓은 개념의 문화적 접근이 필요하다.

시대는 바뀌어간다. 문화유산 답사에 만족하던 사람들이 점차 존재와 관계에 대한 성찰로 바뀌어간다. 사람들의 문화 향유 패턴을 보면 처음에는 몰랐던 문화유산에 감동하고 그 지식이 채워짐에 만족한다. 그러다가 점차 문화는 자기 정체성의 관념과 결부되어간다. 자기 존재를 설명하는 틀로 문화가 기능하는 것이다. 여기서 더 나아가 타자他者의 인식이 싹튼다. 자기 정체성과 자기 문화를 타자와의 커뮤니케이션에서 찾으며, 나와 너의 상호 주관적 교류 속에서 존재의 의미를 찾는 것이다. 자연과 문화의 관계에서도 이 경향은 뚜렷하다. 처음에 자연은 재財로 존재한다. 돈이 되건 그렇지 않건 간에 그것은 귀중품과 같다. 그러다가 사람들은 점차 자연 속에 존재하는 자신을 보게 된다. 자기 정체성을 자연에서 찾는 것이다. 이제는 우리 사회에서도 많은 사람들이 자연과의 타자적 관계를 인식하게 되었으며, 다시 그것이 타자적 관계인지, 너와 나의 구분이 없는 관계인지에 대해 논쟁하게 되었다. 인류학의 민족지(ethnography)들은 세계 여러 곳에서 이러한 인식들이 사변이 아니라 주민 생활의 실제임을 밝히고 있다.

2) 새만금 일대에서 주목해야 할 문화재

우선 넓은 의미에서의 문화에 앞서 과거의 문화재부터 생각해보자. 그런데 여기서도 문화재의 '재'로서의 가치보다 그 문화재들이 과거의 어떠한 '문화'를 이야기하는가에 주목해야 한다. 아직 이 방면에 대한 본격적 연구가 없고, 해석은 고사하고 현지 조사도 제대로 이루어지지 않은 마당이므로 체계적으로 설명할 수는 없다. 비록 소재주의素材主義에 불과한 발상이지만 몇 가지 자료들을 놓고 새만금을 생각해보자.

새만금 지역은 배후 촌락들과 연결되어 있다. 일제하에서 간척이 되기 이전에는 리아스식 해안의 일부였던 대벌리 일대는 온갖 배들이 모여들던 집결지였다. 대벌리 당제堂祭의 기록을 보면 멀리 경상도, 제주도의 선박들도 이곳 당제에 기금을 내고 무사와 풍어를 빌었다. 격포 수성당은 서해 해안에 있는 주요 해신당海神堂의 하나로서 많은 고대 유물들이 발굴된 곳이다. 대벌리 당제나 격포 수성당은 새만금 지역과 인근 지역이 해양문화의 문화적 정점頂點이고, 다른 곳들로 연결되는 바다의 길목이었음을 알게 해준다.

새만금 일대는 구릉성 산지에서 점차 강변으로 내려와 촌락을 만들고 농사를 지은 우리나라의 전형적인 농업 세계의 관점에서, 그리고 김제평야·만경평야 등 후대에 만들어진 간척지를 중심으로 한 농업 세계의 관점에서 바라볼 수 있다. 그러나 더 중요한 것은 당제, 수성당 등이 말해주듯이 해양문화의 처소이고, 바다에서부터 육지를 바라보는 관점이 더 크게 인간의 생활양식과 사고방식을 구성했으리라는 점이다. 국토를 바라볼 때 어떤 지점은 내륙의 관점에서, 어떤 지점은 해양의 관점에서 파악하는 탄력적이고 다양한 관점이 필요하다. 새만금 일대를 바라볼 때 해양의 관점을 저버리고 육지의 확대, 연장만을 추구하려 한다면 이 지역의 본래적 특성을 무너뜨리는 어리석은 일이 될 것이다.

지역을 좀더 확장시켜 바다에서부터 먼 내륙까지 들어가보자. 김제평야를 건너면 길은 익산 왕궁리 사적과 미륵사지로 이어진다. 현재는 그 형상을 알 길이 없으나 이 유적들은 과거에 물가에 있었고 수운水運이 발달했을 가능성이 이야기되고 있다. 그 수로는 바다로 연결된다. 결국 고대 백제의 주요한 터전이었을 이곳의 중심적 기능이 바다와의 연결을 통해 이루어졌음을 알 수 있다.

해양문화를 밝힐 수 있는 자료들을 더 살펴보자. 서해는 수많은 강과 하구들이 바다로 향하고 있고, 광활한 간석지(갯벌)와 수많은 도서(섬)들이 발달해 있다. 리아스식 해안 지형은 세계적으로 유례를 찾아보기 힘들 정도로 발달해 있다. 해저 지형과 수면 위의 지형, 해류의 이동, 풍랑, 간만의 물때, 조금과 사리, 강으로의 감조感潮 현상 등이 결합하여 사람들로 하여금 대단히 복합적인 해로를 형성하게 했다. 현대식 선박이 등장하기 전에 전통 선박으로 항해를 하던 사람들의 해로에 대한 토착 지식은 매우 섬세한 것이었다. 우리나라가 해전海戰이나 조선漕船에 능했던 것은 바로 이러한 토착 지식의 기반이 있었기 때문이다. 이제는 이 과거의 지식이 문화를 기반으로 한 콘텐츠 개발과 관광 발전의 큰 자원으로 등장하고 있다. 계화도를 비롯한 새만금 일대와 채석강, 적벽강, 고군산군도, 위도 등을 끼고 있는 해로들과 토착 지식을 조사해야 하며, 문화 콘텐츠와 관광의 자원으로 발전시켜야 한다. 새만금 간척사업은 바로 이 문화를 기반으로 한 발전을 가로막고, 지형 등을 일반화시켜버리는 장애 요인이다.

위도, 고군산군도 등의 도서와 본토 연안 사이에 새만금 공사의 해역과 인근 해역이 분포해 있다. 이 일대는 조선 말 공재 윤두서의 <동국여지지도東國輿地之圖>에 나타나듯 조운선漕運船이 지나는 해로였다. 정확한 측량 표기가 없이 개략적으로만 그려놓은 해로지만 만경강, 동진강 하구를 향해 둥글게 굽어 있는 해로가 현재의 새만금 방조제 구역을 상당 부분 통과했을 가능성이 높다.

서해의 조기잡이 어민들은 흑산도에서부터 황해도, 평안도 연안까지 광역적인 이동을 하였다. 연안 어업을 위주로 하는 조기잡이의 해로가 현재 규명되어 있지는 않지만 부분부분 정황적 자료는 찾을 수 있다. 전남의 어민들은 흑산도에서 시작해서 법성포, 위도, 군산, 인천, 연평도 등을 경유하여 황해도, 평안도까지 다녔다. 정월 초에 출항한 배는 연안을 끼고 서해를 거슬러 올랐다가 음력 팔월 대보름 무렵에 고향으로 되돌아온다. 음악 자료도 광역 이동을 알려준다. 통상 이북과 호남의 음악적 구조는 판이하게 다른데, 어업요 <배치기>는 서로가 유사한 음악적 구조를 갖고 있다. 광역 이동에 따라 유사성을 띤 것이다.

2002년 4월 6일 새만금 방조제 구역에서 조금 떨어진 전북 군산시 옥도면 비안도 앞바다에서 소라를 채취하던 어민들이 해저 유물을 발견하였다. 4월 13일부터 국립해양유물전시관과 문화재청이 현장을 확인하여 면담과 긴급 해역 탐사를 실시하였고, 4월 25일에 일정 기간 동안 사적으로 가지정을 하였으며, 5월 15일부터 '서해 비안도 해저 발굴조사단'이 결성되어 수중 발굴 조사를 하였다. 발견 초기에 어민들이 발견하여 신고한 유물은 243점이었고, 4차 조사가 진행되는 현재까지 청자음각앵무문대접, 청자접시, 청자잔, 청자양각연판문통형잔 등 3,124점이 발견되었다. 특히 많은 유물들이 도자사 연구에서 매우 중요한 시대 편년과 제작 기법의 단서들을 제공하고 있다. 그러나 지금까지의 조사 결과로는 유물의 본래 매장처와 선체船體의 잔존 여부가 확인되지 않고 있다. 수습된 청자들이 어떻게 해저에 가라앉았는지도 확실치 않다. 다만 오랜 세월이 흐르면서 갯벌 퇴적층에 덮여 있던 유물들이 최근 인근 새만금 방조제 공사로 인해 물살이 빨라지면서 해저 퇴적층이 깎여 노출된 것으로 추정되고 있다.

비안도의 해저 유물 발견과 발굴 사례는 무엇을 말해주는가? 대체로 도요지는 토양 조건과 운송 조건에 따라 발달한다. 줄포 유천 도요지陶窯址가 그 예이다. 도자기는 그 문화재적 가치도 중요하지만 운송, 교통 등을 이야기해주기도 한다. 따라서 이 일대에서 다량의 도자기가 묻혀 있었다는 것은 배에 싣고 수운로를 따라 옮기는 것이 가장 좋은 방법이었던 당시에 유천 도요지의 산물이 바다로 흘러들었을 가능성과 함께, 이 일대가 수운의 주요 처소로서 침몰 선박이나 유물의 매장 가능성이 있음을 생각하게 한다. 대단히 중요한 것은 비안도에서 유물이 발견되었듯이 이 일대 어디에서건 또다시 유물이 발견될 수 있다는 개연성이다. 과거의 해로를 보거나, 인근 비안도 유물을 보거나, 현재 발굴 지점에 국한된 '유물 찾기'에 매달리지 말고, 해양 역사와 문화를 밝히기 위해 새만금 지역을 포함한 이 일대 지역을 체계적으로 발굴하는 조사가 필요하다. 비안도 청자는 바로 그러한 조사가 필요함을 알리는 신호일 뿐이다.

그밖에도 살펴야 할 문화재가 많다. 내소사, 개암사 등의 사찰과 산지에 분포된 수많은 암자들은 사람들이 더욱 밀접하게 자연·종교적 관계를 가졌음을 말해준다. 김제 금산사 등 미륵사상과 신종교의 맥이 부안·고창·영광 일대까지 이어지고 있고, 곳곳이 동학의 유적지들이다. 한편 부안군 보안면 우반동은 반계 유형원이 실학을 완성한 곳이자 토지 사상을 펼쳤던 곳으로, 지식인과 지방의 관계가 나타나는 곳이다. 고군산군도는 동아시아의 대표적인 이중장제二重葬制를 남긴 곳이며, 위도는 풍어제 '띠뱃놀이'로 어민의 자연 인식을 남기고 있는 곳이다. 또한 서해안 일대에서 손에 꼽는 조기 파시波市의 자리였다. 이 모든 것들은 그저 열거되는 문화재에 그치는 것이 아니라, 자연과 역사와 생활 문화의 체계에 따라 서로 계열화될 수 있는 문화재들이다. 따라서 이 문화재들을 다룰 때는 새만금 지역은 물론 이 일대 전체를 계열화함으로써 전체의 가치를 강화할 필요가 있다.

3) 보이지 않는 문화

필자가 더 강조하고 싶은 문화는 '보이지 않는 문화', 손에 쥐어지지 않는 문화이다. 문규현 신부는 다음과 같이 말한다.

산, 숲, 농토, 하천, 강, 갯벌, 바다, 섬을 잇는 풍요한 생태계와 그 속에서 자라온 다양한 문화들 덕분에 일찍이 '생거부안生居扶安'이라 불린 곳이 이 땅입니다. 부안만이 아닙니다. 김제, 익산, 군산, 정읍, 고창 등등 전북의 온 지역이 모두 민중이 자연의 품에 적응해 살아온 곳들입니다. 그러나 자연과 문화는 평화롭게 살고자 하는 민중의 염원에만 부응하는 존재는 아니었습니다. 고난과 저항 속에 우리의 자연과 문화가 있었습니다. 우리에게는 만석보를 쌓고자 학정을 했던 고부군수 조병갑에 저항하여 동학 농민들이 일어났던 시대가 있었습니다. 그 때문에 전북은 상생相生과 제폭除暴과 구민救民을 외친 깨달음과 역사적 소명의 고장이 되었습니다. 소작농을 울리던 간척지의 일인·한인 지주들에 저항하던 시대가 있었고, 최근까지도 농민들은 그 잔재와 싸워야 했습니다. 이제는 새만금 간척 때문에 국가가 위기에 몰리고 민생이 위기에 몰리게 될 위험에 처해 있습니다. 농토를 얻고자 하는 간절한 농민의 꿈 때문이 아니라 위정자의 정치적 계산과 지역 발전에 대한 낡은 생각, 그리고 바다와 갯벌 역시 또 다른 국토와 자원임을 깨닫지 못하는 '땅에 대한 맹신' 때문에 새만금 간척의 어리석음이 자행되고 있습니다. 그 틈바구니 속에서 어민이 울부짖고, 인간 중심주의의 몽매함 때문에 갯벌의 생명이 속절없이 사라져갑니다. 오늘 이 시대는 잘못된 것을 스스로 바로잡지 못하고 국민과 미래의 후손에게 돌이킬 수 없는 상처를 남길 정부에 저항하고, 그릇된 발전의 환상에 젖어 스스로의 문화를 혁신하지 못하는 우리 스스로를 참회해야 하는 때입니다. 비폭력非暴力 저항과 생명세상에 대한 염원으로 잘못을 척결하고 새로운 문화를 만들어가야 하는 때입니다.[12]

사실상 부안 일대는 근세, 근대의 질곡과 저항 외에도 1970년대 이래로 우리나라 농민운동, 문화운동, 환경운동의 산실 역할을 하였다. 지식인들이 농촌에 뛰어들었고 지역 농민들과 합쳐 농협 조합장 선거에서 이기는 등 농촌의 민주화에 기여했다. 많은 문화운동가들이 농민운동과 힘을 합쳤다. 한울공동체와 같은 유기농업 공동체운동이 진정한 생태공동체운동의 하나로 자리잡은 것도 부안이다. 새만금 간척 반대운동은 현재 부안 사회에서 주민과 지식인이 꿈꾸어왔던 세계의 연속선상에 있다.

---

12) 문규현, 『부안 앞바다 생명살림 천지굿』의 서문, 2003.8.11.

일견 농업과 갯벌이 상반될 것 같지만 진정한 농민의 세계, 생태공동체의 세계를 꿈꾸어오던 사람들에게는 바로 그 세계 때문에 서로 만나게 되는 실체이다. 우리가 새만금 사업의 중단과 더불어 대안을 논할 때 심사숙고해야 하는 것은 이 일대에 깃든 현대사와 지식인의 참여와 주민운동이다. 또한 새만금 간척에 대한 저항 과정에서 발전한 생태학적 세계관, 생태계와 함께하는 문화의 세계관 때문이다. '생명'이라 표현되는 이 세계관의 역사적, 문화적 의미를 깊이 성찰해야만 올바른 대안이 나온다. 지역 역사와 자연과 문화를 이해하지 못하고, 단지 세련된 장밋빛 꿈일 뿐인 대안만 내세운다면 그간의 과정에 오욕을 남기는 것이다.

이제는 이 역사에서 한 걸음 더 나아가 자연과 인간의 교류를 논하는 데까지 진전해야 한다. 새만금 지역이 가치가 있는 것은 그 수많은 환경 분쟁을 통하여 사람들에게 자기 정체성이나, 자연·인간 관계에 대한 깊은 성찰의 계기를 주었기 때문이다. 새만금 개발에 저항해온 전국의 일반 시민·지식인·종교인 등이 개별 이익의 차원을 뛰어넘어, 새로운 세계로 향할 중요한 발단으로 새만금을 보고 있다는 것은 그간의 과정에서 잘 나타난다. 여기에 더하여 놀랍게도 새만금 주민들에게서 보다 본질적인 세계관과 자아 구현의 의식이 싹트고 있다. 환경 분쟁이 격하게 일어났던 세계 여러 곳에서는 대안적 발전이 이와 같은 방식으로 진행되었다. 그것은 장기적으로 경제적 합리성과 생태적 합리성, 그리고 지역을 견지하는 인간 조직의 사회적 합리성, 나아가 이념과 신념까지 가동시켜 지속적이고 총체적인 발전을 낳게 한다. 좀더 살펴보자.

4) 새만금 운동을 통해 싹튼 문화

통상 환경 분쟁이 있던 곳은 사회문화적으로 한바탕 탈바꿈을 하게 마련이다. 보다 궁극적인 삶의 가치를 추구하는 경향이 생긴다는 것이다. 새만금의 경우에는 주민 경제에 대한 분명한 대책과, 주민이 '질리지 않고 희망을 갖는' 정책 및 행정 당국의 접근, 그리고 지속적인 지식인과 운동가들의 교류가 있다면 앞으로 상당히 진전될 탈바꿈의 양상들이 있다. 이는 인간의 생활에서 빼놓을 수 없는 사회적·문화적 요소인 '정체성', 자기 인정認定의 세계 때문이다. 한 어민은 말한다. 새만금 개발 이전부터 이미 나빠지기 시작했고, 개발 이후 더 가속화된 어장의 열악한 조건 때문에 처음에는 사람들이 치열하게 상호 경쟁을 했다. 어종을 달리하여 획득하던 종전의 관습에서는 어류가 적절히 지속되었지만 누구나 급박한 마음에 이것저것 잡아들이면서 언제, 어디서나 어류가 고갈되어갔다. 그러다가 새만금 개발에 대한 저항운동 경험을 쌓게 되면서 그 궁극적 목적에 대한 인식이 생겨났다. 조금씩 사람들이 협동적 사고를 갖게 되었고, 자원 획득에서나 오염 방지에서나 전과 다른 적극적인 태도들이 형성되었다. 이들은 여기서 더 나아가 자아와 새만금의 관계도 다시 생각하게 되었다. 한 어민의 사례를 들어보자.

K씨 부모는 1970년대에 섬진강 유역에 댐이 생기면서 수몰 지구에서 계화도로 이주했다. 당시 계화도 간척지에 이주한 사람들 대다수의 경로와 같다. 이주민들은 간척지를 농토로 바꾸면서 자리를 잡았다. 원주민은 대부분 어로에 종사했다. K씨의 말에 따르면 예전에는 바다에 나가 목돈을 벌어오는 원주민의 가계는 현금 회전이 빨랐고, 씀씀이도 컸다. 이에 비해 산골에서 이사를 온 이주민은 어렵사리 농사를 지으며 정착해야 했기에 빠듯하게 살았다. 게다가 어디나 그러하듯이 고향을 떠난 이주민들은 원주민의 텃세에 시달렸다. 그러던 것이 차츰 세월이 흐르다 보니, 차별 감정도 없어졌다. '아이 낳고, 터 잡고 하다 보니 가릴 것 없이 얽혀지더라'는 것이다.

그런데 새만금 방조제가 만들어지면서 사정이 많이 달라졌다. 초기에 보상을 받았던 어민들은 차츰 그 보상이 너무나 덧없는 것이라는 것을 느끼게 되었고, 하루가 다르게 만들어지는 방조제를 보면 '무서움증이 든다'는 말이 여러 사람들 입에서 터져 나왔다. K씨의 말에 따르면 무서움증은 인생에 대한 공포감과 같은 것이다. 사람의 운명이라는 것은 돈 몇 푼으로 가릴 수 없는 것인데 사람들은 보상을 받고 자기 운명을 기약이 없게 만들었다.

예를 들어 부녀자들에게 갯일이라면 '자다가도 벌떡 일어나' 해낼 만큼 생계상 집착이 큰 일일 뿐 아니라, 일을 한다는 사실 자체가 자기 삶을 구현해나가는 데서나, 가족 내에서 구실을 해내는 데서나 큰 몫을 하는 것이었다. 갯일이 중단되면 부녀자들이 어디에 가서 일을 해 가계를 꾸릴 것인가도 문제가 되지만, 사람 사는 것처럼 살지 못하게 되는 것도 큰 문제다. 그래서 방조제 공사가 거의 되어가는 것을 보면 인생의 추락에 대한 공포감이 든다. 반면 이주민들은 사정이 좀 다르다. 어업 중단이라는 문제도 없고, 새만금을 막는다고 했을 때 그 땅에 대한 기대도 있었다. 그러다가 2000년대에 들어 전국적으로 쌀이 남아돌게 되고, 수입 개방의 앞날도 멀지 않다고 느끼게 되니, 당장 자기가 짓는 농사가 문제되기에 이르렀다. '쌀 팔아서 밥 못 먹는' 날들을 맞게 된 것이다.

이주민들은 그간 간척지 농사를 짓느라 눈을 돌리지 않았던 갯벌에 관심을 갖기에 이른다. 한 집, 두 집 갯일을 나왔다가 뻘흙을 하루 뒤지면 웬만한 도시 사람 하루 임금 못지않게 수입을 올리는 것도 체험하게 되었고, 차츰 그 일에 더 관심을 기울이게 되었다. 이제는 계화도 사람이라면 농민들도 상당수가 새만금 간척에 대해 회의적이고 저항적인 시각을 갖게 되었다.

바다에서는 또 다른 변화가 생겼다. K씨는 이주민이지만 어렸을 때부터 배에서 놀았고, 어른들을 따라다녔다. 어른이 되어서는 어로를 주업으로 삼았다. 식구들도 틈틈이 갯일을 해왔다. K씨의 말에 의하면 예전에는 갯벌에 한 번 나가면 한 사람이 20kg짜리 비료포대로 두세 포대씩 백합을 잡았다고 한다. 그러나 방조제가 생기면서 사정이 나빠졌다. 어민들은 그 때문에 점점 초조해졌다. 지금 주민들이 위험한 것을 알면서도 자꾸만 멀리 나가는 것은 그곳까지 가야 조개를 넉넉히 잡을 수 있다는 기대감 때문이다.

그러나 그것만은 아니다. 정신적 초조감이 있다. 본래 주민들은 갯일을 하는 철에는 몸이 아파 누워도 오랫동안 누워 있지 못한다. 뻘에 나가야 한다는 생각 때문이다. 그러한 심리를 가진 사람들이 인근에 조개가 없다고 하여 그대로 물러서게 되지는 않는다. K씨 말에 따르면 '죽을 고비'를 각오하고서라도 자꾸만 자원을 찾아 멀리 가게 된다는 것이다. 그래야 초조감이 사라진다. 갯벌에서 잡는 어패류의 종류도 축소되었다. 어족 종류의 축소에도 탓이 있겠으나 그보다도 소비자 기호와 상품가치가 만만치 않게 영향을 주었다. 백합이 고급 어패류로 대접을 받고, 백합구이 음식점들이 번성하면서 너도나도 백합에 치중했다. 그밖에 바지락 정도가 인기 품목이다.

한편 고기잡이를 보면, 방조제 공사 이전부터도 어족 자원이 줄어든 것이 사실이다. 우리나라 연근해 어족이 고갈되어가는 것과 같은 증상이다. 그러나 주민들은 방조제의 영향도 매우 크다고 믿는다. 물고기가 종전의 회유하던 경로가 막히니 자연히 줄어들게 되었다는 것이다. 그러면서 주민들은 점점 경쟁 체제로 접어들었다. 전에는 여러 가지 어족들이 풍부했고, 어민들은 숭어·새우·도다리 등 각 어종에 맞추어 전문화된 어로 작업을 했다. 배 한 척이 이것저것 다 잡아들이는 것이 아니라 특화시킨 어종이 있었던 것이다. 결과적으로 마을 어민들의 어로에 의해 전체적으로 골고루 어종들이 잡히고 남는 물고기의 다양성도 유지되는, 즉 지속 가능한 수산업의 핵심인 선별 어로(selective fishing)가 자연 발생적으로 이루어졌던 것이다. 그러다가 어족 자원이 줄어들면서, 특히 방조제가 막히면서 이 일대에 회유하는 어종의 종류가 많지 않게 되자 사람들은 이것저것 가리지 않고 다 잡게 되었고, 모두가 남아 있는 어종에 집중하게 되었다. 그 어종이 끊기면 또 다른 것을 찾았고, 이 과정이 반복되다 보니 이제는 숭어를 비롯한 극소수의 어종만 남게 되었다.

선박이 최신형으로 바뀌는 것도 예사스럽지 않다. 바다는 본래 공유의 공간이다. 이 공유 공간이 주민들에게는 누구나 접근할 수 있는, 그래서 모두에게 '내 것'이 된다. 과거에는 주민들 마음에 언제 나가든 그것이 내 것으로 인식되었으므로 느릿느릿한 선박이 크게 문제되지 않았다. 그러다가 빠른 배를 지을 수 있는 선박 건조 기술이 발전하고 그러한 선박을 수용하게 된 탓에 성미가 급해진 것인지, 역으로 성미가 급해서 빠른 것을 원하게 된 것인지 모르겠으나 사람들은 급해졌다. 자원이 고갈되다 보니 어디 가도 내 것을 누릴 수 있다는 생각이 없어졌다. 남보다 빨리 가서 어장을 찾고 빨리 잡아야 한다. 소형 선박의 경우 사람들이 몰고 다녔던 초기의 배는 44마력이었다. 그러다가 60마력으로 바뀌었고 다시 80마력으로 바뀌었다. 이 힘 좋은 배를 부려서 남보다 빨리 어장에 도착해서 잡을 수 있는 고기는 숭어를 비롯한 몇 종류에 지나지 않는다. 모두가 이들에 집중한다.

K씨가 이러한 관행에서 벗어나 새롭게 눈을 뜨게 된 것은 새만금 간척 반대운동을 한 이후이다. 처음에는 간척이 되면 갯벌을 잃고 방조제로 인해 어족 자원이 더 줄어들 것이라 생각하여 반대했다. 이러한 생각으로 반대운동을 할 때에는 경제적 관점에서 갯벌과 바다의 가치를 내세우는 데 바빴다. 생존과 결부된 문제이니 절실한 행동이었다. 그러나 웬일인지 전망이 서지 않았다. 심리적으로도 힘들었다. 새만금 문제가 쉽게 해결되지 않고 점점 더 많은 자기 투여를 하게 됨에 따라 자기 행동에 대해 스스로가 좀더 궁극적 또는 전반적인 이유가 있어야 버틸 것 같았다. 경제적 이유를 대는 것은 마치 자신의 이익만을 위하여 그리하

는 것처럼 느껴졌다. 점차 그는 '자신을 버리는' 생각을 자꾸 하게 되었고, 결국 다 털어버리고 운동에 임하기로 했다. 마음이 편해지고 무엇을 추구할 것인지, 그 전망도 밝아지는 것 같았다. 마음이 편해지는 것 같았다. 바다와 갯벌이 자신을 '껴안고 있는 것'처럼 느껴졌다. 그러한 심기心氣가 자리를 잡으면서 그간의 어로 작업도 다시 바라보게 되었다. 우선 그는 자신만이라도 목적하는 어종 외에는 잡아들이지 않는, 선별 어로를 하기에 이른다.

2003년 봄 성직자들이 삼보일배三步一拜를 할 때 그도 자기 지역에서 식구들과 함께 삼보일배를 했다. 그가 삼보일배에서 추구하는 것은 아마도 늘 이야기하는 바와 같이 '나를 버리는 것'이고 자연의 품 속에 드는 것이었을 것이다.

물론 이와 같은 사례는 소수에 불과하다. 그러나 전세계 환경 분쟁 지역의 사례를 생각해볼 때, 그리고 시민사회의 사회문화적 흐름 속에서 그 양적 팽창이 쉽게 이루어지는 문화 과정의 생리를 생각해볼 때 이는 널리 정착될 가능성이 큰 주민문화이다.

생태학적이라는 말은 생태계의 구성원들 간의 탈중심적인 연망과 호혜성, 자체 조절 능력과 균형적 발전, 각 요인들의 생명 유지 체제(life support system), 활성화된 생명 순환 등을 아우르는 말이다. 친환경적이라는 말은 인간이 생태계의 속성에 부응하는 인간 활동과 생활양식(문화)을 만든다는 것을 뜻한다. 단순한 오염 방지나 갯벌의 물리적·생물학적 요인의 존속 등으로 끝나는 것이 아니다. 새만금 갯벌이 파괴된다는 말은 이 모든 체제가 무너진다는 뜻이며, 사람들은 그것을 생명의 파괴이며 생활양식의 파괴라 불러왔다. K씨의 사례는 점차 이 총체적 세계의 파괴에 대한 저항이 되었고, 생태학적 연망이 구현된 전체 세계를 논하고 대안적인 세계를 꿈꾸게 된 사례이다.

3. 자연과 문화를 위한 세계 곳곳의 투쟁
−경제주의를 뛰어넘는 주민들

1) 변화하는 세계 곳곳의 주민들

우리보다 훨씬 더 기나긴 환경 갈등과 투쟁의 역사를 가진 사례를 살펴보자. 인도 나르마다(Narmada) 강 유역에서는 수많은 댐 건설로 인한 난민들이 수십 년간 투쟁과 행진을 계속해왔다. 병들어 죽고, 맞아 죽어가면서 지금도 이 투쟁은 계속되고 있다. 인도 정부는 여전히 강압적이다. 남미·중미의 원주민을 말살시켜버리는 삼림 벌채는 너무나 심각한 자연 파괴와 인간 파괴의 사례로 정착되어버렸다. 처절한 저항과 죽음이 있어왔다.

미국과 캐나다, 유럽에서도 오랜 투쟁이 있었다. 한 예로 캐나다 브리티시컬럼비아 주 밴쿠버 섬의 클라요쿼트(Clayoquot) 지역에서는 1950년대 주정부와 대기업과의 삼림 벌채 계약 때문에 지금까지 온대수림이 엄청나게 파괴되어왔고, 숱한 논박과 저항, 1,000명 가까운 사람들의 체포, 해법을 찾기 위한 주정부와 시민단체의 협상과 연구 등이 있었다.[13]

클라요쿼트는 캐나다 서부 브리티시컬럼비아 주의 서쪽 끝에 있는 밴쿠버 섬 중서부 해안의 한 지명이다. 이 지역은 오래 전부터 삼림 벌채 때문에 캐나다 전역은 물론이고 나아가 세계 곳곳의 주목을 받아왔고 수많은 저항운동을 야기시켰다. 주정부, 지방정부 등은 해당 지역 일대를 모조리 베어내는 삼림 벌채에 의해 초래되는 자원 문제와, 악화되는 여론 등을 해결하기 위하여 여러 가지 조치를 취해왔고, 역으로 삼림 벌

---

13) 조경만·이필렬, 『생명과 환경』, 한국방송통신대학교 출판부, 2003.

채권을 가진 맥밀란 블로델(MacMillan Brodel) 등의 임업 기업들과 맺은 계약과 세금 수입 때문에 난감한 입장에 처해온 것도 사실이다.

1993년에는 맥밀란 블로델의 요청에 의해 삼림 벌채에 저항하는 주민과 운동가들 900명을 연행함으로써 세계 역사상 가장 많은 사람들이 환경운동 때문에 체포당하는 역사적 사건도 남겼다.[14] 이 지역의 자연보호가 결코 있는 그대로의 상태를 지속해온 것이 아님을 알 수 있다. 주정부는 기업과의 계약으로 발이 묶여 있고, 저항운동에 직면해 있다. 계약 이행을 위해 저항운동을 탄압하다가 다른 한편으로는 보호와 지속적 발전을 위한 조치도 모색한다. 보호와 지속적 발전을 위한 제반 조치는 기업과의 계약이나 기타 목재 판매와 수출 등 경제적인 현안에 묶여 있어 환경운동가들과의 협력이 깨지곤 했다.

여기서 집고가야 할 사항이 있다. 기업에서 행하는 삼림 벌채는 해당 지역의 숲을 모조리 베어버리는 벌채라는 점이다. 이는 철저하게 최소의 투여로 최대의 수입을 얻고자 하는 자본주의 경제 합리성에 따른 것이다. 나무와 나뭇가지를 솎아서 베는 '선별 벌채'가 많은 독림가篤林家들에 의해 개발되고 권장되었으나 기업의 입장에서는 광대한 벌채 지역에서 선별 벌채 방식을 취한다는 것은 노동력의 최소 투여와 수입의 최대 획득 원리에 전혀 맞지 않는다. 대신 기업들은 벌채 후에 후속 식재나 자연스럽게 자라는 제2차 생장물이 삼림을 회복시킬 수 있을 것이라 주장한다.

그러나 산림 전문가들은 일단 숲이 사라지면 숲에서 서식하던 모든 생물, 미생물들의 생태학적 연계가 끊어지고 생명체들이 과소화되기 때

---

14) 클라요쿼트 사례는 세계 환경운동사에 주요한 사건으로 남았다. 이에 관한 사건 기록과 인물 등에 관해서는 Breen, H. et als(eds) 1994, Witness to Wilderness; The Clayoquot Sound Anthology, Arsenal Pulp Press; MacIsaac, R. et als(eds.) 1994, Clayoquot Mass Trials; Defending the Rainforest, NSP 참조.

문에 회복이 쉽지 않으며, 기존의 숲이 조성되는 데 필요했던 장구한 세월을 보상할 수 있는 새로운 숲이란 기약하기 어렵다고 말한다. 더구나 기업들이 취하는 숲이란 상품가치가 있는 굵은 나무들이 자라는 곳들이고, 그 때문에 원시림이 희생되게 마련이다. 지켜내야 할 중요한 곳들이 오히려 벌채의 대상이 되는 것이다.

클라요쿼트 주민들에게서 주목되는 것은 자기 생애와 연결되는 담론이다. 1970대의 베티 크라브지크 등 이곳 출신의 노인들에게는 고정된 언술이 있다. "인류와 자연 역사의 가장 엄청난 폭거가 내 평생의 40년 동안에 일어나고 있다"는 말이다. 도시 사람들이 백화점 등 도시의 상품문화에 길들여져 그에 대한 인지력이 높아져왔다면, 자신들은 숲에 길들여져 이에 대한 인지력이 높아져왔다고 말하는 이 노인들은 숲을 생활뿐 아니라 정신적 친화력의 근원으로 취급한다. 이들은 바로 그 숲이 무참하게 잘려지는 것을 목격하는 것을 고통스러워했다. 자연의 상처도 상처이겠지만 자신의 생애에 이런 일이 일어난다는 것이 억울하고, 자신이 무언가 잘못된 세상을 만드는 것 같았다.

필자가 이들을 만났을 때 우선 꺼내는 이야기가 '내 평생의 40년 동안에'라는, 이곳에서 거의 고정되어버린 몇 마디였음을 볼 때, 이와 같은 인식이 상당히 뿌리 깊게 이곳 노인들에게 자리잡고 있음을 알 수 있었다. 베티 크라브지크를 비롯한 노인들은 1993년 연좌시위 때에 그대로 자리를 지키다가 경찰에 연행되어 구류를 살았다. "내가 지금 감옥에 가는 것이냐?", "그렇다", "좋다 한 번 가보자", "늙은 할머니들까지 …." 이렇게 이어지는 당시 경찰, 할머니들, 옆에서 응원하던 사람들이 주고받던 말들은 지금까지 그대로 전해진다. 이 할머니들 몇몇은 지금도 곳곳의 벌채 현장에 가서 연좌시위를 하고 연행당하는 일을 자원해서 하고 있다.

1993년에는 8, 9세의 어린이에서부터 주민들이 참여했고 연행되었다.

한 집에서 어머니와 딸이 모두 연행되었던 경우도 있다. 이때에는 특히 여성의 저항이 컸으며 이를 두고 여성과 자연 사이에 더 긴밀한 정신적 관계가 있다는 담론이 생기기도 했다. 이곳 주민들은 이에 대해 여성과 자연의 친밀성이 원인이라는 대답을 한다. 음식물의 마련에서부터 아이들 양육과 거주 공간 관리, 그리고 항상 자연과 가까이하는 여성의 일상생활이 여성으로 하여금 친밀하고 밀접하며 구체적인 자연 인식을 조성하였으며, 자동적으로 생애의 동반자처럼 자연이 존재하였기 때문에 자기 생애가 침범당하는 듯한 느낌을 갖게 되었다는 것이다.

온대우림 지역인 이곳에서는 삼림 벌채를 막는 데 일반 주민들뿐 아니라 원주민 사회(First Nation)들도 쉽게 연합을 이루었다. 캐나다에서는 환경운동가들이 곧잘 원주민들과 연합한다. 이때 다양한 지역, 다양한 인종들이 모여 영성적 치료靈性的 治療(spiritual healing), 원주민과 자연 간의 밀착적 관계에 대한 관념, 자연물에 대한 영적인 교류, 환경 사상에 대한 담론 등을 발전시켰다.

원주민들에게 숲은 일반 환경운동가들이나 주민들과 또 다른 의미를 갖는다. 그들에게 숲은 서식지일 뿐 아니라 성소聖所들이 자리하고 있는 종교적 처소이다. 숲은 냇물과 강을 통해 바다와 이어지며 그 경로에 연어가 있다. 연어는 생계 수단일 뿐 아니라 이 다양한 생태계를 잇는 존재이고, 사회적·종교적 존재이다. 원주민 사회 어디서나 들을 수 있는 언술이 "숲이 살고 연어가 살면 자신들의 사회가 되살아나고 문화가 되살아난다"는 것이다. 당시 클라요쿼트 원주민에게서도 이 점은 마찬가지였고, 이들은 그렇게 살아남아 훼절되지 않도록 하기 위하여 싸웠다.

이러한 숲과 연어의 생태학적·문화적 특징들에 더하여 정치적·영토적 사항이 결부된다. 클라요쿼트의 경우 큰 정치 단위 누차눌스(Nuu-cha-Nulth First Nation)에 속하는 원주민 사회들이 상당 부분의 숲을 자기 구역15)으로 갖고 있으며, 2001년에는 주정부와 영토권, 연어나 나무

등의 자원 이용권에 관한 협약이 원칙상의 합의 단계까지 이르렀다. 이들에게 숲은 자신들의 생태학적·종교적 처소이고, 정치적·경제적 영토이다. 따라서 이 숲이 베어진다는 것에 대해 원주민들은 민감하게 반응할 수밖에 없다. 1993년의 대규모 저항 때 원주민들이 대거 참여했던 것은 생태학적·종교적 반응이고 또한 정치적 반응이었다.

클라요쿼트의 사례는 환경을 지키기 위한 사람들의 저항과 노력이 자연 자원이라는 재화를 지키기 위함이고, 생계 경제를 유지하려는 의식뿐 아니라 생태계에 대한 총체적 인식, 인간 존재의 의미에 대한 의식에 뿌리를 둔 것임을 말해준다. 이 일대에서 환경을 지키기 위한 저항운동을 하거나 환경 프로그램을 운영하는 사람들을 보면 이러한 점이 역력하다. 그 한 예이다.

발레리 랭거는 토론토 출신이다. 토론토 대학에서 언어학을 전공한 그녀는 약 20년 전에 이곳을 여행하다가 정착하기로 결심했다. 토피노 앞쪽의 섬들에 깔린 안개와 1,000년이 넘은 원시림들, 그리고 평화롭고 안온한 토피노의 매력에 끌렸기 때문이다. 그러나 그녀는 곧 대규모로 벌어지는 삼림 벌채를 목격하게 된다. 그 후 곧바로 '클라요쿼트의 친구들'(Friends of Clayoquot Sound, FOC)이라는 지역 환경단체에 들어가서 저항운동을 하게 된다. 1993년의 대규모 저항 때에는 절벽 위의 나무에 앉아 버티기, 연좌시위, 저항 이슈 만들기, 홍보 등을 주도했다. 주민들

---

15) 여기서 원주민 구역이라는 말은 이들에게 할당된 보호 지역(reservation)을 뜻한다. 이 토지는 연방 소유이고 관리도 연방에서 하지만 토지에 대한 사용권이 원주민 사회들에 있다. 그러나 그 토지는 예전에 비하면 비길 데 없이 작다. 원주민의 역사는 거대한 영토에서 협소한 보호 지역으로 물러난 역사이고, 그 안에서나마 경제적 생존의 권리를 지키려 해온 역사이다. 보호 지역의 토지가 법적으로 보장되어 있다고 해도 자주 기업들에 의해 침탈당하는데, 주 정부는 그때그때 경우에 따라 그 침탈을 묵인하기도 한다. 현대 원주민 사회의 역사는 각종 개발에 의해 침탈당해온 역사이고, 이에 대응하여 지역을 지키고 자신들이 자원 개발권을 행사하기 위해 싸워온 역사이다.

은 그녀를 '환경 보전'이라는 한쪽 극의 표상으로, 벌채 회사 대표를 그 맞은편 극의 표상으로 간주한다.

매우 강하고 거세다고 인식되고 있는 그녀가 필자에게 자신의 이주와 활동 동기에 대해 말할 때는 전혀 다른 느낌을 주었다. 막연히 이곳이 끌려서 살게 되었고 자연을 호흡하다 보니, 그것이 침해받는 것이 자신이 침해받는 것 같아서 저항하게 되었고, 그러다가 세월이 흐르면서 그야말로 '자연스럽게' 지금까지 왔다는 것이다. 그녀는 자신이 지키고 구현하고자 하는 세계를 숲의 생태계라 말하며, 그 생태계를 자신의 심리적 상태와 병치시키고자 한다. 그녀가 설명하는 숲은 계곡의 냇물과 강과 바다로 이어지는 해양, 육수 생태계와 맞닿아 있다. 연어는 숲 가까운 산란지에서 알을 낳고 그 새끼가 부화하여 대양으로 나갔다가 4년 후에 산란지로 되돌아오는 습성을 갖고 있다. 산란지로 되돌아오는 과정에서 숲과 계곡을 만나며 숲의 이끼를 먹는다. 그 연어를 곰이 먹고, 곰의 배설물이 계곡의 이끼가 자라는 양분이 된다.

그녀는 무자비한 삼림 벌채를 막기 위해 사람들을 설득할 때면 선별 벌채를 통해 얻게 되는 나무의 지속적인 경제 가치에 대해 말한다. 캐나다의 벌채 노동자들을 설득할 때 그들의 값싼 노동의 결과로 얻게 된 나무들이 미국으로 건너가서 가공될 때는 미국 노동자들이 비싼 노임을 받게 된다고 말한다. 따라서 이곳에서 섬세한 목재 가공, 가구 제작 등을 지방 산업으로 발전시켜 경제 효율성을 높여야 한다고 주장한다. 그런데 한편으로 그녀는 왜 많은 사람들이 경제 이야기를 해야만 수긍을 하고, 벌채 때문에 잃게 되는 나무와 이끼와 연어와 곰과 그밖의 수많은 생명체들의 연망은 뒷전의 이야기가 되는가 하는 문제의식을 갖고 있다.

현대 사회의 주민들은 자기 목소리를 내고 자기 삶의 희구를 구현하고자 한다. 자기가 사는 세상이, 그리고 자기 아이들이 살아갈 세상이 사람답게 살 수 있는 곳이 되기를 희구하며, 그런 세상을 직접 만들고자 목소리를 낸다. 사람들이 목소리를 내고 세상을 바꾸기 위해 직접 나설 만큼 그간의 사회정치적 여건이 바뀌어온 것도 사실이다. 그러나 무엇보다 주목되는 것은 사람들이 생각하고 행동하는 방식, 즉 문화가 바뀌어 왔다는 점이다.

앞서 클라요쿼트 주민들을 보면, 밴쿠버 섬의 한 귀퉁이에 사는 평범한 주민들이 '내 평생의 40년 동안'에 심각한 환경 파괴가 일어나는 것을 참지 못하고 일어났다. 자원 고갈에 대한 의식을 넘어 자기 일생의 가치에 문제가 생기고 있다는, 자기 존재를 성찰하는 의식이 작동한 것이다. 원주민들의 저항을 보면, 상징과 의례에서부터 정치·경제·생태에 이르기까지 그들 삶의 전체를 놓고 벌이는 저항이었다. 발레리 랭거의 저항운동 역시 당장의 효용론적 반응에 그치지 않는다. 자기가 살고자 하는 세계의 파괴에 대항하는 것이고, 지키고자 하는 것이 어떤 자원 하나가 아니라 삶의 터전인 생태학적 연망 전체이다.

우리나라도 크게 다르지 않다. 최근 들어 많은 사람들이 개인의 개별 이익에서 출발하였다가도 곧 그 차원을 넘는다. 어떤 때는 아예 비용·편익 분석이 적용될 수 있을지 사회과학자들이 의구를 깊게 될 만큼 계량적 차원을 넘어 환경운동을 전개한다. 예를 들어 삼보일배에 참여하는 사람들의 의식은 계량될 수 없는 것이며, 그들이 희구하는 세계는 비용·편익 분석을 넘는다. 자아가 구현되고 인간 존재의 가치가 구현되는 세계를 희구하는 것이다.

사람들은 이제는 바로 이러한 의식과 의미의 세계가 보장되는 삶터를 만들어야 한다고 생각한다. 삼보일배는 새만금 환경의 자연과학적 차원, 경제학적 차원을 훨씬 뛰어넘었고, 정치적 효과를 낳는 도구적 행위로 활용하려는 사람들을 뛰어넘었다. 사실상 네 분 성직자의 삼보일배는 종교적인 동시에 정치적인 행위이다. 그러나 그 정치적 행위는 종교적인 것과 통합되어 있는 것이고, 좁은 의미의 정치가 아니라 인간의 권리 표현이며, 다른 사람들의 몸과 마음을 움직이고자 하는 넓은 의미의 '인류학적' 정치 행위이다. 성직자 중 어느 누구도 삼보일배를 통념적인 정치적 시위나 영향력 행사로만 보는 이는 없다. '기도 수행'임을 끊임없이 강조했다. 외부에 의해 도구적 정치성의 일변도로 흘러갈 위험이 있을 때 이들은 그것이 기도 수행임을 확인시켰다. 이따금 행하는 묵언默言은 스스로에게, 그리고 주변의 다른 이들과 전체 사회에 대해 '언술'이라는 행위조차 메시지의 과잉임을 확인하고, 단지 몸으로 기도 수행을 이끌어감을 확인하는 것이었다.

바로 이 기도 수행과 같은 삼보일배, 그 과정 속의 묵언 등이 보다 궁극적이고 본질적인 차원에서 사람들을 움직이는 강력한 정치적 효과를 낳는 것이다. 많은 평범한 시민들이 삼보일배에 동참했다. 아마도 그 시민들이 시위 효과를 위해서 동참했다고 평가한다면 이들이 화를 낼 것이다. 구체적으로 밝혀내기 어렵지만 이들에게 자연과 인간 가치에 대한 궁극적인 희구가 있거나, 그 가치를 확인하고자 하는 의식이 있었을 것으로 판단된다. 그 가치는 새만금 지역이 환경오염 위험을 벗어나는 것, 경제적 폐해를 막는 것 이상의 차원이다.

어느 누구도 환경오염을 벗어나고자 하는 목적으로 세 걸음 걷고 한 번 절하는 의례적 행위를 하지 않는다. 삶 전체의 가치, 세계관, 자기 행위를 이끄는 강력하고 궁극적인 에토스(ethos) 같은 것들이 매개작용을 한 것이다. 삶터와 자연이 '내 평생의 40년 동안에 훼절되는 것'을 막기 위해서 남녀노소가 저항했던 클라요쿼트 사례가 단순히 자원 고갈에 대한 즉물적 저항이 아니었듯이, 삼보일배에 동참한 사람들 역시 무언가 자기 삶과 자신이 살아가는 세계에 대한 의미를 지키기 위해 움직였다.

2) 북미 원주민이 새만금 주민과 만나기까지

치혜일리스(Chehalis Band)는 캐나다 서쪽 밴쿠버에서 내륙으로 120km 가량 들어온 곳에 있는 원주민 사회를 말한다.[16] 치혜일리스는 백인의 침탈이 있기 전 이 일대에서 가장 강하고 풍요했던 '스톨로(→표기 확인 요망) 원주민 사회(→앞에서는 원주민 사회라고 하였음)'(Sto: lo First Nation)에 속해 있었으며, 20여 개의 밴드(→간단한 설명 삽입 요망)들 중에서 문화의 보수성이 가장 강한 사회이다. 치혜일리스는 에메랄드 빛 강물과 온대우림의 원시림과 높은 산들, 그리고 거대한 호수로 둘러싸인 곳이다. 철 따라 갖은 종류의 연어들이 태평양에서 강을 따라 헤엄쳐 올라오며, 산지로부터 흘러드는 계곡들, 개천들, 이끼, 동물들까지 연어와 함께 풍요한 생태계를 이룬다. 몇몇 연어 어종들은 치혜일리스 구역의 강과 계곡에서 산란을 하는데, 그 때문에 이곳은 어머니 구실을 하는 생태계이기도 하다. 강변의 암석에는 물고기 모양, 사람 얼굴 모양 등등 다양한 바위그림들이 있어 사람들이 일찍부터 이곳의 풍요한 생태계에 의존해왔음을 말해준다. 이곳의 문화도 마치 연어 산란지와 같은 구실을 한다. 겨울에는 시다나무(cedar)로 만든 거대한 집에서 스미라(smila)라고 불리는 '영혼의 춤'이 열리고, 태어난 아기들에게 이름을 붙여주는 의식, 혼례 의식, 조상을 기리고 기억하는 의식이 열린다. 치혜일리스의 스미라는 그 규모가 여느 곳보다 커서 수 백km 떨어져 사는 치혜일리스 출신들은 물론 여타 원주민들까지 끌어 모은다. 연어잡이가 끝난 겨울철, 곳곳에서 모인 사람들이 스미라를 열어 노래와 춤을 즐기고 영성을 일깨우고 다시 돌아간다.

이곳은 슬픈 역사를 갖고 있다. 오래 전부터 백인들은 치혜일리스의

---

16) 고든 모스(G. Mohs)·조경만, 「치혜일리스 사람들」, 『Magazine 62』, 여성문화 예술기획, 2002.

사회와 문화를 결정적으로 파괴해왔다. 백인 접촉 이전에는 치혜일리스에 5,000명에서 1만 명으로 추정되는 사람들이 살았다. 이후 천연두·인플루엔자·홍역·매독 등 원주민들이 처음 접촉하는 전염병 때문에 1917년 무렵에는 100명 가량으로 인구가 줄어든다. 인구가 늘어나기 시작한 것은 최근의 일이다. 아직 한계와 문제점들이 많지만 원주민이 어느 정도 인간으로 대접받게 되었고, 의료 복지가 실행되었으며, '원주민 권리(aboriginal right)'에 의거하여 곳곳의 원주민 정부들이 보건·의료·교육 등을 실시하면서 인구가 늘기 시작했다. 그 결과 현재는 147가구에 약 900명이 살기에 이르렀다.

문화적 측면에서 원주민 문화에 치명적이었던 것은 각종 관습을 금지시키고, 서구 문화를 이식하려 했던 정책들이다. 이 일대에서는 '포틀라치(Potlach)'라 불리는 전통의례가 금지되었다가 허용된 지 불과 20년 안팎이고, 대략 그 무렵까지 원주민 어린아이들은 곳곳에서 기숙학교(Residential School)라 불리는 곳에 강제로 수용되어 원주민 문화를 잃고 서구 문화의 동화를 강요받았다. 기숙학교에서는 그밖에도 성폭행, 구타, 감금 등 갖가지 잔혹 행위가 자행되었다.

지금까지 기숙학교는 원주민들에게 엄청난 신체적 모멸과 고통, 자아 상실, 정신 질환, 문화적 침체의 원인으로 남아 있다. 수많은 '통곡의 노래'들이 기숙학교의 경험에서 비롯되었다. 알코올 중독과 마약도 백인과의 접촉 이후에 생긴 양상이다. 자기 땅에서 자기 생업과 문화를 지키지 못하고, 어쩔 수 없는 무능력자로 전락한 원주민들에게 알코올과 마약은 일시적인 자기 탈출구였을 것이다.

치혜일리스는 지금 또 다른 아픔을 겪고 있다. 기업에 의한 삼림 파괴와 자원 착취가 그것이다. 이들에게는 캐나다 정부에 의해 규정된 보호 지역을 포함한 사방 70km에 달하는 넓은 영토가 있다. 그러나 치혜일리스에는 현재 기업의 이윤 추구와 백인 우월주의, 나아가 다른 인종들까지도 원주민을 미물로 취급해버리는 차별 의식 때문에 '원주민 권리'가 무시되고 곳곳의 숲이 벌거숭이로 변하고 있다. 이 때문에 지금 치헤일리스는 분노와 상실감에 휩싸여 있다. 듬성듬성 뚫린 거대한 벌채 현장을 바라보며 사람들은 쓰라린 정신적 고통을 겪고 있다.

2002년 9월 치헤일리스 사람들이 한국에 왔다. 그들은 관광보다 한국이라는 아시아의 한 나라에 있는 영적靈的인 사람들과 만나고 성소를 찾기를 원했다. 그들에게는 선물 교환이 곧 경제 행위이자 사회 관계를 맺는 전통문화인지라 시다나무, 전통 문양이 그려진 돌, 깃털, 메시지를 적어놓은 종이 조각, 카누를 젓는 노, 전통 기술로 짠 털실 목도리, 가죽 조끼 등 각종 선물을 한아름 갖고 왔다. 여성문화예술기획의 여성과 평화 콘서트, 인왕산 국사당 방문, 김제 금산사에서의 하룻밤, 해남 미황사에서 열린 세미나와 의례, 목포대학교 세미나 등등 그들은 가는 곳마다 선물을 주었다. 사람들을 새로 만날 때마다 그의 영과 함께하게 됨을 기리는 노래를 불렀고, 헤어질 때 다시 노래를 불렀다. 노래 역시 선물로서 사회적 증여와 호혜성의 표식이었다.

그들이 새만금을 방문했다. 그러나 도착할 때까지 그들은 여러 가지를 납득해야 했다. 다른 곳에서 보았던 것들은 이들이 쉽게 상상할 수 있었던 문화행사, 연희, 세미나 등이었으나 새만금은 오래 전부터 설명했음에도 불구하고 도착할 때까지 쉽게 이해되지 못했다. 강변에 사는 원주민이어서 숲과 강은 쉽게 이해하였지만 새만금과 같은 갯벌은 이해가 쉽지 않았다. 사실 그들은 섬과 해안에 사는 원주민들과 자주 교류했기 때문에 그래도 섬과 바다는 친숙한 편이었다. 그렇지만 원주민들은 연어 등 몇 가지 물고기만을 잡기 때문에 어느 곳에 갯벌이 있어도 특별하게 인식하지 않았다. 이런 문화적 차이 때문에 그들은 한편으로 환경을 지키고자 하는 새만금 운동의 의의를 높이 평가하면서도 구체적으로 자신들에게 와 닿는 것이 없었다. 필자는 이 인식의 어려움을 깨뜨리기 위해 비교의 방법을 썼다.

　　"치헤일리스의 연어와 새만금의 조개가 같다. 연어가 생계 자원일 뿐 아니라 사회적 교류와 문화적 정체성의 자원이라면, 새만금의 조개 역시 단순한 상품이 아니라 이곳 사람들이 자기가 살아가는 이유, 자기 삶을 구현하는 통로이다. 이것이 무너지면 주민 존재가 무너진다. 치헤일리스의 문화가 살기 위해서는 숲이 살고, 그 숲의 덕에 강과 연어가 살아야 하듯이, 새만금에서 문화가 살기 위해서는 갯벌이 살아야 하고 생물들이 살아야 한다. 치헤일리스 사람들이 영토에 대한 '원주민 권리'를 주장하듯이 새만금에서는 자기들 세계를 어떻게 꾸릴 것인지를 스스로 결정할 수 있는 권리를 주장한다. 치헤일리스 사람들이 영성으로 '어머니 대지'를 대하듯이, 새만금에서는 여러 종단들에서 성소를 차리고 생명의 세계를 기원한다. 우리가 지금 새만금에서 할 일은 공연이 아니다. 같이 영성을 나누는 것이다."

　놀라운 것은 이 말을 들은 종교 지도자이자, 모권 사회 치헤일리스의 정신적 어머니인 셀얄(Sel-yaal)과 다른 노인들이 그 자리에서 그날 행사의 방향을 결정하고, 즉각 필요한 도구와 절차들을 챙겼다는 점이다. 그 전까지는 막연히 노래 공연을 하면 되는가 하고 예측하다가 이 일은 본격적인 의례이어야 한다고 판단한 것이다. 많은 의례와 연희들을 보아온 필자로서도 보지 못했던 의례 절차와 소도구들이 차 속에서 준비되었다. 갖고 오지 못한 소도구들은 다른 물건들로 대체시켜 준비했다. 이렇게 하여 새만금 해창 갯벌에서 의례가 시작되었다. 문자가 아니라 구술로 문화를 전승하는 것이 발달한 원주민 사회에서는 말이 중요한 의례적 기능을 한다. 연설은 단순히 내용 전달을 하는 것이 아니라 의례적 기능을 하는 종교적 표현 수단이다. 성장盛裝을 한 추장 알렉스 폴(A. Paul)의 연설, 셀얄의 연설, 치헤일리스의 의례 담당자이며 문화 기획자 차쿼웨트(Cha qua wet)와 틱스웰텔(Tixweltel)의 의례 노래들이 이어졌다.

　이후 모든 이들이 새만금 공간을 정화시키고 그 영성의 힘을 강화시키기 위한 의례를 행했다. 필자가 본 '포틀라치'는 영혼의 춤 등의 통상적 행사와 의례에서 보지 못했던, 방위方位에 대한 특별한 의미를 가진 의례였다. 의례의 이름을 물었으나 대답이 없는 것으로 보아 마치 우리 세시풍속 중 별다른 이름을 갖지 않은 채 때가 되면 자연스럽게 행해지는 의례와 비슷한 맥락이라 생각된다. 원주민 사회의 전통답게 연기(smoke)를 피워 주변을 정화시키고 모인 사람들을 감싸 안는 상징적 표식을 했다. 동서남북 네 방향으로 새만금 주민 세 사람과 전북대학교에서 온 한 사람이 섰다. 주민과 대학이 힘을 합쳐 지역을 지키라는 뜻이었다. 셀얄이 의례를 설명했다.

> "서로 다른 색으로 우리를 만들었다. 동쪽의 붉은 사람들에게는 어머니 대지를, 서쪽의 검은 사람들에게는 물을, 남쪽의 황색 사람들에게는 불을, 북쪽의 흰색 사람들에게는 공기를 지키도록 임무를 부여했으니, 우리는 모두 친구이다."

이어서 담요 의식이 있었다. 원주민의 전통 담요는 침구류, 의류를 넘어서 상징적으로 쓰이는 중요한 물품이다. 그 문양들에는 각 부족의 세계관과 자연관이 표현되어 있다. 의례 때에는 담요를 두르고 나온다. 새만금 의례에서는 치헤일리스의 문장紋章을 장식한 망토 모양의 작은 담요가 쓰여졌다. 그 담요 의식을 받은 자는 곧 치헤일리스의 힘이 전해진 자로 간주된다. 새만금 운동을 해온 지역 주민 등에게 담요가 씌워지고 그들을 기리는 노래와 춤이 이어졌다. 행사 틈틈이 가져온 훈제 연어 조각들이 모든 이들에게 선물로 주어졌다. 이렇게 하여 치헤일리스에서 새만금으로 영성이 전달되었다.

치헤일리스 사람들은 한국 방문 중에 있었던 일로 새만금에서의 의례를 가장 뿌듯해했다. 그들이 단순히 공연이나 발표, 친선 도모에 그친 것이 아니라 우리 자연과 문화에 깊숙이 들어와 서로의 영성을 나누고 상처를 만졌으며, 우리의 공간에 자신들의 의미를 심었다고 생각하기 때문이다. 무엇보다도 그들은 새만금을 자기들 방식으로 이해하고 동병상련의 감정을 가졌다. 자신들 영토가 침탈당했듯이 새만금도 침탈당하고 있다고 생각한 것이다. 치혜일리스 숲의 삼림 벌채로 인해 희끗해진 산자락들을 보고 깊은 정신적 상처를 받아온 사람들이다. 그들 사이에선 서로의 얼굴 표정을 읽는 것만으로도 상대방이 어떤 상처를 받고 있음을 알아채는 감정의 공동체가 형성되어 있다. 그 때문에 필자는 치혜일리스 사람들과 함께 보트를 타고 강을 거슬러 올라가다가 어느 누군가가 정신적 상처를 받는다는 사실도 모르고 이야기를 걸려다가 다른 동료의 제지를 받은 적이 있다(→이 부분은 내용 전달이 모호하여 빼는 것이 어떨까 합니다). 그들이 새만금에 와서 잘 알지는 못하지만 자연의 침탈에 대해 공감하고, 동병상련의 감정을 가진 것이다.

> "우리는 정의를 위해 일하는 사람들에게 치혜일리스의 신성한 힘을 주기 위해 이 아름다운 땅 새만금에 왔습니다. 절대 굴복하지 말고 싸워 지키길 바랍니다."[17]

오래된 상징인류학 이론에 따르면 인간은 한편으로 효용론적 세계에, 다른 한편으로는 삶의 궁극적 의미·탄생의 의미·죽음의 의미 등 실존적 물음의 세계에 뿌리를 내리고 살고 있다. 전자를 기반으로 하여 후자가 가능하고, 전자는 후자의 상징적 힘을 입어서 그 효용성을 강화한다. 경제 개발에서나 환경운동에서, 심지어는 문화 분야에서도 요즈음은 인간이 동시에 뿌리를 내리고 살고, 함께 엮어가면서 사는 세계인 효용론적 세계와 의미의 세계를 대립적인 것으로 본다. 그리하여 의미의 세계는 효용론적 세계의 부수적인 것, 또는 그것이 충족된 후 비로소 추구하

---

17) 『한겨레』 2002.10.2. 「추장 웨카(알렉스 폴)의 연설」.

는 것 정도로 취급한다. 불가피하게 묵살할 수 있다는 생각들도 많다. 그러나 인간의 삶은 그러한 것이 아니다. 바로 그 효용론적 세계가 의미의 힘을 입어야 비로소 현실화되며, 역으로 생활·생존에 뿌리를 박은 사람들이 바로 그 삶의 경험으로부터 의미를 생산한다. 이것이 실질적이고 현실적인 삶이다.

새만금을 이야기하면서 클라요쿼트 환경운동가들과 주민들이 왜 전체적 삶에 대한 의식으로부터 행동을 취했는지, 왜 세세한 자원이나 오염 문제를 넘어 생태계 체계 전체를 이야기하고, 희구하는 세계의 모습으로 그려내려 했는지를 서술한 이유가 여기에 있다. 그 의미의 세계가 바로 자원·경제 등등과 결코 대립되거나 별개의 것이 아니고, 함께 굴러가는 실체이기 때문이다. 새만금의 환경운동은 여기에서부터 출발해야 했다.

치헤일리스 원주민의 사례는, 접하는 자연환경은 다르지만 침탈과 파괴라는 비슷한 현실에 처한 사람들의 이야기이다. 그들은 영성으로 자연을 대하는 자기 문화의 전통을 갖고 새만금을 대했다. 그 접점은 인간 삶의 총체성이고, 자연에 대한 종교적·정신적 믿음과 이념이다. 그들의 방문은, 환경오염과 자원 파괴에 대해 한참 목소리를 높이다가도 문화적으로 일을 처리하자고 하면, 곧 그림 그리고 콘서트와 연희를 벌여놓는 것으로 문화적 행동을 다한 것처럼 아는 파편화된 사고에 길들여진 우리들에게 총체적 인식을 회복할 계기가 되었다.

그들은 강과 숲에서 사람으로, 사회 조직으로, 그리고 궁극적으로 '어머니 대지'라는 자연의 종교적 표상으로 이어지는 총체적 인식을 의례를 통해 이야기했다. 그 안에 효용론적 세계를 받아먹고 사는 인간 존재의 이야기와 '어머니 대지'를 접하는 의미론적 세계의 이야기가 한데 엉켜 있다. 이들의 표현으로 "모든 것은 하나"(Hishuk ish ts' awalk)이다.

4. 바뀌어야 할 '개발 문화'

인류학 연구자들은 세계 곳곳에서 개발 현장을 목격했다. 그리고 항시 문제를 제기해왔다. "누구를 위한 개발인가?" 언제나 야만과 문명이라는 이분법의 잣대가 잘못되었음을 지적했고, 무엇이 발전인가를 비교문화적으로 검증해왔다. 사회마다 사회 구조가 다르고 문화 전통이 달라도, 거의 대부분 개발을 둘러싸고 지배 권력과 중간 계층의 정치경제적 이해 관계가 깔려 있었고, 그것이 '전체의 발전을 위하여' 또는 '전체의 생존상 불가피하게'라는 보편성·일반성의 너울을 쓰고 진행되었다. 한쪽은 발전 또는 생존 때문에 들여와야 하는 문명의 이기와 자연에 대한 통제력으로 정당화되었고, 다른 한쪽은 무지·빈곤·정복 대상의 야만으로 취급되었다.

요즈음은 조금 나아졌는가 아니면 더 교묘하게 이데올로기로 무장했는가? '주민'을 존중한다고 하면서 이미 지배 권력의 잣대로 규정한 주민의 경제적 빈곤을 개선하고자 한다고 말한다. 그 잣대는 너무나 구석구석 스며들어가는 문화적 헤게모니 현상을 타고, 주민이 스스로에 대해 사용하는 것이 되었다. 딱히 개념이 잘 맞는 것은 아니지만 이제 전북 주민들은 하물숭배荷物崇拜(Cargo Cult)와 비슷한 문화 반응을 나타내고 있다.

하물숭배란 멜라네시아 등 태평양 도서 지역에서 주민들이 식민지 경험을 하면서 생긴 관습이다. 이들은 그 전의 사회 구조가 무너지고 자원을 침탈당하게 되면서 심각한 사회문화적 박탈감에 사로잡혔다. 외부 세력과 견주어 볼 때 자신들은 열악한 경제로 운명지어져 있다고 생각하게 되었고, 그 외부 세력이 갖고 있는 자원을 동경하기에 이르렀다. 이러한 경제적·문화적 질곡을 타개하기 위해 나타난 반응이 하물숭배이다. 사람들은 자원과 재화가 본래 조상신들이 자신들에게 내려준 것인데 중간에 백인들이 찬탈하였다고 믿었다. 그래서 춤과 의례를 통해 그것들이 다시 자신들에게 내려지기를 바랐고, 운송할 비행기 모형과 물건을 쌓아놓을 창고도 지어놓았다. 이렇게 새로 생겨난 관습을 하물숭배라 하며, 이는 본래 토착적인 권력층이 상실한 권력과 위세를 강화하기 위한 것이라는 분석도 있다. 과거의 정권이 새만금 개발이라는 항목 하나를 전라북도에 준 것은 박탈감에 시달리는 전북 주민들에게 하물을 한 가지 준 것이다. 주민들이 그 정권을 조상처럼 생각한 것은 아니지만, 반드시 새만금 개발이 아니어도 무언가 지방에 '내려주는' 것이 있어야만 했다. 그래야 화폐도 돌고, 노동력도 순환하며 민심도 나아진다. 하물숭배는 주민들이 박탈감을 상쇄할 심리적 수단은 되었으나 그 때문에 명백한 현실 인식을 하지 못하고, '자신들로부터가 아니라 자신들에게 주어지는' 재화를 지향하는 경향을 낳기도 했다. 새만금 개발에 대한 지역 사람들의 기대도 이와 비슷한 것 아닐까?

지방이라는 것이 본질적으로, 그리고 특히 현대 사회에서는 더욱더 지역 생태계와 주민, 그리고 문화에 기반하여 발전을 도모할 수밖에 없음에도 불구하고 사람들은 '하물'을 기대한다. 자신으로부터 출발하지 않을 때 외부의 것은 그야말로 하물숭배의 그 '하물'에 불과할 뿐이다. 특히 새만금처럼 하구·섬·바다·내륙 변산반도 산지의 문화 요소들과 농업 등이 함께 어우러진 복합적 생태계와 문화 체계 속의 습지는 습지 자체의 생물종 다양성과 인근 생태계의 다양성, 그리고 이에 기반을 둔 문화적 다양성 때문에 현대 사회에 걸맞은 내생적 발전 가능성이 큰 자원이다. 나아가 오늘날 시민사회가 점점 진입하고 있는 자아 구현과 본질적 자연－인간 관계를 충분히 포괄할 수 있는 지역이다. 이것을 근간으로 해서 외부를 주체적으로 끌어들일 것인가, 아니면 박탈감에 대한 단순한 심리 보상 격의 '하물'을 기다릴 것인가?

땅, 바다 등 사람들의 삶터가 갖는 가치는 이것들과 사람들 간의 구체적이면서도 생생한 관계에서 나온다. "물고기가 물을 만나듯 한다"는 말이 있다. 가치는 바로 이 물고기와 물의 만남에서 나온다. 지금 갯벌이냐, 바다도시냐, 농토냐, 아니면 복합 산업단지냐 하고 운운하는 것은 대단히 중요한 경제학적 논의를 하는 것 같지만 지극히 정태적이고 '천박한' 경험론일 수밖에 없다. 근대화라는 이름 아래 이 정태적이고 천박한 경험론이 당장의 경제 합리성의 너울을 쓰고 제기되어온 것이다.

사람과 자연이 만나서 재화가 전유되고, 생태계가 재생산되며, 인간의 사회적 관계가 형성되고, 자연에 대한 사고와 정서가 형성되어 구체적이면서 생생한 관계가 만들어질 때 그 전체가 가치를 창출한다. 시장경제의 세계화가 판을 치는 오늘날, 오히려 지방화와 생활 전체를 아우르는 총체적 경제(whole economy)의 특수성이 부각되고 있다. 복합적인 자연의 성상性狀과 이에 대한 세세한 적응, 단면적이고 획일적인 것이 아니라 다양하고 복합적인 것이 더 중요한 생활 가치가 되어가는 세상이다. 부단한 획일주의적 세계화 과정에도 불구하고 그 특수한 것들의 공생과 상호 공명共鳴이 이루어내는 세계적 네트워크가 퍼져가는 세상이다. 새만금 간척은 변산반도의 산지·하천·하구·강·갯벌·바다·섬, 그리고 곳곳의 사람들이 형성해온 총체적이고 특수하며 복합적인 내생적 발전의 근거를 낡고 평면적이고 획일적인 사고로 잘라버리려는 것이다. 그것은 시장경제의 잣대로 살펴보아도 근거가 없는 경제성을 갖고 있으며, 오늘 이 시대에서 미래로 향하는 살아 숨 쉬는 가치들을 소멸시키는 폭거이다.

간척을 중단하고 다른 방향으로 지역 발전을 모색하고자 하는 대안들도 곳곳에서 제시된 바 있다. 그러나 지금까지는 이것들 모두가 물리적 공간의 구획일 뿐 생태계와 인간의 삶, 생태계와 문화라는 점들을 간과하고 있다. 물리적 공간 조건만 보고 낡고 박제화된 개발 관념에 근거하여 금을 그어댄다. 그래서 현지 주민들이 '이제는 그대로 두어라'라고 제기하는 볼멘 반박의 대상에서 예외일 수 없다.

대안을 논하는 많은 사람들이 간척론자와 같은 경제 합리성의 사고에서, 생태 관광을 논한다. 무엇보다도 새만금 지역에 대해 잘 모르는 가운데 이리저리 금을 긋고 구획짓는 구시대의 작태가 여전하다. 생태계와 문화를 모르고 이것들이 생생하게 결합되어 발생시키는 세세한 발전의 콘텐츠를 간과하고 있다. 막연한 생태 관광이고, 한때 써버리고 폐허화될 운명의 국제 관광지 논의이다. 전반적인 지형 조건과 지리적 조건, 방조제 모양새 정도나 염두에 둔 채 이것저것을 '심는다'. 오염 수치나 소요될 건설 자재의 수치는 알아도 자기 땅의 의미를 모르고 자기 바다의 의미를 모르며, 거의 한 번도 그 지역이 내포하고 있는 자연과 문화 구석구석의 콘텐츠를 조사해본 적이 없다.

이제는 조그마한 군郡 하나가 개발 계획을 세울 때조차 장기간에 걸쳐 생태계를 조사하고, 문화를 조사하며, 주민과 외지인의 욕구 등을 조사하는 것이 우선되는 시대이다. 방대한 지역지地域誌와 원자료들이 쏟아져 나오는 시대이다. 새만금 지역은 그동안 그렇게 많은 관심이 쏟아졌음에도 불구하고 생태계 '체계'에 관한 데이터가 없고, 지역 곳곳의 경제 실상에 관한 자료, 인적 자원과 사회 구조와 문화에 관한 자료가 없다. 이 마당에 이리저리 금을 그어가면서 계획을 세운다. 지역의 특성상 얼마든지 생생하게 살아 숨 쉬는 발전을 이룰 수 있음에도 고착된 계획 사고思考에 의해 질식될 것 같다.

분명한 것은 새만금은 결코 장밋빛 환상을 들씌울 곳이 아니라는 점이다. 평범한 자연 지역답게 생태계의 본질부터 잘 살려서 차근차근 지역 삶을 도모하고 지역 경제를 도모해야 한다. 몇몇 계획가들이 통념적인 안목으로 예단하기 전에, 생태계와 문화에 대한 다양한 관점들부터 모으고, 그 희구의 핵심을 찾고, 여기에 새만금 지역이 결절 지점으로서 갖는 여러 기능들을 살려 개방 체계를 만들면 된다. 한마디로 말해 새만금은 환경 분쟁을 겪은 지역에서 바로 그 환경을 바탕으로 발전을 추구하는 모델·견본 지역이자, 많은 사람들의 소망과 식견을 다시 비추어 보고 거기서 이 시대 사람들이 희구하는 삶의 핵심을 찾아내는 모델·견본 지역이다. 그뿐이다. 그 이상도, 그 이하도 아니다.

새만금에서 관광을 발전시키면 대단할 것처럼 예단하지 말아야 한다. 사실 관광 유형의 변화 과정과 컨셉의 변화, 새만금 지역의 자연적·문화적 특징과 현대 사회의 적합성, 이 지역은 물론 한국 전체에 대한 관광 접근성과 관광객의 유형 등 따져야 할 것이 너무나 많다. 또한 새만금에 구속되어 거기서 전북 문제의 궁극적 해법을 찾으려 하지 않아야 한다. 사고를 자유롭게 놓고 이제야말로 전북의 여건, 지방화의 추세, 국내외를 통틀어 본 특성화와 연망을 생각해야 한다. 그런 다음 어디에 무엇을 해야 할 것인지를 생각해야 한다. 잘못되었건 잘되었건 간에 사실상 어디서나 발전 계획은 그러한 순서를 따르는 것 아닌가.

제4장

임자지역의 인구구조

신 순 호

1. 머리말

본 연구는 목포대학교 도서문화연구소에서 1982년부터 수행해온 일련의 도서지역 가운데 2004년도 연구 대상지로 선정하였던 임자지역의 인구구조에 관한 것이다.

본 연구 내용인 인구분야는 1998년까지 도서문화연구소에서 수행해온 연구 논문집인 『島嶼文化』의 내용 가운데 사회구조 분야의 한 부분으로 포함되어 있었다.

그러나 해를 거듭하여 연구를 계속해옴에 따라 인구부문에 대한 연구를 보다 심도 있게 다루게 된데다 당초에 지역 연구에서 차지하는 인구부문의 중요성을 고려할 때 이를 사회구조에서 분리하여 별도로 다루는 것이 보다 타당성을 갖는다고 보아 이를 분리하여 연구·게재해오고 있다.

　문화란 인간이 삶을 영위하는 과정 또는 자연에 인공을 가하여 만들어 가는 생활양식이며 생활 그 자체이다. 따라서 문화의 주체는 인간이다. 이러한 의미에서 '사람의 수' 또는 '인간집단(Demos)'이라 할 수 있는 인구는 해당 지역사회 구조의 가장 기본이며 시원적始原的 요소이다.

　또한 인구현상은 자기재생산自己再生産(reproduction rate)의 결과이며 조건[1]이기 때문에, 인구집단은 일정한 정치・경제・사회조직의 주체로서 그 지역이 처하고 있는 자연・사회・경제조건과 관련되어 있다. 따라서 인구현상은 해당 지역현상의 의미를 함축하고 있을 뿐 아니라, 비록 그것이 수량적으로 표현된다고 할지라도 지역의 다양한 내용과 포괄적 의미를 통해 차원 높은 추상적 개념을 읽을 수 있는 것이다.

　본 연구에서는 임자지역의 인구 현황과 변화추이, 마을별 인구추이, 연령별・성별 인구구조, 인구이동(전출・전입)을 중점적으로 다룬다.

　연구내용의 시간적 범역은 인구부분에 관한 통계가 수록되어 있는 1972년 이후부터 최근인 2002년까지를 주 대상으로 하고 있다.

　이 같은 연구를 통해 임자지역의 제반 지역 조건의 변화가 여타 지역과 관련되어 주민들에게 어떤 삶의 조건과 결과로 나타나고 있는가를 규명하는 기본 의미를 주게 될 것으로 본다.

　본 연구는 인구관련 연구의 속성상 통계를 중심으로 연구하나, 분석과정 특히 인구감소의 요인, 마을간의 인구변화, 경제학적 인구구조, 인구이동 분야의 내부적 요인과 특성 등의 분석과정에서는 현지조사와 각 기관 관계자와 현지 주민들의 면담에 의해 이루어졌다. 따라서 필자와 조영태가 공동으로 연구한 '임자지역의 사회 공간구조'와 밀접한 관련을 갖고 있다.

　본 연구를 수행하는 과정에 조영태 군(목포대학교 박사과정 수료)의

---

1) 岸本 實,「人口地理學」, 東京: 大明堂, 1968, p.2 ; 吳洪哲,「人文地理學」, 서울: 教學社, 1982, p.32에서 재인용.

노력이 가장 많았고 또한 임창현 군(목포대학교 지적학과 석사과정)이 연구원으로 참여하였다. 현지의 자료수집 과정에서는 임자면의 백상록 면장, 오양배 총무담당 그리고 윤창수 주사의 협조가 많았다. 이들께 진심으로 감사드린다.

2. 인구의 기본 현황과 변화

2002년 말 기준으로 한 주민등록표 상에 의한 임자면 인구는 남자 2,006명, 여자 1,887명으로 총 3,893명이며, 세대수는 1,527세대이다. 임자지역의 이 같은 인구는 신안군 총 인구 49,733명의 7.8%를 점하며, 군내 14개 읍·면 가운데 6번째의 인구규모이다.

세대당 인구는 2.55명으로 신안군의 2.46명에 비해 조금 높고, 전남의 2.81명, 전국 2.96명에 비해 약간 낮다. 인구밀도는 73.99명/㎢로 신안군의 76.0명/㎢에 비해 다소 낮고 전남의 171.1명/㎢에 비해 매우 낮은 밀도를 보이며, 전국의 487.2명/㎢에[2] 비해서는 약 6.5배가량 낮은 밀도이다.

임자의 인구추이는 1972년에 11,862명에서 최근 2002년 말에는 3,893명으로 30년 동안 총 7,969명이 감소하여 67.18%(연평균 3.53%)의 감소율을 보이고 있다(<표 1>, <그림 1> 참조).

이를 보다 구체적으로 살펴보면 1972년 임자의 인구는 11,862명이고, 1977년에는 11,306명으로 5년 동안 0.96%의 연평균감소율을 보이고, 1982년의 인구는 8,998명으로 1977년에 비해 5년 동안 4.46%의 연평균

---

2) http://kosis.nso.go.kr/cgi-bin/sws_999.cgi?ID=DT_1B04003&IDTYPE=3&FPUB=3참조.

감소율을 보였다. 이후 1987년의 인구는 7,887명으로 1982년에 비해 2.60%의 연평균감소율을, 1992년의 인구는 5,509명으로 1987년에 비해 연평균 6.93%의 감소율을, 1997년에는 4,344명으로 1992년에 비해 연평균 4.64%의 감소율을, 2002년에는 3,893명으로 1997년에 비해 2.17%의 연평균감소율을 보이고 있다.

<표 1> 임자의 인구 및 세대(가구)수 추이

구분 년도	인구(명)			전기준연도대비		성 비	세 대	세대당 인구(명)
	계	남	여	총증감	연평균			
1972	11,862	5,932	5,930			100.03	2,053	5.78
1977	11,306	5,705	5,601	-4.69	-0.96	101.86	2,033	5.56
1982	8,998	4,423	4,575	-20.41	-4.46	96.68	1,789	5.03
1987	7,887	4,339	3,548	-12.35	-2.60	122.29	1,705	4.63
1992	5,509	2,796	2,713	-30.15	-6.93	103.06	1,309	4.21
1997	4,344	2,230	2,114	-21.15	-4.64	105.49	1,440	3.02
2002	3,893	2,006	1,887	-10.38	-2.17	106.31	1,527	2.55

자료: 신안군 통계연보 해당연도. 외국인 제외

임자의 인구가 1972년에 11,862명에서 최근 2002년 말에는 3,893명으로 30년 동안 총 7,969명이 감소하여 총 67.18%(연평균 3.53%)의 감소율을 보이고 있는데 이같은 모습은 같은 기간 동안의 신안군 전체 인구 감소율 69.93%(연평균 3.93%)에 비해 약간 낮은 인구감소율이다.

임자지역의 세대수는 1972년에 2,053세대였으나 1977년에는 2,033세대이고 1982년에는 1,789세대, 1987년에는 1,705세대이며 1992년에는 1,309세대, 1997년에는 1,440세대, 2002년에는 1,527세대로 1972년에서 2002년의 30년 동안 25.62%의 감소율을 보이고 있다. 같은 기간 동안 인구가 67.18%감소율을 보인데 비해 세대수의 감소율은 매우 낮은 수준이다. 이는 여타 도서지역과 마찬가지로 전 세대원의 이주가 아닌 가족

중 일부만이 타 지역으로 전출하는데 따른 것으로 세대당 인구가 1972년에는 5.78명이나 2002년은 2.55명으로 1972년의 절반수준에도 미치지 못한다.

특이한 사항은 1992년의 세대수는 1,309세대이나 1997년의 세대수는 1,440세대로 10.01%가 증가하였으며, 2002년에는 1,527세대로 1997년에 비해 6.04%가 증가하여 계속되는 인구감소에 비해 세대수는 92년부터 증가된 사실을 들 수 있다.

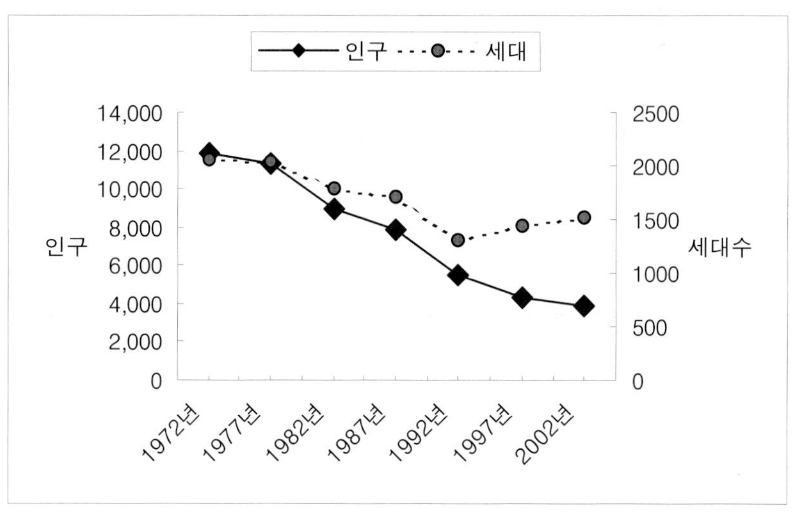

<그림 1> 임자의 인구 및 세대(가구)수 추이

3. 마을의 인구

임자지역의 마을별 인구 구조를 살펴보면 2002년 말 기준의 1개 마을(총 24개 행정리 기준)당 평균인구는 162.2명이고 평균세대수는 63.6세대이다.

인구가 가장 많은 마을은 진리(583명)이며, 다음은 이흑암리(315명)과 전장리(285명), 삼두리(252명), 교동리(215명), 회산리(203명) 순이다. 임자지역 내 모든 마을이 지난 1982년에서 2002년까지 20년간 인구가 감소하였다.

임자지역 내 마을별 세대수 및 인구변화 추이를 1982년의 인구와 1992년도의 인구를 2002년의 인구에 각각 대비하여 살펴보면 <표 2>에서 보여주는 바와 같다.

1982년에서 1992년까지의 10년과 1992년에서 2002년까지의 10년 동안으로 나누어 분석 할 때, 먼저 1982년을 기준으로 1992년까지 10년간의 인구를 보면 임자 지역 내 모든 마을의 인구가 감소하였다. 그 가운데서도 가장 감소율이 높은 마을은 부남리로 1982년에 111명이었던 인구가 1992년에는 24명으로 동 기간 동안 78.38%(연 평균 14.20%)의 매우 높은 감소율을 보였다. 계속해서 다음으로 수도리가 58.33%(연평균 8.38%)의 감소율을 나타내었고, 대기리 53.53%(연평균 7.38%), 전장리 49.25%(연평균 6.56%)순으로 감소율을 보이고 있다.

1992년부터 2002년까지 10년 동안에는 교동리를 제외한 모든 마을이 감소하였으며 전체적으로는 감소율이 1982~1992년의 10년 기간에 비해 둔화되었다.

<표 2> 임자의 마을별 인구현황과 변화율(1982, 1992, 2002)

| 구분 | 1982년 | | 1992년 | | 2002년 | | 인구증감율(%) | | | | | |
| | | | | | | | 82/92 | | 92/2002 | | 82/2002 | |
	세대수	인구수	세대수	인구수	세대수	인구수	총	연평균	총	연평균	총	연평균
임자면	1,789	8,998	1,509	5,509	1,527	3,893	-38.78	-4.79	-29.33	-3.41	-56.73	-4.10
진리	173	855	177	625	216	583	-26.90	-3.08	-6.72	-0.69	-31.81	-1.90
수도리	38	192	32	80	26	54	-58.33	-8.38	-32.50	-3.85	-71.88	-6.15
전장	215	1,005	152	510	131	285	-49.25	-6.56	-44.12	-5.65	-71.64	-6.11

마을											
패길	80	418	71	284	73	169	-32.06	-3.79	-40.49	-5.06	-59.57	-4.43
도찬	80	446	64	236	66	158	-47.09	-6.17	-33.05	-3.93	-64.57	-5.06
삼막	45	254	41	156	35	79	-38.58	-4.76	-49.36	-6.58	-68.90	-5.67
신명	37	195	29	130	31	94	-33.33	-3.97	-27.69	-3.19	-51.79	-3.58
대기	101	538	71	250	67	146	-53.53	-7.38	-41.60	-5.24	-72.86	-6.31
대흥	65	328	48	169	44	107	-48.48	-6.42	-36.69	-4.47	-67.38	-5.45
구산	45	236	38	126	36	93	-46.61	-6.08	-26.19	-2.99	-60.59	-4.55
교동	54	221	50	208	69	215	-5.88	-0.60	3.37	0.33	-2.71	-0.14
회산	80	395	79	285	81	203	-27.85	-3.21	-28.77	-3.34	-48.61	-3.27
장동	69	333	59	200	67	175	-39.94	-4.97	-12.50	-1.33	-47.45	-3.17
광산	54	255	50	135	54	115	-47.06	-6.16	-14.81	-1.59	-54.90	-3.90
하우	55	259	50	196	67	162	-24.32	-2.75	-17.35	-1.89	-37.45	-2.32
재원	60	359	56	217	54	168	-39.55	-4.91	-22.58	-2.53	-53.20	-3.73
부남	18	111	8	24	1	3	-78.38	-14.20	-87.50	-18.77	-97.30	-16.52
필길	38	185	30	123	26	81	-33.51	-4.00	-34.15	-4.09	-56.22	-4.05
삼두	98	494	87	359	87	252	-27.33	-3.14	-29.81	-3.48	-48.99	-3.31
저동	67	343	52	183	47	116	-46.65	-6.09	-36.61	-4.46	-66.18	-5.28
부동	64	298	59	207	54	123	-30.54	-3.58	-40.58	-5.07	-58.72	-4.33
이흑암 (육암)	157	835	125	497	117	315	-40.48	-5.06	-36.62	-4.46	-62.28	-4.76
조삼	46	216	33	112	27	67	-48.15	-6.36	-40.18	-5.01	-68.98	-5.68
화산	50	227	48	197	51	130	-13.22	-1.41	-34.01	-4.07	-42.73	-2.75

자료 : 산안군 통계연보 1983년, 1993년, 2003년.

주 : 연평균증감률은 $x = (\frac{y^2}{y^1})^{\frac{1}{n}} - 1$ 식에 의함.

단, x = 년 평균증가율, n = 년 수, y^1 = 최초년도, y^2 = 최후년도.

1992~2002년 기간동안 가장 감소율이 높았던 마을은 부남리로 10년간 87.50%(연평균 18.77%)의 매우 높은 감소율을 보이며, 다음으로는 삼막리 49.36%(연평균 6.58%), 전장리 44.12%(연평균 5.65%), 대기리 41.60%(연평균 5.24%)순으로 감소를 보이고 있다.

한편, 같은 기간동안 교동리의 인구는 유일하게 증가하였는 바, 1992년에 50명에서 2002년에는 69명으로 3.37%(연평균 0.33%)가 증가하여 다른 마을과 대조를 이루고 있다.

1982년에서 2002년의 20년간 인구추이 분석이 가능한 모든 마을 가운데 인구 감소율이 가장 낮은 마을은 교동리이며, 그 다음으로는 진리,

하우리, 화산리 순이고, 인구 감소율이 가장 높았던 마을은 부남리이며, 다음으로는 대기리, 수도리, 전장리 순이다.

먼저 이 기간 동안 비교적 감소율이 낮았던 마을들의 인구 추이를 분석해 보면, 교동리의 인구는 1982년에 221명에서 2002년에 215명으로 동 기간동안 6명이 감소하여 2.71%(연평균 0.14%)의 감소율을 보였고, 진리는 855명의 인구에서 583명으로 272명이 감소하여 31.81%(연평균 1.90%)의 감소율을, 하우리는 1982년에 259명에서 2002년에 162명으로 97명이 감소하여 37.45%(연평균 2.32%)의 감소율을, 화산리는 227명에서 130명으로 97명이 감소하여 42.73%(연평균 2.75%)의 감소율을 보였다.

인구 감소율이 낮았던 마을들의 요인을 분석해 보면 교동리의 경우 교육기관과 상가가 밀집하여 있어 임자면의 생활 중심지로서의 일부 기능을 담당하고 있기 때문인 바, 또 최근에는 젊은 층의 인구가 일부 유입되고 있다. 진리의 경우 교육기관과 상가가 밀집한 교동리와 인접하고 있으면서, 공공기관이 입지하여 있고, 육지부의 도시지역으로 향하는 해상운송 수단(여객선)이 대부분 입출항하고 있는 등 항만기능을 가지고 있어 임자 내 여타 마을보다 교육·문화·교통의 중심지로서의 기능을 보유하고 있기 때문이다.

한편 같은 기간 동안(1982년에서 2002년의 20년간) 임자지역에서 인구 감소율이 가장 높은 마을은 부남리이고 다음으로는 대기리, 수도리, 전장리 순인바, 부남리는 1982년에 111명의 인구가 2002년에는 단 3명으로 20년간 108명이 감소하여 97.30%(연평균 16.52%)의 높은 감소율을 보이고 있다.[3] 대기리는 1982년에 538명에서 2002년에 146명으로

---

3) 부남리는 모도에서 떨어진 낙도로서 2003년까지 주민이 거주 하였으나 최종 거주자(권정안 씨) 사망으로 이후부터서는 주민이 거주하지 않는 무인도서가 되었음.

392명이 감소하여 72.86%(연평균 6.31%)의 높은 감소율을 보이고, 수도리는 192명의 인구가 54명으로 138명이 감소하여 71.88%(연평균 6.15%)의 감소율을, 전장리는 1,005명에서 285명으로 720명이 감소하여 71.64%(연평균 6.11%)의 감소율을 보이고 있다.

이들 마을들의 인구 감소율이 높은 요인을 보면, 부남리의 경우 임자도에서도 서북쪽으로 멀리 떨어진 외딴 섬으로서 전력이 공급되지 않고, 교통과 교육환경 등 삶의 여건이 열악한 관계로 주민들의 이주가 많았다. 이 같은 이유로 인구가 급감하여 근래에는 소수의 주민만이 거주하고 있었으나 이 같은 소수 거주자 마을을 대상으로 신안군에서는 특수시책 중의 하나인 주민이주사업을 실시하여 2003년 말경에는 거주하는 사람은 없고, 어로기간에만 일시적으로 머물며 어로 작업을 하고 있다.

그 밖에 대기리, 수도리, 전장리의 경우 농경지가 협소하고 지선어장 여건 등의 변화로 소득이 낮을 뿐만 아니라, 교육·문화시설이 거의 없으며 열악한 도로사정과 해상교통 여건이 좋지 않아 중심 마을과 외부지역과의 접근성이 좋지 않다.

이 같은 이유로 1982년에 임자지역의 1개 마을(총 24개 행정리 기준)당 평균인구는 374.9명이고 평균세대수는 74.5세대이던 것이, 2002년에는 마을당평균인구는 162.2명이고 평균세대수는 63.6세대로 감소되었다.

마을의 인구 순위는 1982년에 ①전장리 1,005명, ②진리 855명, ③이흑암리 835명, ④대기리 538명, ⑤삼두리 494명, ⑥도찬리 446명의 순이었다. 그러나 2002년에는 ①진리 583명, ②이흑암리 315명, ③전장리 285명, ④삼두리 252명, ⑤교동리 215명, ⑥회산리 203명의 순으로 변화를 보였다.

과거 1위였던 전장리는 현재 3위의 인구규모를 가진 마을이 되었고, 2위였던 진리는 현재 인구규모가 가장 큰 마을이 되었다. 과거 3위였던 이흑암리는 현재 2위가 되었으며, 과거 5위였던 삼두리는 4위가 되었다.

4. 연령별 및 성별 인구 구조

2002년 기준 임자지역의 전체인구 3,893명 가운데 남자는 2,006명, 여자는 1,887명으로 성비는 106.31인바, 이는 같은 해 신안군 전체 인구의 성비 102.13과, 전남의 성비 99.00과전국의 성비 100.71에 비하여 매우 높은 편이다.

<표 3> 임자의 연령계급별 성별 인구 및 구성비 (단위: 명, %, 기준: 2002년)

연령	인구			구성비			성비
	계	남	여	계	남	여	
합계	3,893	2,006	1,887	100.00	100.00	100.00	106.31
0~4	138	72	66	3.54	3.59	3.50	109.09
5~9	184	89	95	4.73	4.44	5.03	93.68
10~14	180	88	92	4.62	4.39	4.88	95.65
15~19	235	130	105	6.04	6.48	5.56	123.81
20~24	370	212	158	9.50	10.57	8.37	134.18
25~29	239	171	68	6.14	8.52	3.60	251.47
30~34	194	132	62	4.98	6.58	3.29	212.90
35~39	232	145	87	5.96	7.23	4.61	166.67
40~44	280	171	109	7.19	8.52	5.78	156.88
45~49	237	127	110	6.09	6.33	5.83	115.45
50~54	293	159	134	7.53	7.93	7.10	118.66
55~59	300	140	160	7.71	6.98	8.48	87.50
60~64	393	171	222	10.10	8.52	11.76	77.03
65~69	284	112	172	7.30	5.58	9.11	65.12
70~74	157	47	110	4.03	2.34	5.83	42.73
75~79	93	25	68	2.39	1.25	3.60	36.76
80세이상	84	15	69	2.16	0.75	3.66	21.74

자료: 2003년 신안군 통계연보.

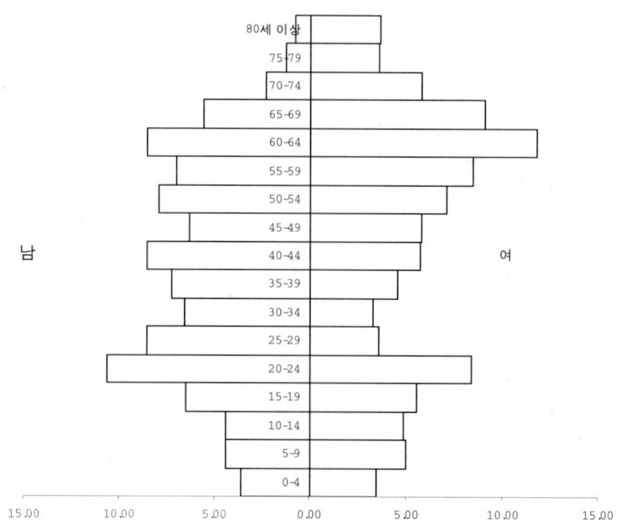

<그림 2> 임자의 연령계급별 성별 인구 구성비 (2002년)

임자의 성별·연령별 인구구조를 <표 3>과 <그림 2>를 중심으로
전체적 관점에서 살펴보면, 0~4세는 138명(남자 72명, 여자 66명)으로
임자 전체인구의 3.54%를 차지하고 성비는 109.09로 남자의 비율이 높
고, 5~9세는 184명(남자 89명, 여자 95명)으로 임자 인구의 4.73%를 차
지하며, 성비는 93.68로 남자의 비율이 상당히 낮다. 계속하여 15~19세
는 235명(남자 130명, 여자 105명)으로 임자 인구의 6.04%를 차지하며
성비는 123.81로 남자의 비율이 매우 높고, 25~29세는 239명(남자 171
명, 여자 68명)으로 임자 인구의 6.14%를 차지하며 성비는 251.47로 남
자의 비율이 극도로 높다.

또한 30~34세의 경우도 194명(남자 132명, 여자 62명)으로 임자인구
의 4.98%를 차지하고 성비는 212.90으로 남자의 비율이 극도로 높다.

60~64세는 393명(남자 171명, 여자 222명)으로 전체인구의 10.10%를
차지하고 성비는 77.03이며, 70~74세는 157명(남자 47명, 여자 110명)

으로 전체의 4.03%를 차지하고 성비는 42.73이며, 80세 이상은 84명(남자 15명, 여자 69명)으로 전체의 2.16%를 차지하며 성비는 21.74를 나타내고 있다.

이 같은 임자의 연령계급별 인구구조를 전국의 그것과 비교해 보면, 먼저 연령계급별 인구구성비의 경우 임자의 0~4세와 5~9세, 10~14세는 임자인구의 3.54%와 4.72%, 4.62%를 점해 전국의 해당 연령계급별 구성비에 비해 매우 낮은 구성비를 보인다.

임자의 인구는 0~4세부터 15~19세까지 인구의 구성비가 전국에 비해 낮으며, 20~24세 연령층에서는 9.50%로 전국의 8.39% 보다 높으나, 이후 25~29세부터 다시 구성비가 낮아지기 시작해 45~49세 연령까지 전국에 비해 인구 구성비가 낮다. 이후 50~54세부터 전국의 인구구성비보다 높아지기 시작해 60~64세 연령층에서는 전국의 4.17%보다 2.4배가량 높은 10.11%를 나타내고 있다. 이후 연령계층인 70~74세, 75~79세, 80세 이상 연령층에서 인구의 구성비가 낮아지고 있으나 전국의 구성비에 비해는 매우 높은 현상을 보이고 있다(<표 3>, <표 4>, <그림 2>, <그림 3> 참조).

<표 4> 전국의 연령계급별 성별 인구와 구성비(2002년)

연령	인구			구성비			성비
	계	남	여	계	남	여	
전체	48,229,948	24,200,192	24,029,756	100.00	100.00	100.00	100.71
0~4세	2,927,044	1,530,531	1,396,513	6.07	6.32	5.81	109.60
5~9세	3,504,981	1,855,317	1,649,664	7.27	7.67	6.87	112.47
10~14세	3,332,883	1,765,044	1,567,839	6.91	7.29	6.52	112.58
15~19세	3,303,134	1,715,150	1,587,984	6.85	7.09	6.61	108.01
20~24세	4,048,734	2,081,134	1,967,600	8.39	8.60	8.19	105.77
25~29세	4,098,137	2,084,069	2,014,068	8.50	8.61	8.38	103.48
30~34세	4,640,520	2,369,316	2,271,204	9.62	9.79	9.45	104.32
35~39세	4,207,110	2,157,264	2,049,846	8.72	8.91	8.53	105.24
40~44세	4,445,814	2,267,371	2,178,443	9.22	9.37	9.07	104.08
45~49세	3,450,959	1,751,284	1,699,675	7.16	7.24	7.07	103.04

50~54세	2,518,841	1,268,384	1,250,457	5.22	5.24	5.20	101.43
55~59세	2,026,553	991,009	1,035,544	4.20	4.10	4.31	95.70
60~64세	2,012,612	944,762	1,067,850	4.17	3.90	4.44	88.47
65~69세	1,506,190	656,546	849,644	3.12	2.71	3.54	77.27
70~74세	1,001,689	379,242	622,447	2.08	1.57	2.59	60.93
75~79세	631,409	218,949	412,460	1.31	0.90	1.72	53.08
80세이상	573,338	164,820	408,518	1.19	0.68	1.70	40.35

자료: 통계청 홈페이지 http://kosis.nso.go.kr/cgi-bin/sws_999.cgi. *외국인 제외.

성비의 경우에는, 임자의 남자 전체 인구는 2,006명이고 여자는 1,887명으로 전체의 성비는 106.31로 나타나 같은 해(2002) 신안군 전체 성비 102.13(남자 25,129명, 여자 24,604명)과 전남의 성비 99.00 및 전국의 성비 100.83에 비해 성비가 매우 높다.

각 연령계급별로 성비를 살펴보면 0~4세는 109.09이고 15~19세는 123.81 20~24세는 133.96, 25~29세는 252.94, 30~34세는 212.90, 50~54세는 118.66, 60~64세는 76.68, 80세 이상은 21.74이다.

일반적으로 우리나라 전체 인구의 연령계급별 성비가 0~4세부터 50~54세까지는 성비가 높게 나타나고, 55~59세 이후에는 고령화에 따라 여성의 비율이 비례적으로 높아지고 있는데 비해, 임자의 경우는 연령계급에 따라 매우 부정형적인 모습을 나타내고 있다. 즉 임자지역 인구의 0~4세는 전국과 비슷하게 성비가 높으나 5~9세와 10~14세의 성비가 전국에 비해 매우 낮다. 그러나 15~19세 계급부터는 남자의 성비가 높은 것은 전국과 같으나 전국의 성비보다 훨씬 더 높고 특히 25~29세 연령계급은 성비가 252.94로 남자가 여자보다 2배 이상 많은 것으로 나타나고 있다. 이후 55~59세부터 성비가 낮아지기 시작하는 것은 전국과 유사하나 50~54세 이전 연령에 비해 갑자기 큰 폭으로 낮아지면서 고령이 될수록 감소하는 성비의 폭이 전국의 그것에 비해 매우 크다.

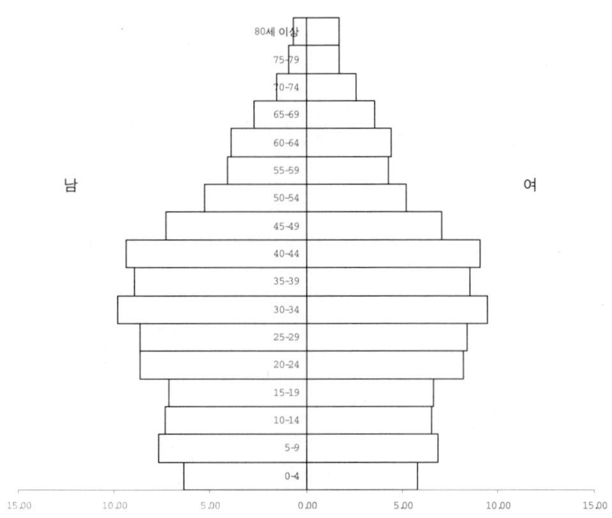

<그림 3> 전국의 연령계급별·성별 인구 구성비(2002년)

임자지역 인구의 성비를 전국치와 비교·요약해 보면 ①0~4세는 전국과 비슷하나 5~9세와 10~14세의 성비가 전국치에 비해 매우 낮고 ②15~19세부터 50~54세는 성비가 현저히 높고 ③55~59세부터 고령화됨에 따라 성비가 낮아지는 것은 전국과 같으나 낮아지는 폭이 전국에 비해 크고 ④50~54세까지 높은 성비를 보이다가 55~59세에 갑자기 성비가 매우 낮아지는 양상을 보이고 있어 매우 부정형적인 양상을 나타내고 있다.

<표 5> 부양비 및 노령화지수(임자, 전국)

구분	1992년		2002년	
	임자	전국	임자	전국
총 부양비	38.0	41.8	40.4	38.8
유년부양비	28.1	34.3	18.1	28.1
노년부양비	9.9	7.5	22.3	10.7
노령화지수	35.3	22.0	123.1	38.0

자료: 신안군 통계연보 각 해당연도.

임자인구를 경제학적 구조 측면에서 살펴볼 때, 2002년 기준으로 한 총부양비는 40.4이고 유년부양비는 18.1, 노년부양비는 22.3, 그리고 노령화지수는 123.1이다(<표 5> 참조). 이 같은 인구 구조를 보다 세부적으로 분석할 때, 먼저 임자의 총부양비는 1992년에는 38.0이고 2002년에는 40.4를 나타내고 있다. 이 같은 임자의 총부양비 추이는 1992년 전국의 41.8보다 3.8이 낮았으나, 2002년에는 전국의 38.8보다 1.6이 높은 40.4를 나타내 전국의 부양비는 감소하는 반면, 임자지역에서는 오히려 총 부양비가 증가하는 것으로 나타나고 있다.

유년부양비는 1992년에 28.1이고 2002년에는 18.1로 매우 낮아지는 현상을 보이고 있다.

전국의 유년부양비는 1992년에 34.3, 2002년에는 28.1로 임자와 같이 계속 낮아지고 있으나 임자의 수치가 전국의 그것보다 훨씬 급감하고 있다.

노년부양비는 1992년에는 9.9이며 2002년에는 22.3으로 근래에 들어설수록 급격히 높아가고 있다.

전국의 노년부양비는 1992년 7.5에서 2002년 10.7로 조금씩 높아가고 있으나 임자지역에서는 급격하게 증가하고 있다.

임자의 노령화지수는 1992년 35.3에서 2002년에는 123.1로 엄청나게 높은 증가현상을 보이고 있다.

전국의 노령화지수 역시 1992년 22.0, 2002년 38.0으로 높아가고 있으나 임자의 증가폭은 전국의 증가폭과 비교하여 엄청나게 높은 수준이다.

전체적으로 볼 때 총부양비는 전국이 감소하는데 반해, 임자의 총부양비는 증가하였다. 유년부양비는 전국에 비해 훨씬 큰 폭으로 감소하고 있고, 노년부양비는 큰 폭으로 높아가고 있으며 노령화지수는 엄청나게 높아지고 있다.

이 같은 임자지역의 인구 구조의 분석을 통해 나타나는 현상은 전체적으로 인구 감소가 크게 진행된 가운데서 생산연령층의 급격한 감소와 함께 유년인구의 감소가 두드러지고 있고, 노년인구의 절대수는 다소의 감소가 있었지만 전체적인구의 대폭적인 감소에 따라 전체인구에 대한 비율은 크게 증가한 것으로 나타나고 있다. 이 같은 인구의 구조 추이, 다시 말해 현재처럼 사회적 인구증가가 이루지지 않고 출산율이 높아지지 않을 경우 노령인구의 생존주기를 감안하면 향후 20년 정도의 기간까지 임자의 인구는 대폭적인 감소가 지속될 것이다

5. 인구 이동

2003년 1월 1일부터 12월 31일까지 한 해 동안의 임자 인구의 사회적 증감 즉, 전출·입 인구 현황은 <표 6>, <그림 4>, <그림 5>에서 보여 주는 바와 같다.

전출인구는 382명이고 전입인구는 411명이어서 전입자가 전출자에 비해 29명이 많다.

전출자의 시·도별 분포를 보면 전체 382명 가운데 전남이 207명으로 전체 전출자의 54.19%를 차지하고 있고, 서울이 52명으로 13.61%, 경기도가 48명으로 12.57%, 광주가 46명으로 12.04%를 차지하고 있다.

광주·전남을 합한 전출자는 253명으로 전체 전출 인구의 66.2%를 차지하고 있다. 전남지역 전체 207명 가운데는 목포가 167명으로 전남지역 내 전출자의 80.68%를 차지하고, 신안군이 24명으로 11.59%(전체 전출자의 6.28%), 무안이 9명으로 4.35%, 나주가 4명으로 1.93%, 함평이 3명으로 1.45%를 차지하고 있다.

서울·인천·경기도를 합한 수도권지역으로의 전출자는 106명으로 전체의 27.75%를 차지하고 있고, 대도시인 서울·광주·부산·인천·대전

으로의 전출자는 108명으로 전체 전출자의 28.27%를 차지하고 있다.

전입자의 지역(시·도) 분포를 보면 전남이 275명으로 전체 전입자의 66.91%를 차지하고, 다음으로 광주가 47명(11.44%), 경기도 39명(9.49%), 서울 31명(7.54%), 인천 5명(1.22%)이고, 여타 시·도는 모두 2% 미만의 분포를 보이고 있다.

광주·전남을 합한 전입자는 322명으로 전체 전입인구의 78.35%를 차지하고 있다. 전남지역 전체 275명 가운데는 목포가 234명으로 전남지역 내 전입자의 85.09%를 차지하고, 신안군이 22명으로 8%(전체 전입자의 5.35%), 무안이 11명으로 4.00%를 차지하고 있다.

서울·인천·경기도를 합한 수도권지역에서의 전입자는 75명으로 전체의 18.25%를 차지하고 있고, 대도시인 서울·광주·부산·인천·대전·울산으로의 전입자는 89명으로 전체 전입자의 21.65%를 차지하고 있다.

인구이동(전출·입)과 관련해 전체적으로 살펴보면, 전출은 목포를 중심으로 한 전남지역에 절대적으로 치우치는 가운데 서울과 경기도, 광주 순으로 이루어지고 있고, 일부 충남과 전북, 경남으로 전출이 이루어지고 있다. 전입은 목포를 중심으로 전남지역에서 대부분 이루어지고 있으며, 다음으로 광주, 경기도, 서울에서 전입이 이루어지고 있다.

인구이동과 관련하여 임자지역의 특징적 현상은 전출인구에 비해 전입인구가 많아 인구의 사회적 증가가 이루어지고 있으나, 이는 특별한 인구 유입요인이 아닌 일시적인 현상이라 보여진다.[4]

이 같은 한계적 증가요인은 곧 소멸될 것이고 선행연구 지역인 완도지

---

4) 이 같은 전출에 비해 전입이 많은 사회적 증가현상은 인구규모가 정부의 재정 및 군의 직제 제도 등과 관련되어 있어 불이익을 받지 않기 위한 군의 강력한 주민등록이전 시책에 따른 것이 주요 요인으로 보인다. 그러나 이는 일시적인 현상으로 일정 시점이 지나면 지속된 감소현상의 모습이 그대로 나타날 것이 확실해 보인다.

역 등과 같이 지속적인 감소현상으로 다시 전환될 것이 확실해 보인다.

일시적 현상을 제외한 전체적인 임자지역의 인구감소의 주된 요인은 사회적 감소현상과 젊은 층(출산연령층)의 감소, 그리고 낮은 출산율로 요약되는 바, 앞으로도 당분간 이 같은 현상은 지속되리라 보지만 과 전출현상에 따른 사회적 감소현상은 차츰 둔화되어 갈 것이다. 인구 이동의 전출과 전입은 근접한 도시인 목포에서 크게 이루어지고 있으며, 다음으로는 서울과 광주 지역에서 상당수 이루어지고 있다

이는 임자지역의 생활권이 목포를 교통 적환지점(transshipment point)으로 하나의 생활권에 속해 있음을 그대로 보여 주는 현상이다.

<표 6> 전출·입 현황(2003.1.1~12.31)

지 역	전 출		전 입	
	인 원	%	인 원	%
합 계	382	100.00	411	100.00
서 울	52	13.61	31	7.54
광 주	46	12.04	47	11.44
부 산	2	0.52	3	0.73
인 천	6	1.57	5	1.22
대 전	2	0.52	3	0.73
소 계	108	28.27	89	21.65
신 안	24	6.28	22	5.35
목 포	167	43.72	234	56.93
무 안	9	2.36	11	2.68
나 주	4	1.05	6	1.46
함 평	3	0.79	2	0.49
(전남전체)	207	54.19	275	66.91
부 천	14	3.66	22	5.35
안 산	8	2.09	4	0.97
광 명	3	0.79	-	-
고 양	2	0.52	-	-
성 남	7	1.83	8	1.95
시 흥	2	0.52	-	-
수 원	5	1.31	3	0.73
안 양	3	0.79	2	0.49

일 산	4	1.05	-	-
(경기전체)	48	12.57	39	9.49
강원도	1	0.26	-	-
충 북	2	0.52	1	0.24
충 남	6	1.57	3	0.73
전 북	5	1.31	4	0.97
경 북	-	-	-	-
경 남	5	1.31	-	-
제 주	-	-	-	-
(기타지역전체)	19	4.97	8	1.95

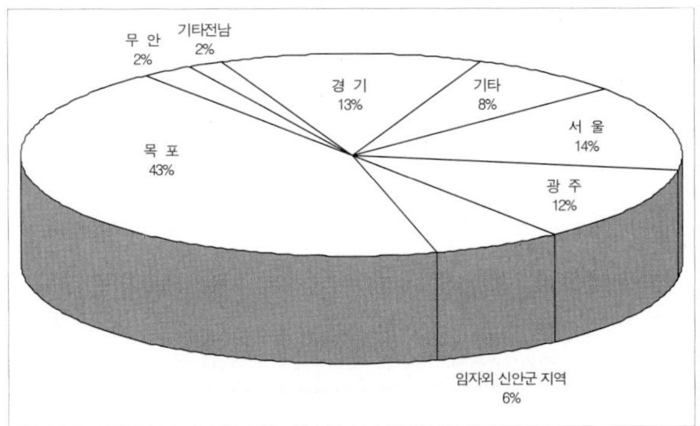

<그림 4> 임자의 전출인구 지역별 구성(2003년)

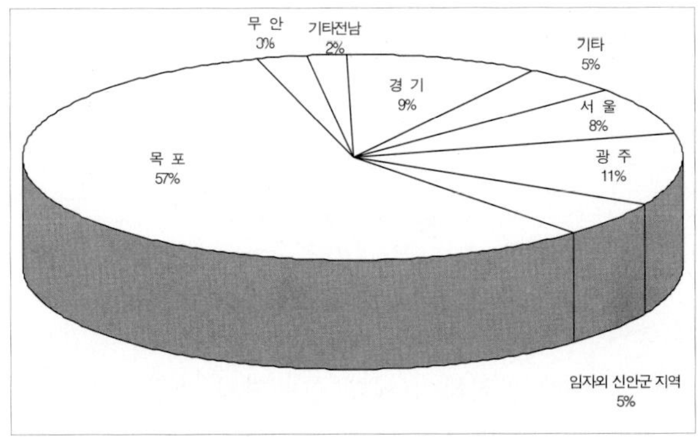

<그림 5> 임자의 전입인구 지역별 구성(2003년)

6. 맺음말

임자지역의 인구는 1972~2002년의 기간 동안 67.18%의 감소율을 보여 같은 기간 동안 신안군 전체 인구 감소율 69.93%에 비해 약간 낮다.

세대당 인구는 1972년에 5.78명이던 것이 1987년에는 4.63명, 1997년에는 3.02명 그리고 2002년에는 2.55명으로 크게 줄고 있으며 각 세대의 상당수가 노부부의 2인 가족으로 구성되어 있다.

여타 선행 연구되었던 도서지역과 마찬가지로 임자지역 역시 인구 감소율(1972~2002년의 30년 동안 67.18%)에 비해 세대수의 감소율(25.62%)이 낮다. 이는 전 세대 이주가 아닌 가족 중 일부 특히 젊은 부부 중심의 전출이 주된 요인이다.

임자지역의 마을별 인구구조를 살펴보면 2002년 말 기준의 1개 마을(총 24개 행정리 기준)당 평균인구는 162.2명이고 평균세대수는 63.6세대이다.

인구가 가장 많은 마을은 진리(583명)이며, 다음은 이흑암리(315명)와 전장리(285명), 삼두리(252명), 교동리(216명), 회산리(203명) 순이다.

1982년에서 2002년의 20년간 인구추이 분석이 가능한 모든 마을 가운데 인구 감소율이 가장 낮은 마을은 교동리이며, 그 다음으로는 진리, 하우리, 화산리순이고, 인구 감소율이 가장 높았던 마을은 부남리이며, 다음으로는 대기리, 수도리, 전장리 순이다.

인구 감소율이 낮았던 마을들의 그 요인을 분석해 보면 교동리의 경우 교육기관과 상가가 밀집하여 있어 임자면의 생활 중심지로서의 일부 기능을 담당하고 있기 때문이다. 또 최근에는 젊은 층의 인구가 일부 유입되고 있다. 진리의 경우 교육기관과 상가가 밀집한 교동리와 인접하고 있으면서, 공공기관이 입지하여 있고, 육지부의 도시지역으로 향하는 해상운송 수단(여객선)이 대부분 입출항하고 있는 등 항만기능을 가지고 있어 임자내 여타 마을보다 교육·문화·교통의 중심지로서의 기능을 보유하고 있다.

한편 같은 기간 동안(1982년에서 2002년의 20년간) 임자지역에서 인구 감소율이 가장 높은 마을은 부남리이고 다음으로는 대기리, 수도리, 전장리 순 인바, 이 마을들의 인구 감소율이 높은 요인을 보면, 부남리의 경우 임자도에서도 서북쪽으로 멀리 떨어진 외딴 섬으로서 전력이 공급되지 않고, 교통과 교육환경 등 삶의 여건이 열악한 관계로 주민들의 이주가 많았다. 이 같은 이유로 인구가 급감하여 근래에는 소수의 주민만이 거주하고 있었으나 이 같은 소수 거주자 마을을 대상으로 신안군에서는 특수시책 중의 하나인 주민이주사업을 실시하여 2003년 말경에는 거주하는 사람은 없고, 어장철에만 일시적으로 머물며 어로 작업을 하고 있다.

그 밖에 대기리, 수도리, 전장리의 경우 농경지가 협소하고 지선어장 여건 등의 변화로 소득이 낮을 뿐만 아니라, 교육·문화시설이 거의 없으며 열악한 도로사정과 해상교통 여건이 좋지 않다. 그 이유는 중심 마을과 외부지역과 접근성이 좋지 않기 때문이다.

이 같은 이유로 1982년에 임자지역의 1개 마을(총 24개 행정리 기준)당 평균 인구는 374.9명이고 평균세대수는 74.5세대이던 것이, 2002년에는 마을당평균인구는 162.2명이고 평균세대수는 63.6세대로 감소되었다.

마을의 인구 순위는 1982년에 ①전장리 1,005명, ②진리855명, ③이흑암리 835명, ④대기리 538명, ⑤삼두리 494명, ⑥도찬리 446명의 순이었다. 그러나 2002년에는 ①진리 583명, ②이흑암리 315명, ③전장리 285명, ④삼두리 252명, ⑤교동리 215명, ⑥회산리 203명의 순으로 변화를 보였다.

2002년 기준 임자지역의 전체인구 3,893명 가운데 남자는 2,006명, 여자는 1,887명으로 성비는 106.31인바, 이는 같은 해 산안군 전체 인구의 성비 102.13과, 전남의 성비 99.00와 전국의 성비 100.71에 비하여 매우 높은 편이다.

임자의 성비를 전국치와 비교해 보면 ①0~4세는 전국과 비슷하나 5~9세와 10~14세의 성비가 전국치에 비해 매우 낮고 ②15~19세부터 50~54세는 성비가 현저히 높고 ③55~59세부터 고령화됨에 따라 성비가 낮아지는 것은 전국과 같으나 낮아지는 폭이 전국에 비해 크고 ④ 50~54세까지 높은 성비를 보이다가 55~59세에 갑자기 성비가 매우 낮아지는 양상을 보이고 있어 매우 부정형적인 양상을 나타내고 있다.

경제구조적 측면에서 임자지역 인구를 보면 총부양비는 전국이 감소현상을 보이는 데 반해, 임자의 총부양비는 증가하였다. 유년부양비는 전국에 비해 훨씬 큰 폭으로 감소하고 있고, 노년부양비는 큰 폭으로 높아가고 있으며 노령화지수는 엄청나게 높아지고 있다.

이 같은 임자지역의 인구 구조의 분석을 통해 나타나는 현상은 전체적으로 인구 감소가 크게 진행된 가운데서 생산연령층의 급격한 감소와 함께 유년인구의 감소가 두드러지고 있고, 노년인구의 절대수는 다소의 감소가 있었지만 전체적으로 대폭적인 인구 감소에 따라 전체인구에 대한 비율은 크게 증가한 것으로 나타나고 있다. 이 같은 인구의 구조 추이, 다시 말해 현재처럼 사회적 인구증가가 이루지지 않고 출산율이 높아지지 않을 경우 노령인구의 생존주기를 감안하면 향후 20년 정도의 기간까지 임자의 인구는 대폭적인 감소가 지속될 것이다

임자지역의 인구이동(2003년 1년간 기준)을 보면 전출인구는 382명이고 전입인구는 411명이어서 전입자가 전출자에 비해 29명이 많다.

인구이동과 관련하여 임자지역의 특징적 현상은 전출인구에 비해 전

입인구가 많아 인구의 사회적 증가가 이루어지고 있으나, 이는 특별한 인구 유입요인이 아닌 일시적인 현상이라 보여진다. 이 같은 일시적 현상은 재정적 지원 등을 고려한 신안군의 주민등록이전 운동 시책이 가장 큰 요인으로 자리했던 것으로 보인다. 이 같은 한계적 증가요인은 곧 소멸될 것이고 선행연구 지역인 완도지역 등과 같이 지속적인 감소현상으로 다시 전환될 것이 확실해 보인다.

일시적 현상을 제외한 전체적인 임자지역의 인구감소의 주된 요인은 사회적 감소현상—특히 젊은 층(출산연령층)의 감소—과 낮은 출산율인 바, 앞으로도 당분간 이 같은 현상은 지속되리라 보지만 전출현상에 따른 사회적 감소현상은 차츰 둔화되어 갈 것이다. 인구 이동의 전출과 전입은 근접한 도시인 목포와 크게 이루어졌고 다음으로는 서울과 광주지역에서 상당수 이루어지고 있다.

이는 임자지역의 생활권이 목포를 교통 적환지점(transshipment point)으로 하나의 생활권에 속해 있음을 그대로 보여 주는 현상이다.

<참고 문헌>

1) 國內文獻

<著 書>

權泰埈·金光雄, 『韓國의 地域社會開發』, 法文社, 1985.

金璟東·安淸市 外, 韓國의 地方自治와 地域社會發展, 서울大學校 出版部, 1985.

金光雄, 『社會科學研究方法論』, 博英社, 1980.

권태환·김두섭, 『인구의 이해』, 서울대학교 출판부, 1989.

盧昌燮 外, 『開發過程에 있는 農村社會研究』, 梨花女大 出版部, 1965.

朴奎祥 외 3인 공저, 『人口論』, 박영사, 1982.

朴贊癸, 『인구과정분석론』, 자유아카데미, 1987.

釜山商工會議所, 『釜山의 社會生態學的 構造에 관한 研究』, 釜山經濟研究 叢書 27, 1987.

신순호, 『도서지역의 주민과 사회-완도지역을 중심으로』, 景仁文化社, 2001.

梁會水, 『韓國農村의 村落構造』, 高麗大學校 亞細亞問題研究所, 1967.

嶺南大學校 民族文化研究所, 『울릉도·독도의 종합적 연구』, 1998.

吳甲煥, 『社會의 構造와 變動』, 博英社, 1981.

吳洪晳, 『人文地理學』, 敎學社, 1982.

王仁槿, 『現代의 農村 社會學-韓國農村社會學序說-』, 博英社, 1983.

尹鍾周, 『농촌인구에 관한 연구』, 서울여자대학 출판부, 1974.

李光奎, 『社會構造論』, 一潮閣, 1984.

李萬甲, 『工業發展과 韓國農村』, 서울大學校 出版部, 1984.

李萬甲, 『韓國 農村社會의 構造와 變化』, 서울大學校 出版部, 1973.

李萬甲, 『韓國 農村의 社會構造』, 韓國研究圖書館, 1960.

李熙奉 譯, 『文化探究를 위한 參與觀察方法』, 대한교과서주식회사, 1988.

李喜演, 『人口地理學』, 법문사, 1998.

李興卓, 『人口學』, 법문사, 1989.

全京秀, 『韓國漁村의 低發展과 適應』, 집문당, 1992.

全京秀, 『한국문화론』, 일지사, 1996.

鄭址雄, 『韓國의 農村－그 構造와 開發』, 서울大學校 出版部, 1984.

崔在錫, 『韓國農村社會研究』, 一志社, 1975.

崔在律, 『農村後進性의 社會學的 解析』, 光州: 圖書出版 청진, 1990.

韓國農村經濟研究院, 『近郊마을의 社會經濟構造』, 1989.

한상복・전경수, 『한국의 낙도민속지』, 집문당, 1992.

洪慶姬, 『都市・村落調査法』, 法文社, 1987.

洪慶姬, 『都市地理學』, 法文社, 1981.

<論 文>

姜大基・洪東植・朴大植, 「農村靑壯年들의 離農意思와 그 社會的 要因」, 釜山大
　　　學校 社會調査研究所, 1983.

金大煥, 「社會 移動으로서의 離農現象」, 『韓國社會學』, 1966.

金錫俊, 「寧坪洞의 社會構造」, 『寧坪마을－濟州島마을民族誌 叢書1－』, 濟州大
　　　博物館, 1991.

金洞國, 「人口移動과 地域發展」, 『環境論叢』 Vol.II-I, 서울大學校環境大學院,
　　　1975.

盧降熙, 「우리나라 地域社會의 特性과 그 開發方向」, 『地方行政』, 大韓地方行政
　　　共濟會, 1974.7.

박성용・이기태, 「독도・울릉도의 자연 환경과 도민의 문화」, 영남대학교 민
　　　족문화연구소, 1998.

선영란, 「간척농지의 공동체적 운영방식의 지속과 변화」, 목포대 석사학위논
　　　문, 1998.

申順浩, 「島嶼地域의 特殊性과 開發必要性」, 『淸州大學校 論文集』 第16輯, 1983.

申順浩, 「智島地域의 社會・空間構造」, 『島嶼文化』 第5輯, 木浦大學校 島嶼文化
　　　研究所, 1987.

申順浩, 「黑山地域의 社會・空間構造」, 『島嶼文化』 第6輯, 1988.12.

申順浩, 「新安地域의 社會・空間構造」, 『島嶼文化』 第7輯, 1990.4.

申順浩,「甫吉地域의 社會・空間構造」,『島嶼文化』 第8輯, 木浦大學校 島嶼文化
　　　研究所, 1991.
申順浩,「地域開發 側面에서 본 錦山地域의 人口構造」,『한국도서연구회보』 제4
　　　집, 1994.4.
申順浩,「농촌지역청소년의 이농현상에 관한 연구」,『새마을연구논문집』 제2
　　　집, 청주대학교 새마을 연구소, 1985.2.
申順浩,「靑山地域의 社會・空間構造」,『島嶼文化』 第9輯, 1991.
申順浩,「金日地域의 社會構造」,『島嶼文化』 第10輯, 1992.
申順浩,「所安地域의 社會・空間構造」,『島嶼文化』 第11輯, 1993.
申順浩,「藥山地域의 社會・空間構造」,『島嶼文化』 第12輯, 1994.
申順浩,「地方化 時代에 있어 地域研究의 主要課題」,『臨海地域開發研究』 第14
　　　輯, 木浦大 臨海地域開發研究所, 1995.
申順浩,「古今地域의 社會・空間構造」,『島嶼文化』 第13輯, 1995.
申順浩,「薪智地域의 社會・空間構造」,『島嶼文化』 第14輯, 1996.
申順浩,「蘆花地域의 社會・空間構造」,『島嶼文化』 第15輯, 1997.
申順浩,「莞島(邑)地域의 社會・空間 構造」,『島嶼文化』 第16輯, 1998.
申順浩,「莞島(郡外)地域의 社會・空間 構造」,『島嶼文化』 第16輯, 1998.
申順浩,「押海地域의 人口 構造」,『島嶼文化』 第18輯, 2000.
申順浩,「飛禽地域의 人口 構造」,『島嶼文化』 第19輯, 2001.
申順浩,「慈恩地域의 人口 構造」,『島嶼文化』 第21輯, 2003.
申順浩,「生日地域의 人口 構造」,『島嶼文化』 第21輯, 2004.
신순호・최승영,「押海地域의 社會・空間 構造」,『島嶼文化』 第18輯, 2000.
吳炳振・王仁權,「農村人口의 選擇的 特性」,『한국총업교육학회지』, 1973.
尹瑾燮,「농촌인구이동과 관련된 사회제적 및 사회심리적 요인의 분석」,『전북
　　　대농대논문집』, 1973.
李秀愛,「鳥島地域의 社會構造」,『島嶼文化』 第2輯, 木浦大 島嶼文化研究所, 1984.
鄭址雄,「농촌개발과 인구문제」,『농업교수・농촌지도 공무원을 위한 인구교
　　　육연찬회보고서』, 1978.
조강희・조승연,「독도・울릉도민의 사회조직과 경제생활」, 영남대학교 민족
　　　문화연구소, 1998.

주봉규, 「농촌인구이동에 관한 변천과, 특성에 관한 연구」, 『농업경제연구』, 1977.

崔洋夫 외 4人, 「도시화・공업화에 따른 농촌인구이동의 지역적 특징에 관한 연구」, 농림부 농업경영연구소, 1971.

崔在律, 「島嶼 漁村의 社會構造」, 『地域開發研究』 第8卷, 全南大學校地域開發研究所, 1976.

Arthur Goldsmith, 「새마을運動에 있어서 大衆參與와 農村指導力」, 『새마을運動의 理念과 實際－새마을運動 國際學術會議 論文集－』, 서울대학교 새마을운동종합연구소, 1981.

Kim, Se-Yeul, "The Economic and Noneconomic Factors, Affecting Rural-Urban Migratory Behavior in Korea," Soong Jun University Essays and Papers 6s. 1976.

Moon, Seung-Gyu, "Outmigration form Families of Orientation in Two Rural Communities: A Case of Study in Korea", 서울대학교 문리과대학부설 인구 및 발전문제연구소, 1972.

<기　타>

經濟企劃院 調査統計局 및 統計廳, 韓國의 社會指標, 各 年度.

經濟企劃院 및 統計廳, 人口 및 住宅센서스報告, 各 年度.

國土開發研究院, 生活圈開發構想에 關한 研究, 1980.

＿＿＿＿＿＿＿＿, 地域分析을 위한 計量的 接近方法, 1981.

內務部(行政自治部), 島嶼要覽

內務部, 島嶼綜合開發計劃, 1985.

內務部, 島嶼誌, 1985.

內務部, 島嶼白書, 1996.

內務部, 島嶼統計, 1996.

內務部, 地方行政區域便覽, 各 年度.

內務部, 地籍統計, 各 年度.

內務部, 韓國都市年鑑, 各 年度.

全南地域開發協議會 硏究諮問委員會, 農村의 社會構造와 그 變化, 1984.

全羅南道, 島嶼現況, 各 年度.

全羅南道, 文化遺蹟總覽, 1986.

全羅南道, 全羅南道綜合開發計劃(1차 및 2차)

統計廳, 主要經濟指標.

海運港灣廳, 海運港灣廳統計年報.

2) 外國文獻

<歐美文獻>

Barringer, H. R., "Rural-Urban Migration and Social Mobility:Studies of Three Korean Citis", Paper Prepared for the ILCORK Conference on 'Population Growth and It`s Societal Impacts', Pusan, Korea, 1974.2.

Cadwallader, M., *Migration and Residental Mobility, Wisconsin*, The University of Wisconsin Press. 1994.

Cadwallader, M., *Migration and Residental Mobility: Macro and Micro Approaches*, Wisconsin : The University of Wisconsin Press. 1994.

Chisholm, Michael., "Rural Settlement and Land Use", in John Harriss, ed., *Rural Development*, London: Hutchinson & Co. Ltd., 1984.

George W. Barclay, *Techniques of Population Analysis*, New York, Jhon Wily & Sons, Inc.

Hauser, Philip M. and Duncan, Otis Dudley (ed), *The Study of Population*, Univ. of Chicago Press, 1972.

Okun, Bemard & Richard Richandson, "Rigional Income Inequality and Internal Population Migration", J. Friedmann & W. Aloso(eds.), *Regional Development and planning*, (MIT Press).

Ross, Murry G., Community and Principles, N.Y.: Harper & Brothers, 1955.

UN, ESCAP., *Guideline for Rural Center Planning*, 1979.

Vincent Tidwell, *Pattern and Process in Human Geography*, University Tutorial Press Limited, London, 1976.

<日本文獻>

岸本 實, 人口地理學, 東京: 大明堂, 1968.

福武 直, ‘現代 日本における村落共同體存在形態’, 村研編, 村落共同體の構造分析.

山岸 健, 增補 都市構造論－社會學の觀點と論点, 東京: 慶應通信株式會社, 1986.

小澤康則,酒井俊二, “韓國と日本の沿岸漁村比較調査レポ--ト”, 日韓合同學術調査報
告書, 第2輯, 1984.6.

地域社會計劃センタ--, 農山漁村環境整備事業の手引, 東京: 創造社, 1982.

제2부
해양생태의 변화와 해양문화

제1장

임자도 새우잡이 젓중선의 어로민속지

나 승 만

1. 머리말

젓중선은 일반적인 어로선에 비해 매우 특이한 점들을 지니고 있다. 무동력선이라는 점, 조류에 맞서며 조업한다는 점, 닻이 크다는 점, 선원들이 육지에 나왔을 때 바람이 불면 그 바람을 뚫고 배로 돌아가야 한다는 점 등이 일반 어로선과는 다른 면으로 인지된다. 이 글은 임자도 젓중선의 어로민속지를 쓰기 위한 일부 작업으로 수행된 것이다. 어로민속지를 쓰기 위해서는 문화 주체인 젓중선 어민들, 현장인 임자도와 그 바다, 그리고 도구인 젓중선과 부속 어구들, 가공, 매매, 의례 등이 조사 연구되어야 한다. 이 글에서는 임자도 바다, 관련 도구를 중심으로 서술하고자 한다. 그리고 어로문화의 특성상 이 글에서 거론되는 月日은 모두 음력으로 계산되고 있음을 밝힌다. 그런 까닭에 다른이의 글을 참고하는 경우에도 음력으로 계산하여 제시하였다.

임자도[1]는 다도해의 특성인 크고 작은 많은 섬과 골로 이루어져 어족 회유가 많은 곳으로, 젓새우 전국 최대 생산지다. 국가어항인 전장포항에서는 전국 어획고의 60%에 달하는 새우젓을 생산한다.[2] 오랜 역사를 지닌 무동력 젓중선 새우잡이는 1994년 연근해어업 구조조정사업의 일환으로 폐지되었다. 그러나 어민들은 그 후 어선을 동력선으로 교체하고 대형화하고 그물을 주머니얽애그물 등으로 바꿔 새우잡이를 계속해 오고 있다.[3] 여전히 새우잡이는 계속되고 있지만 이제 무동력 젓중선 새우잡이는 사라졌고, 그 흔적으로서 젓중선 폐선이 목포 해양박물관 옆 갯가에 전시되어 있다.

임자도 새우잡이에 대해서는 이미 글들이 몇 편 있다. 박광순과 김승이 임자도 젓새우잡이 어업의 발생과 발전, 현황과 과제를 어업경제사적 관점에서 연구했다. 여기서 저자는 사적 자료를 점검하여 발생에 대해 추적했으며, 현황과 과제에 대해 거론하였다.[4] 그리고 오철웅을 연구책임자로 하여 새우 자원을 파악, 적정 조업을 유도하기 위한 작업으로 목포대학교, 신안군, 한국해양수산부 등이 수행한 자원 조사보고서가 있다.[5] 이 보고서는 임자도 주변의 해양생태와 서식 새우들에 대한 해양

---

1) 임자도는 신안군 임자면의 체도로서, 면적 46㎢, 해안선 길이 56.5㎞이다. 해제반도의 지도 남쪽에 불규칙한 형태를 하고 있는 섬으로 목포와의 거리는 66.6㎞로 신안군 최북단에 위치한다.

2) 해양수산부 국립해양조사원, 『어업정보도』(고군산군도에서 진도), 2004.11, 60쪽.

3) 목포대학교, 전남수산시협연구소, 영광군, 『젓새우 시험어업 조사』, 금성정보 출판사, 2002.7, 1쪽.

4) 朴光淳, 金昇, 「우리나라 젓새우잡이 漁業의 發展·現況·課題―荏子島의 젓새우 漁業을 中心으로―」, 『韓國島嶼硏究』 10輯, 1999.12.

5) 남해수산연구소 목포분소, 신안군, 『신안군 해역 연근해 어업 자원조사(주머니얽애그물)』, 1997 ; 목포대학교, 신안군, 『신안군 젓새우 시험어업 조사』,

자원생물학적 관점을 적용하여 조사한 것이다. 특히 임자도, 낙월도의 해양지질과 새우 서식 양상, 생식 주기, 회유로 등을 밝혔다는 점에서 의미있는 작업이었다. 그리고 영광군 낙월도 멍텅구리배에 대한 조사가 국립해양유물전시관의 주관 하에 이루어졌다.[6] 이 작업은 주로 소위 멍텅구리배의 구조와 어로관행에 초점을 두고 조사 연구되었다. 특히 멍텅구리배의 구조와 명칭에 대한 상세한 조사가 이루어졌다는 점에서 의미가 크다.

막상 임자도 어민들의 목소리를 담은 글들이 아직 보고된 바 없다. 그래서 어민들의 새우잡이 생활사 기록을 담는 글로 이 글을 꾸몄다. 이 글은 무동력시대 젓중선 새우잡이 어로에 대한 어민생활사 기록이다. 젓중선 구조와 명칭에 대한 추가 조사, 새우잡이를 위한 물때 이용 지식, 새우에 대한 인지, 새우잡이의 1년 살이가 어민 생활사 기록이라는 입장에서 서술된다. 자료는 젓중선 어민들의 어로 생활사에 대한 면담으로 수집되었다. 현재는 전통시대의 젓중선 어로가 소멸된 상태이기 때문에 어로 현장조사는 안된다. 그래서 당시 현장경험자료를 면담을 통해 수집했다. 조사를 위해 조사표를 만들었으며, 이 조사표는 해류, 조류, 어장에 대한 인지와 조업 상관성, 어로도구와 방식, 1년의 새우잡이 일정, 1일 새우잡이 시간표 등을 중심으로 구성되어 있다.

주 면담자는 현재 목포에서 살고 있는 박항휘씨였다. 박씨는 2004년 현재 63세며, 임자도 전장포에서 30여 년 동안 젓중선 선주로 활동해온 어민이다. 그는 대대로 어민인데, 그의 모친은 상고배 선주였으며, 형제들이 모두 젓중선 선주로 젓중선에 대해서는 해박한 지식을 소유하고

2001.8 ; 목포대학교, 전남수산시험연구소, 영광군, 『젓새우 시험어업 조사』, 2002.7.
6) 국립해양유물전시관, 『전통한선과 어로민속－영광 낙월도 멍텅구리배, 신안 가거도배, 제주도 떼배－』, 국립해양유물전시관 학술총서 2, 1997.

있다. 또 젓중선 제작에 재능을 갖고 있어 목포해양유물전시관에 전시된 임자도 새우잡이 젓중선의 모형배를 제작했다. 젓중선 사업을 폐한 이후 목포로 이주하여 배목수로서 모형배를 제작하고 있다. 특히 그가 평생을 부렸던 임자도 젓중선 모형배 제작에 몰두하여 그가 제작한 임자도 젓중선 모형배가 군산대와 목포 해양유물 전시관에 전시되어 있다.

2. 임자도의 해양생태

1) 봄의 황해난류 유입과 가을의 연안수 확장

임자도는 서해해역에 속하기 때문에 서해해역의 해류와 조류, 수온, 어업자원 등에 지배받는다. 따라서 해양환경이 새우잡이 환경을 이해하는 주요 결정소가 된다. 해류는 새우의 회유에 영향을 미친다. 봄철인 음력 3월 경 동중국해를 북상하는 쿠로시오 난류의 한 지류가 제주도 남쪽에서 2분된 일부가 황해난류로서 제주도 서쪽을 통과하여 서해로 유입되고, 임자도를 거쳐 북상한다. 여름철인 음력 7월에 0.4노트의 최강 유속으로 북상한다. 중국 발해만에 이르러 만으로 유입하려 하나 세력이 미약해진다. 가을철인 음력 9월부터 황해난류의 약세와 북서계절풍에 의해 취송류로서 서해 연안수의 형성, 남하로 인해 난류가 북상하지 못하고 제주해협에서 동류하고 있다.

서해안에는 고유의 연안수가 있다. 겨울철에는 수온 6도 이하, 염분 32.5%고, 여름철에는 표면수온 26도, 염분 32.2%다. 천해수역에서는 여름철에 고온으로 상승하나 겨울철에는 대기의 기온 강하와 북서 계절풍 영향으로 수온저하가 심하다. 임자도의 경우 표면 수온분포는 겨울철에는 7~8도의 황해고유수로 덮이게 되고, 여름철에는 27~28도로서 연교

차는 20~22도다. 50m층 및 저층 수온분포는 겨울철에 표층-저층이 균질한 분포를 보이나 봄부터 표면수온의 상승과 더불어 연안 측의 수온도 15도까지 상승되어 전선이 형성된다.[7]

따라서 임자도 바다는 항해난류와 서해 연안수에 의해 지배되는 특성을 지니고 있다. 황해난류는 그 자체의 세력이 강하지 못하며 황해냉수의 변동에 좌우된다. 동계 수온 12도, 영분 33.5%, 하계에는 표층수 수온 27.5도, 염분 30.4%다.

2) 북동-남서로 흐르는 조류와 수로(골)의 발달

조석은 반일주기로 1일 2회 창·낙조류가 일어난다. 조류 속도는 조석의 고저에 의한 격심한 흐름이 생겨 연안 항구 또는 도서간의 수도 등에서는 유속 5~6노트, 때로는 7노트 이상이나 되는 곳도 있어 선박의 출입은 조석의 고저를 많이 이용하고 있다. 임자도의 경우 재원 동·서수도의 창조류는 자은도 북측해역에서 북류되어 재원도 남측해역에서 재원 동·서수도로 북류되었다가 다시 합류되어 북류하고, 낙조류는 이와 반대현상으로 흐른다. 큰 방향은 수로의 전개 방향과 마찬가지로 북동⇋남서 방향으로 형성된다.

창조류는 목포항 조석의 저조 후 30분~1시경에 전류하여 고조 후 1~1.7시경까지 약 6.5~6.7시간 지속되며, 최강 밀물은 연간 평균대 조기에 약 3.3~3.4노트로서 저조 후 1.4~2.2시경에 일어난다. 낙조류는 목포항 조석의 고조 후 1~1.7시경에 전류하여 저조 후 0.5~1시경까지 약 5.3~5.5시간 지속되며 최강 낙조류는 연간 평균대 조기에 약 3.0~3.4노트로서 저조전 1.0~2시경에 일어난다. 새우잡이가 집중되는 전장포 앞의 경우 창조류 때 3노트, 낙조류 때 4.2노트고, 재원도 재원항과

---

7) 해양수산부 국립해양조사원, 『어업정보도』(고군산군도에서 진도), 8쪽.

임자도 사이의 경우 창조류 때 4.8노트, 낙조류 때 4.5노트의 속도를 보인다.[8]

3) 새우 서식지 모래취(사퇴)와 골의 발달

임자도 주변에는 모래취가 많다. 이 모래취들은 대개 북동-남서 방향으로 전개되는 특성이 있는데, 이는 조류 흐르는 방향과 일치한다. 대표적인 것이 각이사퇴와 낙월사퇴다. 이 사퇴들은 대개 임자도 북부, 북서부에 위치한다. 모래취가 있는 곳에 새우가 많기 때문에 새우 서식지는 바다 가운데 뻗어 있는 모래취로 생각된다. 이 모래취는 새우의 산란장일 뿐만 아니라 다양한 어류와 패류들이 서식하고 산란하는 곳이기도 하다. 해수면 위로 드러나는 모래취가 있고 물 속에 잠겨있는 취가 있는데, 후자를 '영영 햇빛 못보는 취'라고 표현한다. 사리 때는 드러나다가 조금 때는 드러나지 않는 취도 있어 그 현상이 매우 다양하다. 전장포 인근에는 물이 썼을 때 육안으로 볼 수 있는 취가 많은데, 특히 전장포와 낙월도 사이에 있는 취는 조금 때는 드러나지 않고 사리 때는 드러나는 취가 많다.

임자도 주변에 작은 섬들이 산재해 있고 북동-남서로 사퇴가 발달하고 조간대가 발달하여 여러 갈래 골(수로)이 형성되어 흐르고 합쳐지기도 한다.[9] 그런데, 이 수로의 전체 전개 방향은 조류의 흐름과 마찬가지로 북동 ↳ 남서 방향이다. 수도, 재원도, 부남도, 갈도 등의 부속도서가 있고, 동, 서쪽 해안은 리아스식 해안을 이루고 있고, 북서쪽 해안은 단조롭고 긴 사빈해안을 이루고 있다. 모래가 모인 취등 사이로 난 골은

---

8) 해양수산부 국립해양조사원, 『어업정보도』(고군산군도에서 진도), 60쪽.

9) 목포대학교, 전남수산시협연구소, 영광군, 『젓새우 시험어업 조사』, 금성정보출판사, 2002.7, 60쪽.

수심이 보다 깊고 조류의 흐름도 빠르다. 이 골에 닻을 내리고 골의 물길을 따라 이동하는 새우를 잡는다. 골이 많기 때문에 골을 따라 이동하다 적당한 장소를 발견하면 '골에다 닻 직워라'라는 선장의 명령에 따라 닻을 내리고 작업을 시작한다. 장소는 가늠을 봐서 택한다. 임자도 배들은 전장포 뒤쪽으로부터 노록도 쪽으로 늘어서서 새우잡이를 했는데, 임자도 많은 새우잡이 배들이 이 일대에 쫙 깔려 있었고, 육지에서 소리지르면 들릴 정도의 거리였다.

지금처럼 먼 곳으로 진출한 것은 새우 자원이 고갈된 후의 일이다. 새우가 잘 잡히는 장소가 있는데, 부자 선주가 먼저 출어해서 선점해버린다. 일찍 출어하는 것은 일찍부터 잡으려는 의도도 있고 좋은 자리를 먼저 차지하기 위한 의도도 있다.

3. 새우잡이와 어구어법

1) 새우잡이 어장 전장포 앞뿔

옛날에는 새우잡이하는 고정된 장소가 있었다. 그 위치는 가늠으로 잡는데, 전장포 인근에서는 전장포가 기준이 되었다. 그래서 전장포에서 몇 미터 올라간 취등의 골이 주요 어장이었다. 취는 모래가 모여서 이룬 수중 사맥이다. 서남해 일대에는 수많은 수중 모래등이 있어서 해조류가 서식하고 어류가 산란장으로 이용하는 천혜의 어류 산란장이자 서식지다. 산란을 마친 치어들이 성장하는 마당이고 큰고기들도 모여든다. 그 기본을 새우가 제공하는데, 새우는 모래등에 의지하여 산란하고 성장하며 어류들의 기본 식량이 되어 준다.

예부터 전해오는 새우잡이 주 어장으로는 전장포 앞뿔과 뒷뿔, 낙월도 앞뿔과 뒷뿔이 있다. 옛날에는 무서워서 멀리 출어하지 못했다. 앞뿔은 동쪽이고 뒷뿔은 서쪽이다. 서쪽의 뒷뿔은 난장이기 때문에 전통시대에는 바람이 무서워서 진출하지 못했다. 낙월도의 경우도 마찬가지여서 앞뿔에서만 조업하고 뒷뿔로는 바람이 무서워서 나가지 못했다. 그러나 뒷뿔에는 항상 새우가 많아서 모험적으로 새우잡이를 하는 배들도 있었다. 그럴 경우 왕래하는 뗏마들이 많이 난파되었다.

새우 자원이 쇠퇴한 이후 두 가지 양상이 나타났다. 하나는 새우잡이를 연중 쉼 없이 계속한다는 것이고, 다른 하나는 조업 해역이 넓어졌다는 점인데, 이 두 가지가 동시에 일어났다. 1970년대 후반에 칠발도까지 진출했는데, 처음 그곳으로 진출할 때 젓중선이 난다바인 칠발도로 가면 다 죽는다고 난리가 났지만 새우가 고갈되어 온갖 위험을 무릅쓰고 진출하게 되었다. 그 후 도초, 우이도로 확장되었다. 새우가 있는 곳이라면 어디든지 다녔다. 또 일정한 어기가 있어 생태적 순환체계에 적응하는 어로에서 1년 내내 바다에 그물을 담그는 실정으로 변했다.

2) 참새우와 돗대기새우, 새우 회유로

임자도에서 잡히는 새우는 두 종류가 있는데, 참새우와 돗대기새우다. 임자도 주민들은 돗대기새우를 대뙤기라고 부른다. 주민들은 모든 새우를 돗대기새우가 산란한 것으로 이해하고 있다. 참새우는 피부가 부드러운데, 이를 돗대기새우가 알을 품어 산란한 것으로 보고 있다. 참새우와 돗대기새우는 쉽게 선별할 수 있다. 참새우는 물에 가라앉고 돗대기새우는 뜨기 때문이다.

1년에 봄, 가을 두 번 산란하며, 산란 후 죽는데 그 수명을 6개월 정도로 인식하고 있다. 돗대기새우는 크기가 2.5cm 정도다. 산란을 아주 얕은 모래 취등에서 하는데, 모래를 파고 들어가서 그 속에 한다. 새우는 모래 취등을 좋아하여 이곳에서 주로 서식한다.

참새우(젓새우) 등에 새파란 알집이 있고, 크기가 평균 5cm 정도다. 큰 것은 10~15cm 정도 되는데, 제찬과 튀김 감으로 많이 팔린다. 우리나라 서해에 주로 분포하고 일부 남해 연안에서도 출현하며, 일본, 중국, 베트남, 인도네시아 등지의 해역에 분포한다. 우리나라에서는 목포, 부안, 보령 등지에서 출현한다. 늦은 가을부터 외해로 이동하고, 겨울을 지낸 뒤 이른 봄에 다시 연안에 회유해 온다. 그 외의 시기에는 넓은 범위의 이동은 없는 것으로 추정된다.[10]

임자도에서 잡히는 젓새우 회유로는 임자도 인근에 국한된 것으로 보고되고 있다. 12월 초부터 3월 초순에 칠발도와 우이도 인근 해역에 분포하다 3월 초순부터 5월 초순까지 자은도, 임자도 연안지역을 따라 성장과 더불어 이동한다. 그 후 6월 중순에는 낙월도 주변 해역으로 이동한다. 월동세대의 산란으로 6월 하순부터 8월 초순까지는 낙월도와 임자도 연안 해역에 어린 개체들이 주로 분포하여 성육장으로 이용하고 그 후 9월 하순까지는 임자도와 자은도 근해로 이동하여 9월 하순부터 익년 3월 하순까지 여름세대가 산란한 개체들이 칠발도와 우이도 근해 지역에 분포하게 된다. 젓새우 회류로는 낙월도에서 우이도를 폭넓게 잇는 선으로 나타난다.[11]

돛대기새우는 우리나라 서해 전 연안에 주로 분포하며, 일본, 중국, 싱가포르 등지의 해역에서도 분포한다. 우리나라에서는 강화도, 영종도, 덕적도, 무안, 보령 등지에서 봄과 가을에 대량으로 출현한다.[12]

---

10) 목포대학교, 전남수산시험연구소, 영광군, 『젓새우 시험어업 조사』, 100쪽.
11) 앞의 책, 102~103쪽, 젓새우류 회유도 참조.
12) 앞의 책, 100쪽.

3) 무동력 새우잡이배 젓중선

(1) 명 칭

무동력 새우잡이배를 부르는 명칭으로 가장 일반화된 것은 젓중선이다. 이외에도 중선, 활개배, 멍텅구리배 등이 있다. 중선과 젓중선은 옛부터 사용되어 온 명칭이다. 애초에는 중선이라는 용어만 있었고, 중선을 개조하여 새우잡이배로 사용하는 일이 잦아지면서 젓중선이라는 명칭이 일반화되었다.

활개배라는 명칭은 1970년대 후반부터 사용한 것이다. 활개는 벌렸을 때의 두 팔이나 다리를 뜻하는 말인데, 이는 젓중선의 드릇과 질이 배 양쪽으로 펼쳐진 모양이 마치 양팔을 펴고 있는 모습과 같은 데서 붙인 이름이다. 드릇과 질이 무거워서 밑으로 처지는 문제를 해결하기 위해 돛대를 세우고 돛대에 지탱하는 줄로 드릇을 고정시킨 후 일반화된 것으로 추정된다.

멍텅구리라는 명칭은 전장포에서는 사용되지 않았고 동력선이 일반화된 이후 이 배가 무동력선이기 때문에 이를 본 외부인들에 의해 사용된 것으로 추정된다.

(2) 선원 구성

젓중선 선원은 5명인데, 사공 1명, 화장 1명, 선원 3명이다. 사공은 선장이며, 어로작업의 일을 결정하고 지시하는 일과 선내에서 선원들을 통제하는 일을 한다. 그 중에서도 가장 중요한 일은 물때를 봐서 상황을 판단하고 이 상황에 맞게 작업지시를 하는 일이다. 특히 질노릇을 지시하는 일이 매우 중요하다. 사공은 배 안에서 선원을 통제할 수 있는 모든 권한을 갖고 있는데, 선원들이 순서에 따라 육지로 내왕하는 일을 정한다.

화장은 조리를 담당한다. 화장은 조리하는 일과 어로 조업하는 일을 겸해서 하는데, 조업이 계속되기 때문에 화장에 대한 특별한 예우는 없다.

선주는 좋은 선원들을 고르기 위해 노력한다. 좋은 선원이란 전장포 어민들 사이에서 일을 잘 하고 친화력이 있는 사람으로 평가되는 사람을 말한다.

(3) 구조와 명칭

젓중선은 선체, 그물, 닻의 3부분으로 구성되어 있다. 젓중선은 외형적으로 뭉툭한 직사각형의 상자모양에 날개가 달려있는 모습으로 보인다. 비우배로서 이물이 뭉툭하여 칼로 잘라놓은 것처럼 생겼고, 닻이 유달리 크며, 드릇과 질이 있다. 항해하여 역동적으로 고기를 좇아 조업하는 어장배와는 달리 큰 닻에 묶여 일정한 골에 정박하여 센 조류를 견디면서 새우를 잡고, 이동할 때는 댓마에 유인되는 배이기 때문이다.

이물부에는 중앙에 닻을 감는 큰호롱이 있고, 좌우에 이물호롱, 걸리호롱이 있다. 이들 호롱을 감거나 풀어 닻을 조정하고 질을 조정한다. 고물부에는 좌우에 고물호롱이 있는데, 고물호롱을 돌려 그물 중간 부위를 들어 올려 잡은 새우를 털고 다시 그물을 내리는 일을 주로 한다. 각 부위의 이름과 기능은 다음과 같다.

가. 선체의 명칭과 기능[13]

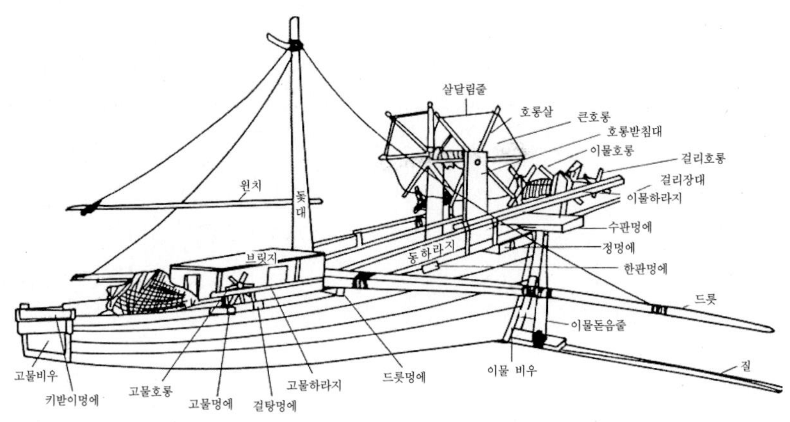

<그림 4> 젓중선의 구조와 명칭

(가) 이물부 상판

이물부는 조류, 바람과 맞서며 조업하는 젓중선의 특성상 가장 견고하게 만들어진 부분이다. 그 상판에는 배를 조종하는 기능이 집결되어 있는데, 닻을 조정하고 질을 조정하기 위해 크고 작은 호롱이 장치되어 있고 그에 연결된 줄들이 작동하는 부분이다.

  ◦이물비우 : 배의 얼굴인 앞면 반듯하고 뭉툭한 부분이다. 항해하는 비우배와는 달리 비우가 뭉툭하면서도 단단하게 되어 있다. 물때에 따라 하루에 4번씩 규칙적으로 2t이 넘는 닻을 끌어올리고 내리는 일을 하는 과정에서 엄청난 압력을 견뎌야 하기 때문이다. 젓중선의 특성과 더불어 이물에서 많은 어로작업이 이루어지는 조선 연안어선의 특성이 잘 반영

---

13) 이 부분은 국립해양유물전시관, 『전통한선과 어로민속 - 영광 낙월도 멍텅구리배, 신안 가거도배, 제주도 떼배 -』를 참고하였으며, 여기에 나온 배 도면은 이 책의 것을 복사한 것이다. 이 글은 임자도 젓중선을 대상으로 한 것이기 때문에 명칭에 약간의 차이가 있다.

된 부분이다.

◦ **큰호롱** : 닻줄을 감고 풀 때 사용하는 제일 큰 호롱이다. 배를 이동하기 위해 닻을 감거나 풀 때 사용한다. 조류가 밀물로 들어올 경우 북동 방향으로 흐르니까 배는 조류에 맞서 남서 방향을 향하고 있어야 하고, 만조가 되었다 빠지기 시작하면 물이 남서 방향으로 흐르기 때문에 배의 방향은 북동으로 향해 조류와 맞서야 새우를 잡을 수 있다. 이때 큰 호롱을 돌려 닻줄을 감으면 닻과 배가 거의 수직으로 되며 배가 조류의 흐름에 따라 닻을 축으로 방향이 바뀐다. 그러면 다시 닻줄을 풀어 일정한 간격을 유지하며 조업을 시작한다. 큰호롱의 회전축 통나무를 큰호롱통이라고 하고 큰호롱을 돌릴 때 잡는 손잡이는 큰호롱살이라고 한다. 큰호롱을 지탱하는 두 개의 기둥을 큰호롱받침대라고 하고 그 밑바닥을 이물장성눌접이라고 한다.

◦ **큰호롱밑** : 이물시청이라고도 한다.

◦ **너장** : 큰호롱 양 옆 바닥

◦ **이물호롱** : 질채를 끌어올리는 이물 양편에 있는 작은 호롱이다. 여기에 걸리줄을 달아서 질채를 조정한다.

◦ **이물호롱살** : 이물호롱을 돌리는 손잡이

◦ **이물바대리통** : 이물호롱을 바치고 있는 기둥

◦ **걸리호롱** : 보조 닻줄을 감아 올리는 큰호롱 앞의 보다 작은 호롱이다. 밀물과 썰물이 교차되어 조류 방향이 바뀜에 따라 닻줄을 감아 배의 방향을 바꿔 주는데, 큰 줄을 큰 호롱에 감는다. 이때 닻에 연결된 보조 줄을 감고 풀어주는 도구다.

◦ **이물돋움줄** : 이물호롱으로 감아올리는 줄로 질채를 올렸다 내렸다 한다. 예전에는 한 가닥만 썼는데, 지금은 세 가닥 쓴다. 이 줄에 이물용두가 연결되어 있다.

◦ **이물하라지** : 이물부의 옆판 막이

(나) 이물부 드릇과 질

드릇과 질은 그물을 고정되게 잡아주고 그물 아구의 크기를 적절하게 조종하는 기능을 하는 부분이다. 드릇이 선상의 중간부에 고정되어 있으면서 그물에 가해지는 조류의 압력을 견디며 그물을 잡아주는 기능을 하고, 질은 수중에서 유동적으로 작동하며 그물을 조정하여 새우를 효과적으로 포획하거나 조류가 가하는 압박을 적절하게 완화시키는 기능을 하고 있다.

◦드릇 : 그물 아구의 윗부분을 잡고 있는 긴 나무채로 이물부 돛대 하단 조타실 앞을 가로질러 세로로 길게 전개되어 있다. 질과 상대되는 위치에 있으며, 입에 비교하자면 드릇이 윗입술에, 질은 아랫입술에 해당된다. 그래서 드릇을 수해, 질을 암해라고도 부른다. 젓중선의 선체 중 조류의 힘을 가장 많이 받는 부분이어서 강하면서도 유연한 쪽나무로 만든다. 드릇이 받는 압력은 선체에 그대로 전해지기 때문에 선체 중간에 위치한다. 그 힘을 배의 전체로 분산되어야 하며, 배가 그 힘을 이겨내야 한다. 만일 드릇이 누르는 압력을 견디지 못하면 배가 쪼개지는 경우도 있다.

드릇은 세 부분으로 되어 있다. 드릇원둥, 드릇합장, 드릇꼬작이 그것이다. 드릇원둥은 드릇의 본래 몸체로 드릇의 중심부다. 드릇합장은 드릇원둥을 보강하기 위해 덧댄 나무채다. 길이는 선폭만큼이며, 드릇원둥에 쇄테로 단단히 묶여 고정되어 있다. 드릇꼬작은 드릇원둥의 끝부분에 이어져 날개처럼 전개된 부분이다. 드릇은 그물 아구 웃테와 줄로 연결되어 있다. 드릇은 질채보다 길어야 하고 쪽나무로 만든다.

◦질(질채) : 질은 그물 아구의 아랫부분을 잡고 있는 나무채로 질채라고도 한다. 질은 물 속에 가라앉아서 그물 아구의 아래 부분을 아래로 전개시키는 일을 한다. 그물작업을 할 때는 질채와 드릇이 수직으로 되어서 그물 아구가 잘 벌어져야 한다. 수직이 되지 못하면 새우가 아구로

온전히 흘러 들어가지 못한다. 질채는 참나무로 만드는데, 그 이유는 물에 잘 가라앉게 하기 위해서다.

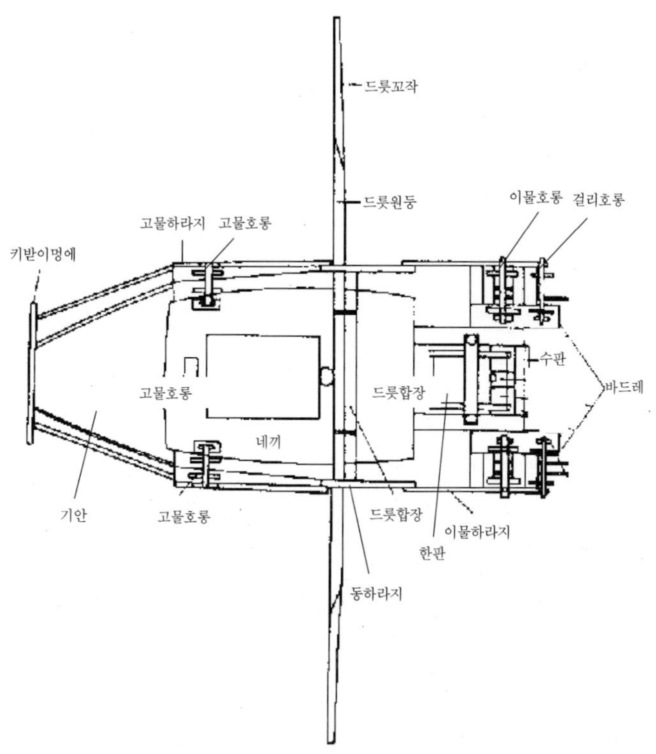

<그림 2> 젓중선 평면구조와 명칭

(다) 고물부

고물부는 포획된 어류를 선상으로 잡아 올리는 기능을 하는 부분이다. 키나 돛대가 배치되어 배의 운항을 조정하는 일반 어선들과는 달리 수확 기능을 전담하는 공간이다.

◦**고물호롱** : 새우를 잡아 올리는 대목에서 그물 중간 간지에 매어진

안앗줄을 끌어올리는데 쓰이는 호롱이다. 간지는 그물 중간에 달린 테로서 그물을 펴지게 만드는 고정틀이다. 고물호롱을 돌려 간지에 달린 안앗줄을 당긴다. 그리고 그물 허리를 끌어 올려 그물 끝의 불둥개를 털어 잡힌 새우를 수확한다.

　◦ **고물호롱살** : 고물호롱을 돌리는 손잡이다. 사람이 많으면 두 사람이 돌리고 한 사람은 줄을 잡아서 올려준다. 사람이 없으면 혼자서도 감는다.

　◦ **고물하라지말** : 고물호롱 중 회전축을 고정시키도록 홈을 파놓은 나무판이다. 지금은 홈만 파져있는데, 예전에는 고물호롱이 위로 빠지지 않게 위쪽도 덮여있었다.

　◦ **고물호롱손** : 고물호롱의 회전손잡이를 고정시키기 위해 매 놓은 줄이다.

　◦ **고물 바대리통** : 고물호롱을 바치고 있는 기둥.

　◦ **고물하라지** : 고물쪽 옆판 막이

　◦ **동하라지** : 배 중간 옆판 막이

　◦ **달판** : 고물하라지와 키받이멍에에 연결된 나무판으로, 배의 가장자리를 안전하게 걸어다니기 위해 만든 것이다. 발판 또는 달판이라고 한다. 발판과 배 옆판 사이로 불꼬리를 들어올려서 시청으로 쏟기 때문에 발판이 필요하다. 발판은 기받이멍애 끝에 달아서 고정한다.

　◦ **부릿지, 또는 뜸집** : 예전에는 비가 오거나 그늘을 만들어 비를 피하고, 잠도 자기 위해 짚을 이어 만들어 놓았던 뜸집이었다.

　◦ **시청** : 배의 갑판 공간.

　◦ **내끼** : 시청의 끝부분 계단처럼 턱져있는 것, 내끼라고 한다. 턱이지게 한 것은 시청에 올려진 고기들이 넘치지 않게 하기 위함이다.

　◦ **기받이멍애** : 고물멍애, 고물비우 제일 위에 위치한다.

　◦ **고물비우** : 배의 뒷판 막음.

◦**고물눌접** : 고물비우 밑에 있는 나무판으로 고물 전체를 받쳐주는 나무판. 드러누워서 고물을 받쳐준다는 의미이다.

(라) 외판과 내부

◦**삼** : 배 옆판, 옆판의 삼 중 가장 상판은 예전에는 없던 것으로 걸어다니기 편하게 하기 위해 만든 것이다.

◦**통삼** : 배 옆판 중 상판 바로 밑에 조금 돌출되어 있는 긴 나무판. 옆판과 같이 길게 판자로 대어져 있으나, 조금 더 돌출되어 있고, 반 통나무 형태를 취하고 있다. 배를 단단하게 하기 위해 옆에 댄 것이다.

◦**시청** : 고물부의 갑판. 불꼬리를 터서 새우를 수확하는 곳이다.

◦**멍에** : 배의 들보. 이물부로부터 수판멍에(이물 제일 앞에 있는 멍에), 정멍에(큰호롱을 받치고 있는 제일 힘쓰는 멍에), 한판멍에, 드룻멍에, 걸청멍에, 소당멍에, 기받이멍에 등 총 일곱 개의 멍에가 있다.

나. 그물의 명칭과 기능

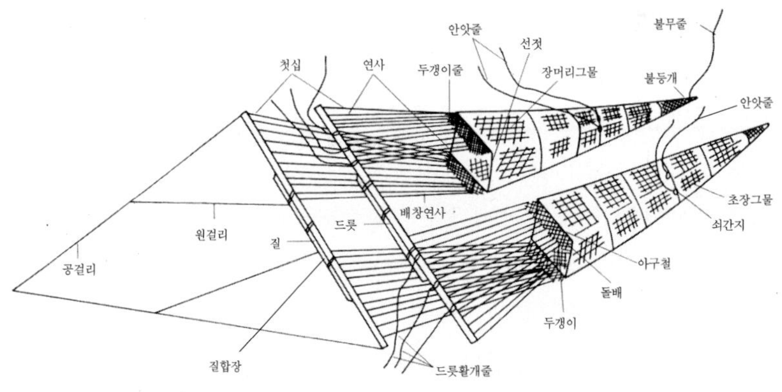

<그림 3> 젓중선의 그물

그물은 드룻과 질채에 매는데, 길이는 배의 1.5배 정도이다. 작업 할 때 그물이 펴지면 고물 뒤로 죽 늘어져서 배의 1.5배 가량이 된다. 그물은 연사줄, 두갱이줄, 그물통으로 이루어졌다. 연사줄은 질, 드룻과 그물을 연결시켜주는 기능을 하는 줄이고 두갱이줄은 연사와 그물통을 연결시키는 부위다. 그물통은 입구인 아구, 그물통, 끝부분인 불등개로 되어 있다.

◦**그물** : 전통시대에는 홀치그물과 면사그물을 썼다. 홀치그물은 칡의 가운데 심으로 만든 그물로 면사그물보다 질겼으며 가격이 비싸 돈 있는 선주들이 사용했다. 그물의 아구 부분은 5치로 5절이나 4절을 만들고, 맨 끝에 가면 27절 정도로 만든다.

그물은 드룻과 질채에 매는데, 길이는 배의 1.5배 정도이다. 작업 할 때 그물이 펴지면 고물 뒤로 죽 늘어져서 배의 1.5배 가량이 된다. 그물의 뒷부분에 동그랗게 생긴 간지를 매단다. 고기가 많이 잡혔을 때 간지에 줄을 매달아서 끌어올린다. 간지는 두 개를 설치하고 위치는 그물의 2/3 지점이다. 두 개의 간지를 아낫줄로 감아서 끌어올린다. 아낫줄은 간지에 끼우고 감아놓은 줄이다. '질 낸다'라고 해서 그물을 하루에 네 번 끌어올린다.

질을 낼때는 질채를 앞으로 당겨서 이물 밑에 위치하게 한다. 질채를 앞으로 당기면 그물이 올라가서 가벼워지고, 고기가 뒤로 흘러들어가서 작업하기가 쉬워진다. 간지에 감은 아낫줄을 들어 올리면 앞에 위치한 고기들은 수면위로 올라오게 된다. 그때 그물을 털면서 간지 앞에 있는 고기를 담는다. 그물을 털고 고기를 담는 것은 선원 5명이 함께 한다. 두 그물을 5명이 동시에 작업한다. 한 쪽 그물에 2명이 붙으면, 나머지 그물에 3명이 붙는 식이다. 아낫줄을 1명이 감아올릴 수도 있다.

그물을 보고 조류의 세기를 가늠한다. 그물 내릴 때는 물살이 약할 때 놓는데 한 물에 한 번 셀 때가 있는데, 이때가 새우가 잡히는 시간이다.

조류가 흐르지 않을 때는 그물을 올린다. 이를 '질낸다'라고 표현한다. 그물 내리는 것을 '질 댄다'라고 표현한다.

그물 중간 위를 움머리, 뒷부분을 초장이라고 부른다. 초장 쪽은 그물이 코가 띄어지고 차근차근 적어진다. 고기가 이 속에 들어가면 못 나온다.

◦ **걸리줄** : 질채 매는 줄은 '걸리줄'이라고 한다. 걸리줄은 이물호롱으로 조종한다. 세 가닥, 또는 네 가닥으로 맨다. 새우잡이 그물을 올릴 때, 그물을 내릴 때, 또 질노릇을 할 때 이 걸리줄을 당겼다 풀었다 하여 조정하기 때문에 걸리줄은 매우 중요하다. 역할이 중요한 만큼 사고도 자주 발생하기 때문에 여러 줄을 맨다.

질채에 그물을 달아서 작업을 할 때는 질채가 드릇과 수직의 위치에 선다. 드릇과 수직이 되지 못하면 고기가 흘러버리기 때문에 수직을 유지해야 한다.

◦ **연사줄, 두갱이줄, 두갱이조리코, 살코, 아구줄** : 드릇에서 그물 아구까지는 줄로 몇 단계를 걸치면서 연결된다. 드릇에 연결된 두꺼운 줄을 연사줄이라고 하고, 연사줄과 그물을 연결시킨 줄을 두갱이줄이라고 한다. 두갱이줄은 연사보다는 가늘고, 중간에 두갱이라는 매듭이 있어 연결고리 역할을 한다. 두갱이줄은 그물 아구와 연결되기 직전에 또 한번의 두갱이가 역어져 있는데, 이 두갱이로부터 두 가닥의 줄이 그물 아구와 연결된다. 마지막 두갱이에서 나온 줄을 두갱이조리코라고 한다. 그물 아구줄에 물결 모양으로 붙어 있어서 두갱이조리코와 연결되는 줄을 살코라고 한다. 아구줄은 칡과 짚을 섞어서 만들었다. 잘 떨어지기 때문에 한 물보고 갈아야 했다.

◦ **아구** : 그물이 바닷속에서 중선배 그물의 틀을 유지하게 하는 것은 '아구'가 제대로 벌려져 있기 때문이다. 아구는 중년 이후에는 와이어로 둥그렇게 틀을 만들었지만, 예전에는 칡줄로도 하고, 새끼줄로도 만들었다. 새끼줄로 만들면 사고가 많다. 그물 아구 위치는 고물의 수직 하단

에 위치한다. 그물 말단부는 고물에 위치한 기받이멍에에 분매줄로 연결
되어있다. 질채와 그물 아구를 연결하는 줄을 연사라고 한다. 그물이 형
틀을 유지하는 것은 조류의 힘에 의해서 펴지기 때문이다. 조류와 반대
로 될 경우 그물이 뒤집어지기도 한다.

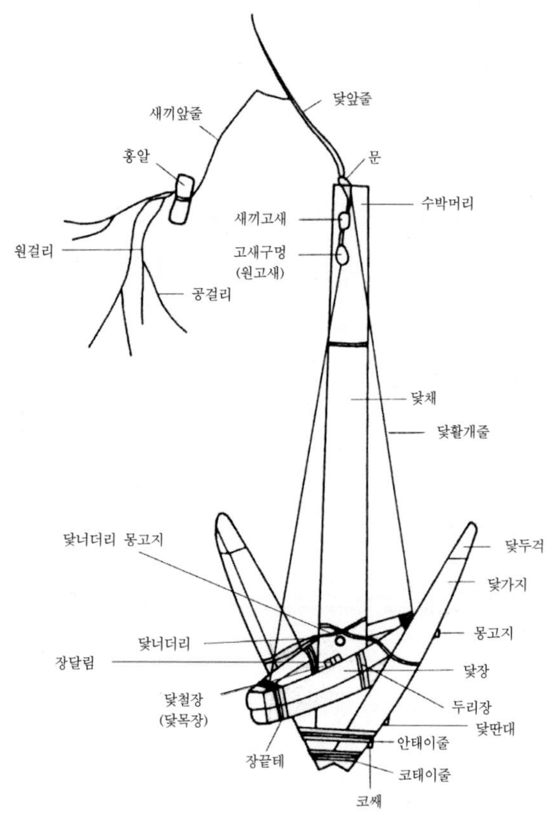

<그림 4> 젓중선의 닻

◦**구명줄 공단임** : 젓중선이 바람을 만났을 때 나름대로 대응하는
방식이 있다. 바람이 심하게 불면 그물을 걷는다. 그리고 양쪽으로 전개

된 질과 드릇이 배가 좌우로 흔들리는 것—이를 쪽박질한다라고 말한다
—을 막아 준다. 그 기능을 잘 할 수 있도록 공단임을 사용하는데, 공단
임은 드릇과 질의 합장 끝에 할 일 없이 매달려 있는 줄이다. 이 줄은
그냥 매달려 있다 바람이 심하게 불면 풀어서 드릇과 질을 한판멍애에
묶어 주는데 쓴다. 그런데 여유있게 흔들릴 수 있도록 매야 거친 바람에
적응할 수 있다. 옛날에는 공단임으로 칡줄을 꽈서 썼고, 다음에는 로프
를 썼다.

배에 한 사람만 남아 있는데, 공단임을 매야 할 정도로 바람이 불면
육지에 상륙해 있던 선원들이 댓마로 험한 바다를 뚫고 젓중선으로 가
야 한다. 그래서 젓중선 선원들은 '바람이 불면 다른 배들은 모두 포구
로 피항해 들어오는데, 우리들은 거꾸로 바다로 나가야 한다'는 말을 한
다. 그 이유는 공단임을 혼자서는 맬 수 없기 때문이다. 매지 않으면 질
이 배를 때려서 위험하게 되고, 결국 파선하게 되기 때문에 반드시 바다
에 나가 공단임을 묶어야 한다.

다. 닻 부위 명칭과 기능

닻은 조류가 거센 물골 가운데서 젓중선을 고정시켜주는 장치다. 물
골의 조류가 거세기 때문에 이에 대응하여 닻의 크기가 크고 정교하게
만들어진다. 닻은 이물에서 상당히 떨어진 거리에 있다. 예전에 거리가
짧았을 때는 50발 정도였으며 대개 100m 정도다. 닻의 거리가 길어지는
이유는 어구가 커졌기 때문이다. 그물 아구가 커지고, 길어져서 닻이 받
는 힘이 많아졌기 때문이다. 만일 닻의 길이가 짧으면 바닥에 끌리지 않
고 뽑혀버리는 경우가 많다.

젓중선이 조류에 따라 위치를 바꾸거나 자리를 옮길 때는 닻줄을 당
겨서 닻과 수직 상태가 되면서 조류의 흐름에 따르며 배의 위치를 바꾼
다. 만일 먼 거리를 이동할 때는 전체 줄을 다 감고, 닻을 끌어 올려야

한다. 경우에 따라서는 닻줄을 감아 닻을 바닥에서 띄워 이동하기도 했다. 젓중선의 닻이 선박 크기와 비례해서 따져보면 세계에서 제일 클 것으로 추정된다.

◦ **닻채** : 닻의 중심 몸통, 해양유물전시관 마당에 전시된 닻의 닻채는 27자다. 현장에서는 20~22자 정도의 닻채를 많이 쓴다. 닻채의 둘레는 7자고, 예전에는 5자 정도였으며, 최후에는 6자정도의 닻채를 사용했다.

◦ **닻철장** : 닻채에 박은 두 개의 철주, 닻채와 닻장을 묶는 고리 역할을 한다. 예전에는 나무로 박았기 때문에 닻목장이라고 했고, 지금은 철로 하기 때문에 닻철장이라고 한다.

◦ **장달리** : 닻철장과 닻장을 묶는 줄, 이 줄이 단단히 묶여져 있기 때문에 닻의 전체 틀이 좌우로 움직이지 않고 거센 물살에도 버텨준다. 장달리는 예전에는 칡줄을 꽈서 쓰기도 했다. 마지막에는 로프를 썼는데, 로프는 물에 들어가면 수축성이 있어서 팽팽하게 당겨준다.

◦ **닻개비** : 바닥에 박히는 닻의 가지. 닻가지라고도 한다. 길이 3m 60cm, 12자. 평평하게 깎인부분이 현재 2차 7치, 예전에는 2자 3치 또는 4치. 둘레는 현재 6자. 하나의 닻가지를 두 조각으로 할 때도 있고, 세 조각으로 할 때도 있었다.

◦ **닻두걱** : 박철을 박은 닻개비 끝부분

◦ **닻테** : 닻채의 밑바닥 부분을 팽팽하게 감은 줄

◦ **한세** : 코쎄의 반대편

◦ **수박머리** : 닻채의 제일 윗부분

◦ **고새구멍과 새끼고새** : 닻채에 닻활개줄을 묶기 위해 만든 구멍, 고새구멍은 원고새라고도 한다. 닻활개줄은 원고새부터 연결되어 있다.

◦ **두리장** : 닻장을 감고있는 줄

◦ **장태이** : 닻장의 끝을 감고 있는 줄, 장끝태라고도 한다.

◦ **닻장** : 닻채를 싸고 있으며, 배를 고정시켜주는 기능을 하기 때문에

닻가지와 같은 역할을 한다. 길게 쓰는 사람이 있고, 짧게 쓰는 사람이 있다. 해양유물전시관 마당에 전시된 닻의 닻장은 길이 20자, 둘레는 2.5자다. 현장에서는 길이 18자, 둘레 2자 정도의 닻장이 많이 쓰였다.

예전에 조타실이 없었고, 그와 비슷한 뜸집이 있었다. 뜸집은 마람이나 바다에서 자라는 해초 '짜우락'을 꽈서 만들었다. 비가 올 때는 뜸집을 만들어 놓고, 비가 오지 않을 때에는 뜸집을 걷었다. 배 내부는 이물부터 고물까지 텅 비어있다.

4) 젓중선의 새우잡이 1년 살이

1년의 새우잡이 조업은 준비기, 출어기, 조업기, 휴어기, 출어기, 휴어기의 순서로 되어 있다. 출어 준비는 음력 설이 지나면 시작된다. 출어비용 준비, 선원 확보, 어구 준비가 준비기에 주로 하는 일이다.

(1) 출어 준비

출어 비용은 젓을 판매해서 확보하고 부족한 경우에는 판매를 대행해 주는 객주에게서 차용한다. 처음 젓중선 사업을 시작하는 경우에도 객주에게 빌리는 것이 일반적이다. 임자도 젓중선 선주였던 박항휘가 처음 젓중선 사업을 시작했을 때도 첫 출어 비용을 객주에게서 차용했다. 박항휘는 22세에 중선 세 척, 뗏마선 세 척, 동력선 한 척, 상고선 한 척을 소유한 전장포 갑부 김은석의 밑에서 뗏마선 사공으로 일하다 27세에 새우잡이 꽁당배로 독립하여 젓중선 사업을 시작하고 5년 후에는 옆치기 젓중선으로 사업을 확장하게 되었다. 꽁당배나 옆치기나 모두 새우잡이 젓중선인데, 꽁당배는 그물 하나를 배 꼬리에서 내리고 올리며, 2명의 선원이 작업하는 소규모 젓배고, 옆치기는 양쪽으로 그물을 내리고

5명의 선원이 일하는 규모가 큰 젓중선이다.

당시 목포에서 객주를 하는 윤명섭씨에게서 현금과 선구용품을 차용하여 꽁당배 사업을 시작했는데, 그럴 경우 이자는 지불하지 않고 반드시 어획물은 그 상회에 넘겼다. 그리고 원금을 이듬해에 갚았다. 옆치기 젓중선 사업은 목포 객주 신창상회 주재학에게서 현금 50만원과 선구를 받아 시작했다. 사업에 성공한 뒤 그 분들을 잘 대접했다. 첫 사업에서 성공한 뒤 빌린 돈을 갚고 술집에 모시고 가서 술대접을 잘 했다.

새우잡이 어로가 끝나면 다음 해의 작업을 겨냥한 작업이 이루어지는데, 그중 가장 먼저 이루어지는 것이 선원 선발이다. 경제력이 풍부한 선주는 유능하고 복있다고 판단되는 사공이나 선원들과 협상하여 미리 다음 해의 선용을 지불하고 선점한다. 그 절차에서 점쟁이의 점괘가 매우 중요하다. 사공의 경우는 반드시 선주와 사주를 맞춰서 길한 경우에만 채용했으며 점쟁이의 게시에 따라 돈을 더 주고 데려오는 경우도 있고, 유능하다고 평가되는 사공인 경우도 점쟁이의 점괘가 불길하면 채용을 기피했다. 선원의 경우도 점쟁이에게 사주를 넣어서 그 결과를 보아 채용 여부를 결정했다. 점쟁이가 좋은 말 해 준 사람은 돈을 더 주고라도 채용했다. 점쟁이의 예언은 대부분 적중했으며, 이 경우 "아따 거봐라 거. 점쟁이 공것 안 먹는다고. 그 사람 우리가 얻었음 큰일날뻔봤네"라고 말하는 경우가 허다했다.

선원들은 비교적 고정되어 있다. 한번 배에 탄 선원이 맘에 들면 일이 끝난 가을에 내년 일을 다시 맡겨 계속 일을 하게 한다. 마음에 든 선원이 있으면 11월, 12월에 미리 돈을 줘 고용해버린다. 선금의 규모는 선주에 따라 차이가 있지만 1년 임금의 절반을 선금으로 주는 경우가 있고, 1년 임금의 전부를 주는 경우도 있다. 임금의 규모로 보면 사공은 쌀 50가마니 값을 받았고, 선원들은 쌀 30가마니 정도의 임금을 받았다.

어구는 2월에 주로 챙기는데, 집중적으로 단속하는 것은 배를 수리하는 일과 그물을 단속하는 것이다. 배목수를 들여다 선박을 수리한다. 주로 임자도 목수를 썼으며, 부족할 경우에는 목포에서 불렀다. 이때 집목수와 배목수를 엄격히 구분했는데, 집목수가 배에 손대면 재수없다고 해서 반드시 배목수만을 불러다 썼다. 배목수가 제일 신경써서 단속하는 것이 큰닻줄을 품고 있는 큰호롱이다.

2월이 되면 어기를 마치고 그물 창고에 보관했던 그물을 끄집어내서 떨어진 곳을 보수하고 가래를 입혀 질기게 만든다. 가래에는 두 종류가 있는데, 굴피가래와 엑기스가래다. 굴피가래는 굴피나무 껍질을 벗겨서 삶은 것으로, 최상품이다. 굴피가래에 그물을 넣고 삶아서 먹여야 그물이 부드럽고 질겨서 오랫동안 사용할 수 있지만 비용이 많이 들기 때문에 부자 선주들이 주로 이용한다. 엑기스가래는 화학적 제품인데, 구입해서 끓여 녹인 물에 그물을 삶는 것이다. 이 작업은 첫 조업 나가기 전 모든 어망을 다 그렇게 한다.

(2) 봄 어기와 7월 휴어, 가을 어기

젓중선 첫출어는 3월 12일 세물때 첫 밀물 만조 되기 직전에 이루어진다. 세물때는 조금을 지나 바닷물이 살아나기 시작하는 물때로 조류의 흐름이 점차 빨라지기 시작하는 시기다. 가령 첫 만조가 오전 10시 22분이라면 9시 30분쯤에 출어한다. 대부분의 어로선 출어는 이 시간에 이루어진다. 이 시간은 만조가 되기 직전이지만 물이 온전하게 올라와 배를 출어시키기에 편리한 점이 있을 뿐 아니라 신앙적으로도 만조 직전이 갖는 풍요상징이 있고, 또 직후에 썰물이 시작되기 때문에 그 물을 타고 먼 바다로 나가기 쉬워진다. 그런데, 출어를 2월에 하는 사례도 있다. 중년에 새우가 귀해지자 먼저 좋은 어장터를 확보하기 위해 2월에 출어하여 좋은 어장터를 선점하는 경우도 생겼다.

3월에 시작된 새우잡이는 6월에 일단 마무리되어 봄어기를 강친다(마친다). 그리고 다시 8월에 출어하여 가을어기를 보고 10월에 강친다(마친다). 그렇지만 새우잡이는 봄 4개월 동안이 주 어기이다. 칠월 한달을 쉬는 이유는 이 시기에 새우가 잡히지 않기 때문인데, 이 시기를 어민들은 새우 산란기로 보고 있다. 이 시기에는 새우가 잡히지 않아 출어를 해도 손해를 보는 시기다. 7월에는 어구를 손질하는 시기다. 그물은 한 달에 한 번 수리하는 것을 원칙으로 삼는다. 여유그물인 공그물을 하나, 또는 한 틀 가지고 있어서 매월 갈을 입혀 갈아준다. 갈은 오래 쓰기 위해 그물에 입히는 식물성 코팅 염료다.

8월 초순에 가을 어기 출어해서 봄어기처럼 작업한다.

5) 바람과 물때

(1) 바 람

젓중선의 전마선에서 바람을 이용한다. 젓중선과 포구 사이를 내왕하며 어획물을 운반하고 선원들을 실어 나르는 풍선배 전마선이 주로 바람을 이용한다. 바람의 방향에 따라 수확물을 싣고 나오기 쉽기도 하고 어렵기도 하다. 만일 적당한 풍향의 바람이 불면 포구에서 기다리는 사람은 어획물을 받으려고 일찍 서둘러 나가야 한다.

새우젓을 육지에 내놓고, 선원들이 복귀하지 않고 1명만 남아있는데, 바람이 불 경우 바람을 뚫고 배로 복귀해야 한다. 그 이유는 질채를 반드시 끌어올려야 하기 때문이다. 배에 한 사람만 남아 있는데, 공단임을 매야 할 정도로 바람이 불면 육지에 상륙해 있던 선원들이 전마선으로 험한 바다를 뚫고 젓중선으로 가야 한다. 그래서 젓중선 선원들은 바람이 불면 다른 배들은 모두 포구로 피항해 들어오는데, 젓중선 선원들은 거꾸로 바다로 나가야 한다는 말을 한다. 질채를 끌어 올릴 때 호롱으로 감아서 올리는데, 여기에 모든 선원들이 동원되어야 가능하다. 그래서 양쪽 이물호롱을 감아올린다. 그리고 질채를 끌어올리고 이를 한판멍에에 공단임으로 묶어야 한다. 매지 않으면 질이 배를 때려서 위험하게 되고, 결국 파선하게 되기 때문에 반드시 바다에 나가 질채를 끌어올리고 공단임을 묶어야 한다.

(2) 물 때

일정한 위치에 닻으로 고정시켜 놓고 중선망 식의 그물을 배 양쪽에 달고 조류의 흐름을 이용하여 그물에 든 새우를 포획하는 것이 젓중선 조업 방식이다. 그러기 때문에 젓중선에서 물때는 매우 중요하다. 예를 들어 조금때는 물발이 약하기 때문에 새우가 적게 들고 사리때는 물발이 세기 때문에 많이 든다. 모든 안강망 어업이 그렇듯 젓중선도 사리 무렵이 바쁘고 조금 무렵이 한가하다.

이를 좀더 상세히 살펴보기로 하자. 열두물부터 조금이 되어 조류가 약해지기 때문에 새우가 덜 잡힌다. 이때는 선원들도 한 사람씩 교대로 자기 집에 다녀오거나 쉰다. 예를 들어 이 조금에 갔다면 다음 조금에는 순서대로 다른 사람이 집에 다녀온다. 세물부터 물발이 세지기 때문에 새우가 점차 많이 잡히기 시작한다. 세물때가 되면 새우가 잡히기 시작할 것으로 예측한다. 사리때 새우잡이의 절정을 이룬다. 보름사리와 그믐사리 중 물발이 비교적 약한 그믐사리가 조업하기에는 더 좋다. 그 이유는 보름사리처럼 물발이 지나치게 세면 질채가 부러지거나 그물이 손상되는 일이 자주 발생하기 때문이다.

가. 사리 때의 질노릇

물발이 센 사리 때 그물을 잡아주는 드릇과 질, 그리고 그물에서 사고가 일어나는 일이 있는데, 이는 사리의 센 물발을 그물이 그대로 받을 경우 조류가 가하는 압력이 지나치게 세지기 때문이다. 그 현상이 일어나는 상황은 센 물살이 그물에 부딪혀 나는 '우-' 하는 소리로 파악한다. 그렇게 되면 사공이 판단하고 지시하는 것에 따라 질의 높이를 조정해 배와 그물을 보호한다. 이를 질노릇한다고 표현한다. 질노릇이란 물속에서 그물 아래를 잡아주는 질을 위로 끌어 올려 입구를 보다 좁게 하여 그물로의 물 유입을 조절함으로서 안정된 상태를 유지하도록 하는 일이다. 질노릇에 관련된 부분은 드릇과 질, 그리고 그물이다. 드릇과 질은 그물을 잡아주는 긴 채다. 그물 아구지 윗부분 잡아주는 채를 드릇이라 하고 아래 부분 잡아주는 채를 질이라 하는데, 드릇은 고정되어 있고 질은 높였다 낮추었다 할 수 있도록 유동적이다. 질을 조종하는 도구가 이물호롱인데, 질을 올렸다 내렸다 하는 줄을 감아 놓은 이물 비우 양쪽에 있는 작은 호롱이다. 사공의 지시에 따라 4명의 선원들이 두 패로 나뉘어 양쪽 이물호롱을 감거나 풀어준다. 이 경우 감는 단위가 살로 지시된다. 살이란 이물호롱에 달린 손잡이인데, 네 개의 손잡이가 십자로 달려 있어 한바퀴를 감으면 네 살이 감긴다. 사공은 몇 살을 감을지 결정하여 선원들에게 지시한다.

사리 때가 되면 그물만 물발을 세게 받는 것이 아니라 그물과 연결된 드릇도 강한 압력을 받아 휘어지거나 부러지는 일이 있다. 그래서 처음에는 반듯하던 드릇이 한 사리가 지나고 나면 그물이 당겨서 부러지거나 휘어지는 사례가 많다. 이를 방지하기 위해 돛대를 세우고 돛대에 드릇을 매다는 줄을 달아 드릇을 잡아준다. 이 줄을 드릇활개줄이라고 한다.

나. 젓중선의 한달 물때

새우가 잘 잡히는 물때는 일곱물부터 열마까지 삼사일 정도다. 그리고 이 시기에 만조에서 간조로, 또는 간조에서 만조로 진행되는 중간에

조석력이 세지기 때문에 질채를 들어서 그물 아구의 넓이를 적절하게
줄이는 질노릇을 해야 한다. 그래서 하루 네차례 질노릇을 하게 된다.

음력일자	10 / 25	11 / 26	12 / 27	13 / 28	14 / 29
조수이름	한물	두물	세물	네물	다섯물
현지명칭	한마	두마	서마	너마	다섯마
조류속도	조석력 시작				
조업현황					
음력일자	15 / 30	16 / 1	17 / 2	18 / 3	19 / 4
조수이름	여섯물	일곱물	여덟물	아홉물	열물
현지명칭	여섯마	일곱물/사리	여덜물	아홉물	열마
조류속도	조석력 커짐	조석력 셈	조석력 셈	조석력 셈	
조업현황		조 업 왕 성			
		질 노 릇 해 야 하 는 물 때			
음력일자	20 / 5	21 / 6	22 / 7	23 / 8	24 / 9
조수이름	한객기	두객기	아침조금	한조금	무수
현지명칭	열한물	열두물	열세물	조금	무수
조류속도	조석력 쇠퇴			조석력 약함	
조업현황					

4. 배서낭과 고사

뱃고사는 세물 때인 음력 12일과 27일 오전 드는 물에 지낸다. 세물에
지내는 것은 조금 물때가 지나 점차 물이 살아나 사리로 들어가기 시작
하는 때이고 반드시 낮의 드는 물에 지낸다.

선주와 선원들은 자신들이 배의 모든 것을 관리하고 지키지만 자신들
의 영역을 벗어난 일들, 또는 자신들이 할 수 있는 일들도 서낭이 돕거

나 서낭과 더불어야 온전하게 이루어진다고 믿고 있다. 서낭은 꿈에서도 만난다. 서낭은 배마다 다르고 철마다 달라서 그 형상이 다양하다. 남성이기도 하고 여성이기도 하다. 서낭은 새우잡이의 상황을 보여주기도 하고 말로 계시를 줄 때도 있다. 그 계시는 풍어에 대한 예언, 배의 관리나 사고에 대한 예언으로, 미리 조심하는 계시를 준다. 봄 출어를 위한 준비 기간에 계시를 통해 들리는 목소리로 보아 여성과 남성을 짐작한다. 그래서 출어 무렵 서낭의 계시를 듣고 그 성별과 실체를 파악하게 된다. 서낭은 나이가 지긋한 경우가 대부분이며 재수가 좋다. 20대의 아주 예쁜 여성 서낭도 있다. 여성 서낭의 경우는 댕기머리 처녀 서낭과 낭자머리 부인 서낭으로 구분된다. 서낭의 신체는 옷이다. 계시에서 여성 서낭이면 여자옷을 만들어 모시고 남성이면 남자옷을 만들어 신체로 모셨다. 모든 배에는 서낭이 있다고 믿으며, 믿음의 주체는 선주들이고 선원들도 선주와 같은 입장에서 믿음을 지닌다. 선주 입장에서 보면 선원들에게는 임금으로 그 댓가를 지불하고 서낭에게는 제사 섬김으로 지불한다.

　배고사는 설에 가장 크게 모신다. 고물인 기안과 시청, 그리고 한판에다 모시며, 한판에 모시는 것을 가장 중요하게 생각한다. 한판은 배 중앙부로 큰호롱이 있는 아래 쪽이다. 제물로는 나물류인 녹두나물, 콩나물, 고사리, 도라지를 썼고, 육류로는 돼지고기를 많이 썼다. 돼지머리가 상품의 제물이고, 삶은 돼지고기도 썼다. 어물류는 민어, 부서, 장대를 많이 썼다. 귀안에는 한판의 절반 정도 제물을 차린다. 한 판에서 '서낭님네 무사고로 고기 잘 잡게 해주쇼'라고 기원했다. 그리고 절은 한자리에서 다섯자리까지 각기 다르게 하는데, 이는 제물로 진설한 밥의 숫자에 따라 결정된다. 박항휘씨의 경우에는 밥을 다섯그릇 차리고 절도 다섯자리를 했는데, 이는 젓중선 선원이 다섯 명이기 때문이었다고 한다.

5. 맺음말

젓중선은 다음과 같은 면에서 일반적인 배의 상식을 벗어난 어로선이다. 첫째 무동력선이라는 점이다. 둘째, 조류의 흐름에 맞서는 배라는 점이다. 셋째, 유달리 닻이 크다는 점이다. 무동력선이기 때문에 일정한 곳에 붙박이로 고정되어 조업하는 특성이 있다. 이는 다른 배들이 늘 어족을 따라 이동하면서 조업하는 것과는 반대되는 현상이다. 또 조류의 흐름에 맞서는 현상도 특별하다. 배들은 조류의 흐름을 잘 활용하여 그 흐름에 따라가며 이동하거나 이용한다. 그런데 젓중선은 조류가 이동해 오는 방향으로 이물을 틀어 조류에 맞서면서 그물을 내리고 조류에 쓸려오는 새우를 잡는다.

닻이 큰 것도 특별하다. 젓중선 선원들은 배의 크기를 고려한다면 세계에서 제일 큰 닻을 달고 있는 배라고 자랑한다. 이는 무동력선인 젓중선을 조류가 거센 물골의 한 가운데서 일정한 위치에 고정시키기 위한 장치로 고안된 것이다. 중선의 남다른 특성은 젓중선의 어로방식이나 젓중선 생활사가 일상적인 어로선에 비해 매우 남다르다는 점을 시사하고 있다. 이 글에서는 주로 어구어법에 맞춰 그 내용들을 정리했다. 앞으로 어민들의 생활사를 보충하기 위해 선원들의 삶을 읽어내는 작업을 추가할 예정이다.

<참고 문헌>

국립해양유물전시관,『전통한선과 어로민속-영광 낙월도 멍텅구리배, 신안
　　　가거도배, 제주도 떼배-』, 국립해양유물전시관 학술총서 2, 1997.
남해수산연구소 목포분소, 신안군,『신안군 해역 연근해 어업 자원조사(주머니
　　　얽애그물)』, 1997.
목포대학교, 신안군,『젓새우 시험어업 조사』, 2001.8.
목포대학교, 전남수산시헙연구소, 영광군,『젓새우 시험어업 조사』, 금성정보
　　　출판사, 2002.7.
朴光淳, 金昇,「우리나라 젓새우잡이 漁業의 發展·現況·課題-荏子島의 젓새
　　　우 漁業을 中心으로-」,『韓國島嶼硏究』10輯, 1999.12.
해양수산부 국립해양조사원,『어업정보도』(고군산군도에서 진도), 2004.11.

제2장

생일 사람들의 민속생활과 민속생태학적 환경 인지

이 경 엽

1. 머리말

생일 사람들은 섬이라는 특수한 자연환경 속에서 생계 활동을 지속해 왔다. 곳곳에 자리잡은 마을과 주변의 토지 그리고 해양생태계는 주민들이 터를 잡고 살아오면서 점유해온 생활 공간이다. 섬사람들은 육지부의 주민들과 달리, 생계와 직접 관련이 있는 해양 환경에 대해 보다 구체적이고 정확하게 인지함으로써 주어진 자원을 최대로 이용하려고 노력해 왔다.

생일 사람들은 마을마다 배타적 전유 공간으로서 해안에 대한 구획 의식을 명확하게 지니고 있다. 주비·주배·지배(이하 주비) 등으로 불리는 공동체의 어로구역에는 곳곳마다 명칭이 있고, 그곳에는 상당한 구속력을 갖춘 공동체적 규약이 작용하고 있다. 주민들은 곳곳의 공간에 세분화된 명칭을 부여하여 인지하고 있으며, 해산물의 생태적 특성에 따른 어로 형태를 유지하며 이와 연관된 공동체적 규약을 작동시키면서 어로 작업을 하고 있다.

또한 생계라는 직접적인 생활양식뿐만 아니라, 당제나 갯제·용왕제와 같은 민속신앙의 영역에서도 도서적인 환경 인지가 나타난다. 육지부와 차이를 보이는 연행시기나 연행방식 등은 도서적 환경 인지와 연관되어 있다. 특히 해산물의 풍작을 비는 갯제나 '유황제'에서 '개를 부른다'는 표현을 쓰는 것에서 보듯이 특정화된 공간 인식을 보이기도 한다.

그런데 이와 같은 공간은 지도에 표기되어 있지 않으며 특별한 표지가 있는 것도 아니다. 어로 활동과 신앙 생활에서 나타나는 시공간 인식은 자연환경 그 자체가 아니다. 민속생활 속에서 보이는 환경 인지는 주민들의 내재적 토착지식으로 전승돼온 것이다. 외지인들에게는 단순한 해안과 갯바위 정도로만 인식되는 자연물이 주민들에게는 세분화되어 인지되고 있고 유의미한 표지로서 존재한다.

주민들의 민속생활 속에서 환경은 자연환경 자체가 아니라 인지적 환경으로 범주화된다. 인류학자 라파포트는 환경을 조작적 환경(operational environment)과 인지적 환경(cognized environment)으로 구분한 바 있다. 이 구분은 인지적 환경을 강조한 생태학적 접근을 보여준다. 인지적 환경은 한 인간 집단에 의해 의미 있는 범주들로 배열되는 현상들의 총체로 간주될 수 있다.[1] 그러므로 이에 대한 민속지를 기술하려면 현지 주민들의 민속과학적 분류에 따라 그들 자신이 해석하는 것으로서의 환경을 서술해야 한다. 서구 과학의 범주에 따라 생태계의 요소들을 분류하

---

1) 전경수, 「환경·문화·인간─생태인류학의 논의들」, 『생태계 위기와 한국의 환경문제』, 도서출판 뜻님, 1999, 182쪽.

는 작업으로는 주민들의 토착지식을 포착할 수 없다. 곧, 생태인류학과 민속과학의 공통 기반인 민속생태학적 관점을 통해 새로운 민속지를 작성할 수 있는 것이다.2)

이 글에서는 이런 관점에서 생일 사람들의 민속생활에 나타난 민속생태학적 환경 인지에 대해 주목하고자 한다. 이 글은 생일 사람들의 민속문화와 자연환경과의 관계에 대한 민속지적 분석을 목표로 하고 있다. 하지만 이론적 고찰이 아닌 주민들의 인지 환경에 대한 민속지적 기술을 하고 약간의 해석을 하는 데 중점을 두기로 한다. 이 작업 역시 대단히 포괄적이고 광범위하다. 또한 주민들의 토착지식은 무의식적 지식으로 내재되어 있으므로 포착하기 어렵다. 그러므로 장기 지속적인 연구가 이루어질 때 성과를 거둘 수 있다. 비교적 여러 차례에 걸쳐 현지연구3)를 수행했지만 시론적 수준을 크게 벗어나지 못한 것은 이런 주제의 성격과 관련이 있다. 이런 한계를 인식하고 생일 사람들의 공동체적 어로 활동과 신앙을 중심으로 그 속에 나타난 민속생태학적 환경 인지에 대해 살펴보고자 한다.

---

2) 전경수, 위의 논문, 182쪽. 한편 아직까지 이에 대한 방법론이 명확하게 정립되어 있지는 않은 것 같다. 이 글에서 주민들의 토착지식을 파악하기 위한 수단으로 민속생태학을 받아들였지만 이에 대한 방법론적 검토가 충분히 이루어지지 않은 점은 한계라고 할 수 있다.

3) 여러 번에 걸쳐 생일면 현지연구를 수행했다. 1차 조사: 2001년 7월 9일~11일(생일도 민속 전반), 1차 조사: 2002년 2월 11일~13일(덕우도 설, 당제 조사), 3차 조사: 2002년 2월 17일~19일(덕우도 갯제, 파방굿 조사), 4차 조사: 2003년 7월 14일~16일(생일도 민속 전반). 5차 조사: 2004년 1월 30일(생일도 서성리 당제 조사).

이 조사 중에서 특히 덕우도의 경우 연행상황을 현장에서 참관했으므로 당제, 갯제, 파방굿 등을 소상하게 파악할 수 있었다. 이에 대해서는 별도로 발표하고자 한다. 그리고 목포대 국문과의 엄수경 선생(박사과정)과 송기태 선생(석사과정)이 자료 정리에 도움을 주었다. 고마움을 표한다.

2. 공동체적 채취 관행과 어장 구획

1) 생태환경에 대한 인지체계

생일면의 총면적은 15.02㎢로 완도군 전체 면적(391.81㎢)의 3.8%를 차지하며, 관내 12개 읍·면 중 11번째로 좁다. 토지 이용 구성비를 보면 전체 면적 중에서 임야가 11.84㎢(79%)이고 전田이 1.6㎢(10.6%), 답이 0.7㎢(4.7%)로서, 관내에서 보길면(전 9.8%, 답 2.3%) 다음으로 적다.4) 전체 면적이 넓은 편이 아니고 농경지 비율 또한 작다고 할 수 있다.

생일면의 주요 산으로는, 유서리에 있는 백운산白雲山(482.6m)과 용출리와 금곡리 중간에 위치한 암산(347m)과 굴전리 북측의 왕택골(일명 물방골: 299m), 금곡리 뒷산(222m)이 있다. 크지 않은 섬인데도 산이 많은 편이어서 섬 전체가 산악형 지형이며, 섬의 북쪽과 남서쪽에 약간의 농경지가 있다. 하지만 농경지의 대부분은 산지를 개간한 계단식 논이며 천수답이어서 농사에 유리한 편이 아니다.

마을 주변에 조성되어 있는 계단식 농경지는 토지 확보를 위해 치열하게 살아온 주민들의 고단한 삶을 상징적으로 보여준다. 금곡리와 유촌리, 서성리, 굴전리 주변에 자리한 논들은 모두 계단식 논들이다. 경사도를 따라 큰 돌들을 직각으로 세워 논두렁을 만들어간 계단식 논은 작은 토지라도 더 확보하고자 노력해온 결과라고 할 수 있다. 지금은 폐경지화되어 버린 곳이 많지만 1970년 이전까지만 해도 이곳에서 논은 특별하게 중요시 되었다. 특히 금곡리는 생일면에서 논이 많은 편에 속해 주변 마을 사람들의 부러움을 샀으며, 70년대까지도 '금곡으로 얻어 먹으

---

4) 신순호, 「생일지역의 사회구조」, 『도서지역의 주민과 사회』, 경인문화사, 2001, 625~626쪽.

러 다녔다'는 말이 있을 정
도로 '부촌'으로 인식되었
다. 마을 북동쪽 산재목 부
근에 있는 큰 산탯골과 작
은 산탯골 사이로 빽빽이
들어차 있는 계단식 논들
이 지금은 폐경지화되어 버
렸지만, 과거에는 특별한
토지 자원으로 여겨졌음을
알 수 있다.

<그림 1> 다시마 건조 모습

　한편 마을마다 약간씩의 차이가 있지만 토지자원이 부족하므로 농업
보다는 해양생태계에 대한 의존도가 전통적으로 높은 편이다. 7월 현지
조사 기간에 본 풍경 중에서 가장 인상적인 것은 다시마 채취와 건조가
대대적으로 이루어지고 있다는 점이었다. 마을 주변의 밭들을 경작하지
않고 다시마 건조장으로 이용하는 것을 흔하게 볼 수 있는데, 해양생태
계에 대한 의존도가 절대적으로 높다는 것을 보여준다. 이것은 양식이
일반화된 최근의 양상이지만 토지자원보다 해양자원을 중요시 여겨온
전통적 생계활동의 연장선상에 놓여 있다고 볼 수 있을 것이다.

　생일 사람들은 약간의 농업을 제외하고는 대부분 어로 활동을 통해
생계를 유지해왔다. 이런 까닭에 해양생태계에 대한 인지가 발달해 있고
관련 어로에 대해서 관심이 높다. 생태환경에 대한 인지체계로서 어민들
에게 가장 기본이 되는 것은 바닷물의 이동과 관련된 시간 개념이다. 바
다를 터전으로 살아가는 사람들은 바닷물의 변화에 지식을 토대로 생업
활동의 주기나 일정을 조절해 간다. 어민들은 이것을 물 때라고 부르며
이것을 바탕으로 어로 활동의 적절성을 가늠한다.

　물때는 섬사람들의 생태적 시간이다. 생태적 시간이란 자연환경의 변

화과정에 의해서 결정되는 시간 개념이다.[5] 섬사람들은 바닷물의 이동에 따라 명칭을 붙이고 그 주기의 순환 속에서 한 달을 분할하고 있다. 이같은 물때는 물론 생일만의 독특한 것이 아니라 섬사람들이라면 공통적으로 공유하는 것이다. 그러나 물때 이름이 지역마다 약간씩 다르고 생태환경에 따라 어로형태가 다르게 나타나므로 개별 사례들을 살펴볼 필요가 있다.

<표 1> 생일 사람들의 물때

명칭	한무새	두무새	서무새	너무새	다섯무새	여섯무새	일곱무새	여덜무새	아홉무새	열무새	열한무새	열두무새	대객기	아침조금	한조금
날짜	9 24	10 25	11 26	12 27	13 28	14 29	15 30	16 1	17 2	18 3	19 4	20 5	21 6	22 7	23 8

생일 사람들은 '○무새'와 '○물'이란 명칭을 혼용하고 있다. 하지만 인근 지역인 신안 등지에서 안 쓰는 '○무새'라는 이름이 일반화되어 있으므로 '무새권'으로 분류할 수 있다. 참고로 위도를 비롯한 전북 서해안에서는 '○마'라고 하고, 충청도 서해안 위쪽으로는 '○매'라고 한다. 물때 명칭에 따라 대체적인 권역을 그려본다면, 신안·진도 등지의 '물권', 완도·고흥·여수 등지의 '무새권', 영광·부안·고군산도 등지의 '마권', 충청·경기의 '매권'으로 나누어 볼 수 있다.[6]

생일 사람들은 '초야드레(8일) 한조금', '스무사흘(23일) 한조금'이라고 하여 보름 주기의 물때를 구분한다. 또한 '보름 일곱물', '그믐 일곱물', '초사흘(3일) 열물', '열야드레(18일) 열물'이란 표현 등으로 물때를

---

5) 전경수, 「섬사람들의 풍속과 삶」, 『한국의 기층문화』, 한길사, 1987, 125~126쪽 ; 조경만, 「흑산사람들의 삶과 민간신앙」, 『도서문화』 6집, 목포대 도서문화연구소, 1988, 142~144쪽.
6) 이경엽, 「서남해지역 민속문화의 특성과 활용 방향」, 『한국민속학』 제37호, 한국민속학회, 2003, 162쪽.

생활화하고 있다. 이런 기준에 의해 첫 번째 물때는 9일이 한무새(한물)가 되고, 두 번째 물때는 24일이 한무새가 된다. 한편 이것은 인근 신안·진도 등지보다 하루씩 늦춰진 진행이므로 주목할 필요가 있다. 신안·진도 등지에서는 음력일로 보아 1일, 16일이 일곱물인데 비해 생일에서는 여덟물이어서 하루가 늦다. 초하루를 기준으로 본다면 '일곱물때식'과 '여덟물때식'으로 구분되는데, 이처럼 물때 일이 달라지는 분기점이 현지조사 결과 완도 생일도·금당도·평일도인 것으로 파악된다. 이 지점을 경계로 하여 동·서부의 물때 날짜가 달라지고 있는 것이다. 그러므로 생일의 경우 '여덟물때식'으로 인지되는 물때라는 점에서 다른 지역과 구분된다고 할 수 있다.

물때 인식에서 '사리'와 '조금'을 구분하는 것은 여느 지역과 마찬가지다. 조금은 열두물부터 두물까지를 지칭하고 사리는 서물을 지나 물의 세기가 빨라지는 때라고 한다. 한편 한달 두 번의 사리를 달의 유무를 기준으로 삼아 '산짐신사리'와 '객기신사리'로 구분하고 있어 관심을 끈다. 산짐신사리는 달 없을 때의 사리이고 객기신사리는 달이 있을 때의 사리라고 하는데, 물의 세기에서 차이가 난다고 설명한다. 산짐신사리는 서무샛날부터 물의 세기가 분명히 감지되는데, 객기신사리는 다섯무새까지도 물이 별로 안 세다고 한다. 이것은 보름 주기의 물때를 보다 구체적으로 인지하는 구분법이라고 할 수 있다.

조금과 사리 구분은 어로 작업의 적절성 규정과 연관되어 있다. 자연산 해조류 채취는 물이 많이 들고 나야 채취 작업이 용이하므로 대개 사리 무렵에 이루어진다. 조류의 흐름을 이용해 어로 작업을 하는 낭장망, 덤장 등도 사리에 작업을 한다. 이에 비해 해녀들의 물질은 사리 때는 물이 탁하고 어두우므로 부적절하다고 하여 대개 조금 무렵에 이루어진다. 물질의 경우 여름에는 '열두물~여덟물', 겨울에는 '아침조금~너물' 사이에 이루어진다.

주민들은 또한 계절에 따라 밤물과 낮물의 차이를 인지하고 있다. 봄에는 밤물이 많이 들고, 가을이 되면 낮물이 밤물보다 더 들고 난다고 하는데, 바닷물의 이동에 대한 구체적 인지를 하고 있음을 알 수 있다. 그리고 바닷물의 이동만이 아니라 파도와 그 세기에 대한 인지를 하고 있다. 생일 사람들은 파도가 치는 것을 보고 '노부리 친다.' 또는 '노부리 한다'고 말한다. "바닷가에 노부리 하던가?"라는 말은 "파도가 심하냐?"는 뜻으로 사용된다.[7]

한편 해녀들의 경우 물의 색깔에 대한 표현을 갖고 있다. 물이 맑을 때는 '청물 들왔다'고 하며, 물이 어두울 때는 '물이 깜깜하다'

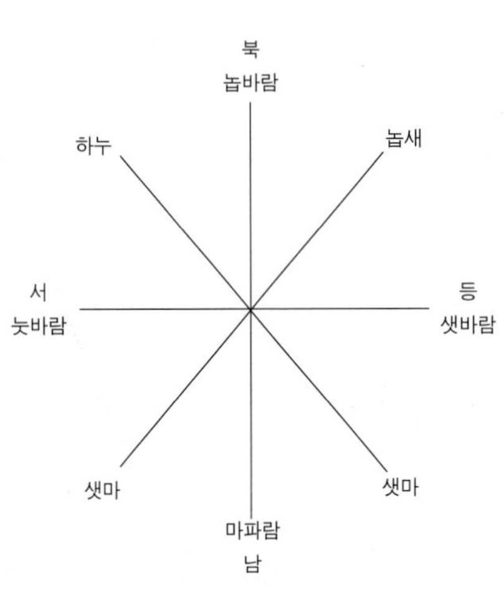

<그림 2> 생일 사람들의 바람 인지

---

7) 이와 관련해 보길도의 사례를 참고할 필요가 있다. 보길도에는 파도과 관련된 '놀', '뉘', '늿결', '물결' 등의 방언이 있다.
'놀' : 너울의 방언형으로 바다 가운데에서 태풍 등으로 밀려온 큰 파도를 뜻하며 '나부리'라고 하는 사람도 있다. 태풍이 불어 파도가 세게 일어나면 '참말로 놀 매게(세게)'라고 말한다.
'뉘' : 잔잔한 물결, 주로 바닷가에 부딪치는 것을 일컫는다. '히칸 뉘(하얀 뉘)가 일어난다'와 같은 표현이 있다.
'늿결' : 물결이 일어나는 경우를 뜻한다.
'물결' : 뉘보다는 크고 놀보다는 작은 것을 뜻한다. 주로 바다 가운데에서 일어나는 경우를 뜻한다.
물결, 뉘, 늿결은 놀과는 달리 서로 의미나 쓰임이 겹치기도 하지만 세밀한 차이에 대해 구체적으로 인지하고 있음을 보여준다.
(김웅배, 「<어부사시사>의 언어와 보길도 방언의 상관성」, 『도서문화』 8집, 목포대 도서문화연구소, 1991, 49쪽)

고 한다. 이런 표현은 시야가 확보되어야 수중에서 작업이 유리하므로 물색에 대한 구분이 필요하다는 사정과 관련 있다.

해녀들이 물속의 지형에 대해 인지하는 것도 이런 이유와 관련 있다. 해녀들은 물 속에 잠겨 있는 바위를 '여뚱'이라고 하고, 물 속의 평지를 '넙반지'라고 한다. 전복은 여뚱 밑에서 많이 서식한다고 하는데, 능숙한 해녀들은 수중 지형과 해산물의 생태를 잘 알고 물질을 한다.[8]

생일 사람들의 해양 인지로 바람에 대한 것도 있다. 바람에 대한 인지는 비슷하면서도 지역에 따라 약간씩 다르고 개인에 따라서도 차이가 있다. 대개 서풍과 북풍에 대한 명칭에서 혼선이 있는데, 일반적으로 북풍을 하누바람이라고 하지만 생일에서는 북풍을 놉바람이라고 한다. 그리고 덕우도 주민들은 서북풍을 하누, 서풍을 하누, 서남풍을 갈마라고 부르기도 한다.

계절별로 영향을 미치는 바람이 다르다고 한다. 봄·여름에는 갈마, 샛마, 마파람이 주로 불며, 가을에는 하누, 놉하누 바람이 주로 불며, 겨울에는 놉바람, 놉새바람, 놉하누바람이 주로 분다고 한다. 바람은 주민들의 생활에 직접적인 영향을 미친다. 예를 들어 용출리의 경우 동남쪽으로 열려 있어서 샛바람의 피해를 많이 입기 때문에 이에 대한 대응 장치를 마련하고 있다. 마을 앞 바닷가에 팽나무와 소나무가 우거진 방풍림이 형성되어 있는데, 샛바람의 피해를 막기 위해 조성된 것이다. '불등산'이라고 불리는 이 방풍림은 함부로 손대지 못하게 하며 매년 식목을 해서 관리하고 있다. 또한 주민들은, '태풍이 항상 북동으로 시작해서 남으로 돌아 서쪽으로 끝난다'와 같이 경험적 인지에 의해 태풍의 방향에

---

8) 덕우도에는 '지방해녀' 5명이 있다. 과거에는 제주해녀들이 들어와 작업을 했으나, 그들이 정착하여 자리를 잡기도 하고 그들에게 물질을 배운 '지방해녀'들이 활동을 하고 있다. 제보자 이경자 씨는 제주 출신의 해녀로서 현지 주민과 결혼하여 정착하였다. 2003년 2월 17일. 생일면 덕우도 현지조사. 제보자: 이경자(여, 45)

대한 지식을 갖고 있다.

그리고 바람의 종류나 천기의 상태에 따라 기후를 예지하는 경우도 있다. "샛바람이 불면 비가 오고, 하누바람·놉하누바람에는 비가 안 온다"고 하는 것은 날씨에 대한 경험적인 인지라고 할 수 있다. 그리고 전날 석양녘의 노을을 보고 이튿날의 날씨를 점치기도 한다. 노을을 '북새'라고 하는데 그 상태를 보고 날씨를 점친다. "지금 북새헌 것이 날 궂것네"라는 표현처럼 노을이 금방 사라지면 이튿날 날씨가 좋지 않다고 해석한다. 그리고 달을 보고 기후를 예지하기도 한다. 달이 누우면 얼마 안 있어 비가 올 것이라고 해석한다.

2) 주비활동과 어장 구획

생일 사람들은 마을 단위로 공동 어로 구역에서 채취 어로를 하는 어업공동체를 운영하고 있다. 대부분의 도서지역이 그렇듯이 생일면도 토지자원이 부족하므로 해양생태계에 대한 의존도가 크다. 제1종 공동어장이라고 부르는 어로 구역은 마을 총유의 해양자원으로서 전통적으로 중요시 여겨졌다. 생일 사람들은 마을마다 주비, 주배 또는 장내라고 부르는 공동 어로 구역을 획정하여 공동 채취 활동을 하고 있다.

주비란 마을별로 구획된 해안구역을 지칭한다. 공동 어장은 마을 간에 배타성을 갖고 있으며 마을 내에서는 몇 개의 구역으로 나눠 채취권을 순환하는 방식으로 운영된다. 주비란, 마을 가구를 몇 개의 구역으로 나누고 해안 구역도 몇 개의 구역으로 나눠, 각 구역이 해안 구역 하나씩의 채취권을 점유하게 하는 공동체적 채취 관행이다. 주비에는 주비장이 있어서 해산물 채취의 적기를 판정하고 작업을 지휘하며 인원 파악과 수익금 분배를 관리한다. 주비의 중요성에 걸맞게 주비장의 역할은 마을 일반 일에까지 미치기도 하는데, 서성리같은 경우 어촌계 운영이나 마을 당제에서 주도적인 역할을 수행하고 있음을 보여준다.

주비 활동을 통해 톳, 새모(진포), 가사리(병포) 등과 같은 자연산 해초를 채취한다. 해초의 생태에 따라 채취 시기가 약간 다르고 채취 자원의 분배 방식도 차이를 보인다.

<표 2> 자연산 해초류 공동 채취 일정(음력)과 분배 방식

	1	2	3	4	5	6	7	8	9	10	11	12	채취 시기, 방식	건조, 분배 방식
김	—	—	-									—	사리, 갈퀴	생김 분배
미역		—	—	—	-								사리, 낫	공동 건조, 건조후 분배
톳				—	—								사리, 낫	공동 건조, 판매금 분배
진포					—								사리, 맨손	공동건조, 판매금 분배
병포					—								조금, 맨손	공동 건조, 판매금 분배

해초류의 생태를 보면, 병포가 간조대의 가장 위에 살고 진포·김이 그 다음 깊이에 살고, 톳과 미역이 그 다음 깊은 곳에 산다. 병포를 조금 무렵에 채취할 수 있는 것은 물이 조금만 나도 물 밖으로 드러나기 때문이다. 하지만 대부분 썰물이 되어야 채취할 수 있으므로 사리 때에 작업을 한다. 채취 날짜가 정해지면 주비원들이 모여 물이 나기 시작하는 해안에 나가 작업을 한다. 물이 들어오면 작업할 수 없으므로 3시간 정도 후에 끝마치고 돌아온다.

위의 해초류 외에 천초, 은행초, 앵초 등은 가격이 낮기 때문에 공동 채취를 하지 않는다. 김의 경우 지금은 수익성이 없다고 하여 채취하지 않고 있고, 톳·미역 등은 4, 5년 전부터 안하고 있다. 현재는 진포와 병포가 수익성이 있어 주로 채취되고 있다. 하지만 물량이 많지 않기 때문에 작업 일수가 많지 않다. 이렇게 되면서 자연산 해초류 생산과 관련된 주비 활동이 예전만 못하게 되었다. 하지만 주비에 소속되어 있을 때만이 양식권을 얻을 수 있고 일반 생계 활동에서 일정한 권리를 행사할 수 있으므로 주비 활동 자체를 소홀히 하지는 않는다.

이와 같은 주비는 도서지역 특유의 공동체적 자원 전유 방식이다. 주비 활동은 도서적 환경에서 살아온 주민들의 특징적인 생계 활동을 보여준다. 공동체적 채취 관행은 한정된 자원에 개별 가구가 임의적으로 접근하여 남획하는 것을 통제하는 기능을 한다. 또한 주비의 모든 가구가 골고루 자원을 전유하도록 하는 기능이 있다. 그리고 한꺼번에 많은 인력이 협동하여 채취 적기를 놓치지 않도록 하는 기능도 발휘한다.9)

생일도에서 주비 운영이 언제부터 이루어졌는지 알 수 없으나 주민들은 입도 이후 지속된 전통이라고 여기고 있다. "섬에서 해초는 육지에서의 농사처럼 대단히 중요하다"고 여기며, 주비 활동은 섬생활의 기본적인 요건이라고 간주된다. "섬에 살면서 개포에 안들면 무슨 의미가 있느냐. 개포에 들어야 주비원이 된다"라는 표현처럼 주비에 소속되어 있어야 섬에서의 생계활동이 가능하다고 말하고 있다.

전통적으로 공동 어장의 확보가 생계 유지와 밀접한 관련이 있다는 사실은 서성리 김두봉 씨가 소장하고 있는 고문서를 통해서도 확인해 볼 수 있다. 광무 8년(甲辰, 1904)에 작성된 <完文>10)은 용출리 앞에 있

---

9) 조경만, 「금일지역 어민들의 생업과 공동체」, 『도서문화』 10, 목포대 도서문화연구소, 1992, 83~85쪽 ; 조경만, 「자연환경과 인간생활」, 『교양환경론』, 도서출판 딴님, 1999, 295쪽.

10) <完文>은 光武八年 甲辰三月에 작성된 문서다. 어장과 관련된 고문서가 많지 않으므로 자료적 가치가 크다고 할 수 있다[2001년 7월 10일 생일면 서성리

는 도룡랑도의 소유를 둘러싸고 용출리와 서성리 간에 있었던 분쟁에 대한 판결을 담고 있다. 이 문서의 작성 시기로 보아 김·미역 양식과 같은 해산물의 상품 경제화가 본격화되기 이전에도 해양자원의 확보가 중요시되었음을 알 수 있다. 또한 용출리 앞 섬인데도 해산물 채취권이 서성리로 넘어간 데서 보듯이 세력이 우세한 마을이 어장을 선점해간 과정도 있었음을 볼 수 있다. 이와 관련해 용출리 주민들 중에는 '방죽등' 아래 해안선 일부를 옆마을 굴전리에 내준 것까지를 거론하면서 '멍청이들만 살았던 모양'이라고 자책하는 이도 있다.

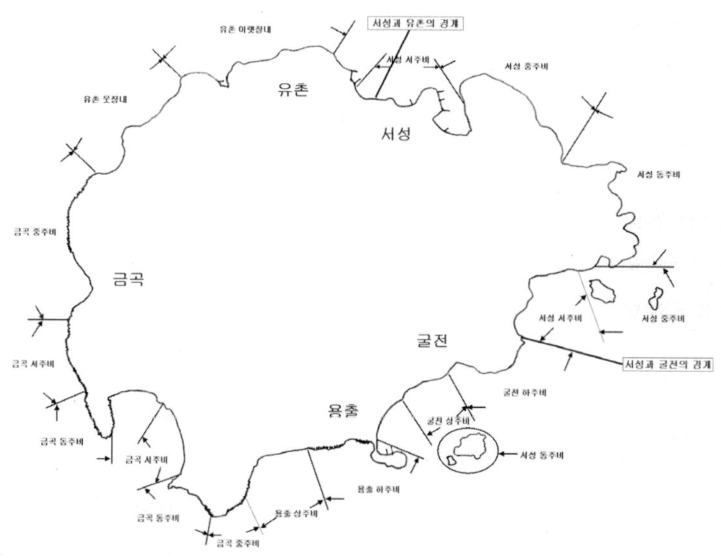

<그림 3> 생일도 각 마을의 주비 구획(2003년)

생일면 각 마을의 주비는 마을마다 형태가 다르고, 시기적으로 약간씩의 변화를 보이기도 한다. 여러 사례에 대한 검토가 필요하다고 할

현지조사. 제보자: 김두봉(남, 65)].

수 있다. 생일도 각 마을의 주비 현황을 그림으로 보면 <그림 3>과 같다.

<서성리>

서성리는 앞에서 본 것처럼 용출리 앞의 도룡랑도(용출섬)과 유촌리 해안 일부의 채취권까지 확보하여 공동 어장 구역으로 운영하고 있다. 서성리의 현지 이름이 '큰몰'(큰마을)인데, 인구가 많고 해양자원이 많이 필요하다는 논리로 어장을 확대해왔음을 보여준다. 이와 연관된 역학 관계에 대해 탐구가 필요하다.

서성리에는 3개의 주비가 있다. 마을 가구를 동주비, 중주비, 서주비로 나누고 해안 구역을 '섬장내', '목섬장내', '순천구미장내'로 구획하여 각각 하나씩 채취권을 점유하고 있다. 2003년도에는 동주비−섬장내, 중주비−순천구미장내, 서주비−목섬장내로 정해져 운영되었다. 매년 해안을 바꿔가며 해초류를 채취한다.

각 주비마다 33호씩 소속되어 있다. 일의 성격에 따라 각 가구마다 1명 또는 2명씩 나와 작업을 한다. 불참하게 되면 수입금 분배에서 해당 일수를 빼며, 2명이 필요할 때 1명만이 나오게 되면 '온짓'이 아닌 '반짓'으로 간주하여 분배하게 된다.

주비에 가입하기 위해서는 입호금을 내고 승인을 받아야 한다. 장남은 부모의 것을 물려 받고 차남은 결혼해 독립하게 되면 개포권을 얻게 된다. 개포권이란 주비 가입에 대한 권리다. 외지 사람들의 경우 거주 년수가 충족되고 현지 주민보다 더 많은 가입금을 내야 가입할 수 있다. 주비 입호는 민감하고 중요한 사안이므로 마을 회의의 결의를 거쳐 결정된다. 다음 마을회의록(음 1979년 정월 4일)에서 보듯이 주비 입호는 김양식 권리와도 관련 있어 중요시되었다.

*80년도부터는 신입개포를 든 사람의 신입금을 일반미 3가마 시가에 신입금을 내도록 결정함.
*객지인은 일반미 30가마 시가에 신입금을 내도록 결정함.
*79년도 개포신입자는 일반미 2가마 시가에 준하되, 정월총회가 경과시 건홍장소 구지 뽑을 때 금액을 가지고 온 것은 무효로 결정함.

주비에 참여하여 작업하는 것은 원칙적으로 성인 노동력을 기준으로 한다. 이에 따라 두레의 '진쇠례'에 해당하는 입사식을 거쳐 성인 품으로 인정받을 수 있었다. 과거에는 17세까지는 어른 품으로 인정하지 않았으므로 '반짓'으로 보았다. 나이가 되고 막걸리 한말을 내놓으면 '온짓'으로 인정해주었다. 또한 웃대에는 들독을 들게 해서 못들면 반짓으로 간주했고, 덩치가 작아도 들독을 들어 올리면 온짓으로 인정해주었다고 한다. 농경사회의 두레적 전통이 주비의 입사의례로 적용된 것이라고 할 수 있다.

주비는 생계활동의 기반이 되는 까닭에 배타적 어로 공간으로 전유되었다. 외지인의 입호 조건이 까다로운 것도 이와 관련 있고 마을 간의 구획이 철저하게 이루어지는 것도 이와 상관있다. 이에 따라 그 구획과 관련된 해안구역에 대한 공간 인지가 세분화되어 있다.

어로 구역 곳곳에 명칭을 붙여 인지하고 있는 것은 해안의 구획과 좋은 어장 확보가 생업 활동에 절대적으로 중요하기 때문이다. 또한 단순한 갯바위나 해안이 아니라 노동의 공간이기에 이름이 필요했다고 할 수 있다. '섬장내', '목섬장내', '순천구미장내'라고 하여 세 구역을 나누고, 곳곳에 용두리끝, 꿀뻬미, 작은 꿀뻬미, 된개목, 개목, 씹새머리, 진개넘, 배장살이, 명지개, 명지포, 호랑바위, 딴목섬 등등의 이름을 붙인 것은 이런 이유에서다. 해초류 채취와 관련된 생활상의 필요에 의해, 지명을 통한 공간 인지가 대단히 세분화되어 있음을 볼 수 있다.

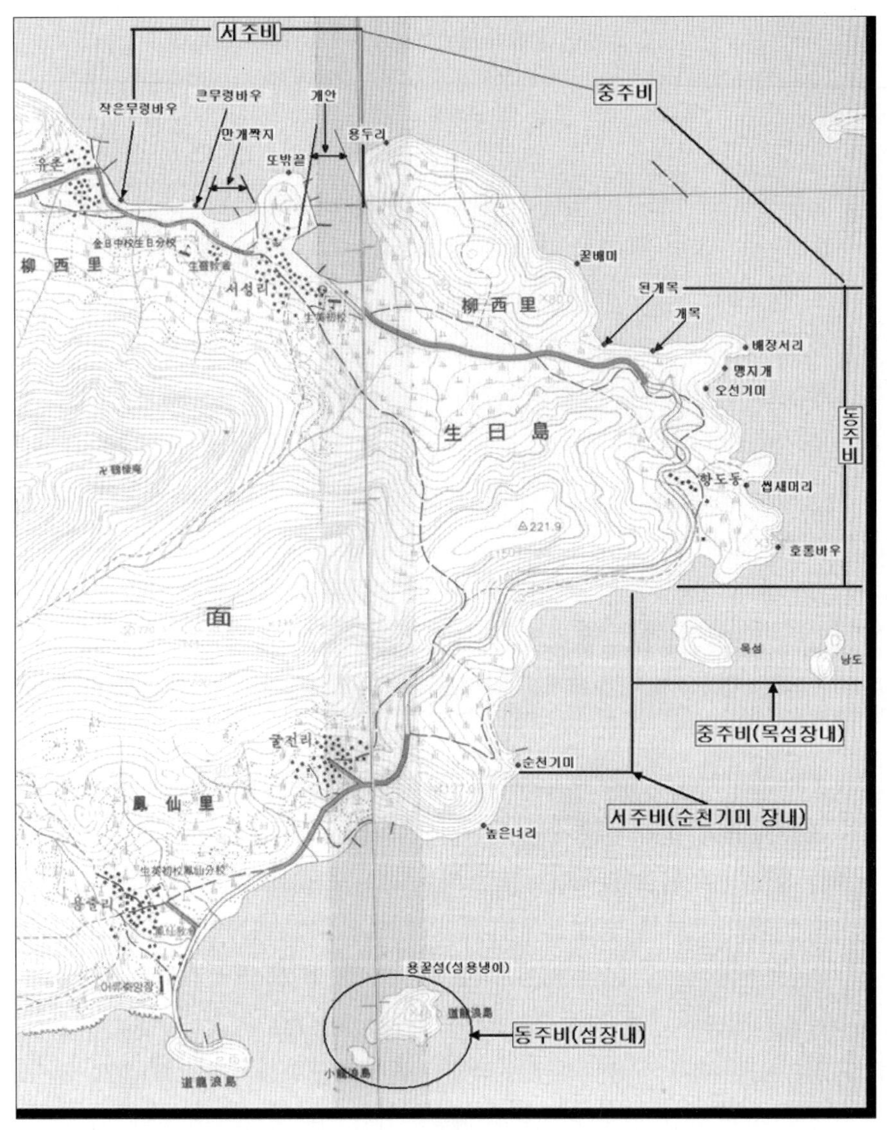

<그림 4> 서성리의 쥬비 구획과 세분화된 공간 인지

<굴전리>

굴전에는 상주비, 하주비 2개의 주비가 있다. 얼마 까지는 각각 30여 호씩 가입해서 활동했으나 인구가 줄어들어 지금은 15호 정도가 소속되어 있다. 본래 상·하 구분은 동네 큰 길을 기준으로 이루어졌다. 하지만 분가에 따른 가입이나 이사 등이 있어 지금은 뒤섞여 있다. 분가에 의해 주비를 가입하게 되면 가족이 소속된 주비와 엇갈리도록 했다.

주비에 가입하는 것을 입호入戶라고 한다. 결혼을 하여 부모로부터 '저금'을 나게 되면 자연스럽게 '개포'(주비)에 들게 되는데, 이 경우 '신입호금'을 내고 가입하게 된다. 3년 전의 입호금은 150만원이었다(최근엔 입호하는 이가 없었다). 객지 사람이라면 이보다 더 많은 돈을 내야 가입할 수 있다. 한편 20여 년 전에는 미역이 '돈'이 되던 때여서 '미역 열 손값'과 같은 기준에 의해 입호금을 납부했다.

주비 활동은 주비장의 지휘를 받아 이루어진다. '방재등'-'봉두리끝'은 상주비의 작업 구역이고, '봉두리끝'-'높은너리끝'은 하주비의 작업 구역이다. 내년에는 구역을 바꿔서 작업하게 된다. 2003년 7월 15일 조사자가 마을을 방문했을 때, 톳·새모·가사리의 마지막 채취가 이루어지는 날이었는데, 상주비·하주비가 각각 바닷물이 빠지는 시간대에 맞춰 작업에 나가는 것을 볼 수 있었다. 공동으로 채취된 해초류는 건조해서 공동으로 팔아 그 수익금을 작업일수에 맞춰 호당 나눠 갖게 된다.

<용출리>

마을 규모가 100호가 넘었을 때는 50호씩 나눠서 상주비·하주비로 운영되었다. '끈끝'부터 '큰임금'까지가 하나의 주비고, '큰임금'부터 '발독살이'까지가 하나의 주비로 구획되었다. 그러나 인구가 줄어들면서 10여 년 전부터는 주비를 나누지 않고 공동으로 운영하고 있다. 현

재 55호 정도의 주민들이 하나의 주비 소속으로 공동 채취 어로를 하고 있다.

용출리 사람들은 공동 어장의 곳곳에 지명을 붙여 세분화시켜 인지하고 있다. 큰끝, 신짝지, 큰임금, 작은임금, 문용냉이, 발독살이, 마을짝지, 방죽등, 바돌짝지와 같이 해안 곳곳에 이름을 붙여 인지하고 있다.

<금곡리>

금곡에는 '동지배', '서지배', '중지배'라는 3개의 주비가 있다. 주비별로 20여호 미만씩 가입해 있다. 가구수가 많았을 때는 그 숫자가 많았으나 인구가 줄어들면서 주비원 숫자가 줄어들었다. 1980년대 중반만 해도 100여 호 되었으므로 주비당 25~30호 정도가 가입해 있었다.

주비 활동은 해초류 생산 시기에 이루어진다. 요즘에는 수익성이 있는 진포, 가사리를 주로 채취하므로 음력 5~6월이 바쁠 때이다. 작업 시기는 대개 사리 때인 여섯물에서 아홉물 사이에 이루어진다. 물량에 따라 주비별로 두 패로 나뉘어 작업을 한다. 오후에 물이 나기 시작하니까 물때에 맞춰 작업을 하고 당일날 건조하여 판매할 수 있도록 준비한다.

각 주비는 6개 구역을 각 2개씩 나누어 관리한다. 2003년도 주비별 어장을 보면 다음과 같다. 각 구역은 매년 순환하게 되는데, 동지배의 경우 2004년에는 ②로, 2005년에는 ③으로 옮겨 가며 작업하게 된다. 해수욕장이나 개펄의 경우 해초류가 자라지 않으므로 주비 구역에 포함되지 않는다. 음지라는 구역이 이에 해당된다.

①동주비 : 솜널~음지, 노랑바위~가사리바위
②서주비 : 논밑~솜널, 가사리바위~작은청석금
③중주비 : 치끝~논밑, 작은청석금~큰끝

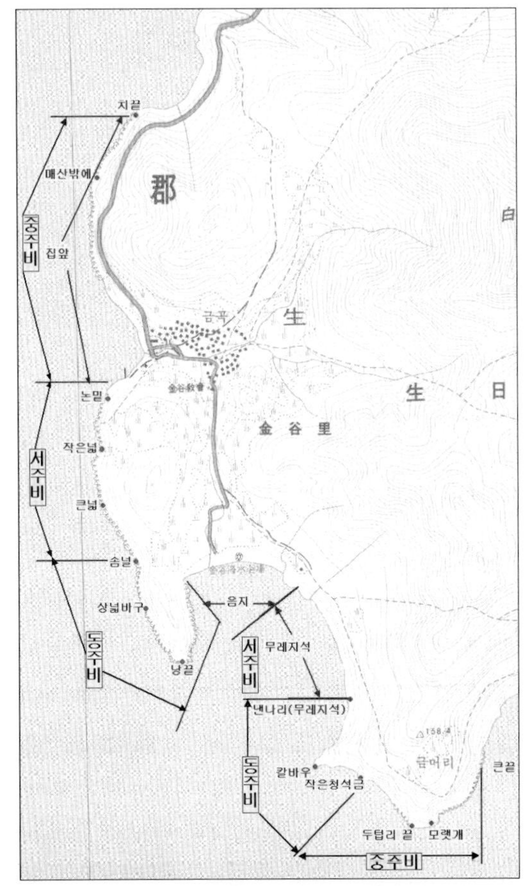

<그림 5> 금곡리의 어장 구획과 세분화된 공간 인지

각 구역별로 해안과 바위, 자갈밭(짝지) 등에 이름을 붙여 인지하고
있다. 찌끝부터 논밑 사이를 집앞이라고 하는데, 마을 바로 앞의 해안을
지칭한다. 집앞이란 구역 이름은 덕우도에도 있는데, 마찬가지로 마을앞
해안이란 점에서 공통적이다. 각 구역 곳곳에는 여러 이름이 있어 세분
화된 공간 인지를 보여준다. 매산밭에, 작은넓, 큰넓, 솜널, 상넓바구, 낭
끝, 무레지석, 음지, 냇나리, 칼바우, 작은청석금, 두텁리끝, 모랫개, 큰끝

과 같이 지형 생김새와 특징에 따라 이름을 붙여 놓고 있다. 이것은 해안이 단순한 자연환경이 아니라 의미 있는 공간으로 범주화된 인지 환경임을 말해준다.

<덕우도리>

덕우도는 독립된 섬에 하나의 마을만이 있으므로 주변 마을과의 경계 구획은 없다. 덕우도에는 10개의 주비가 있다. 다른 마을에 비해 주비 숫자가 많다는 것을 알 수 있다. 이는 본섬만이 아니라 주변의 무인도를 공동 어장으로 확보하고 있기 때문이다. 덕우도 본섬과 부속 도서는 다음처럼 구획되어 있다.

10개의 주비는 동1, 서1, 남1, 북1, 중1과 동2, 서2, 남2, 북2, 중2라는 이름으로 불린다. 전자는 독우도 본섬에서 운영되고 후자는 부속섬에서 운영된다. 본섬은 '집앞', '진작지', '용냉이', '채', '샛개'라는 5개 구역으로 구획되며, 동남부의 나머지 구역을 또한 5개로 나누어 5개 구역의 작업 범위 안에 포함시킨다. 해양 자원을 가능하면 균등히 구획하고자 하는 의도와 관련 있다. 그리고 부속도서는 소덕우도(웃개, 아랫개), 형제도, 구도, 매물도·송도로 구역화해서 5개 주비가 채취권을 점유한다.

각 주비는 6~7명의 주비원으로 구성된다. 주비원 숫자가 적은 데도 주비 수가 많은 것은 부속도서를 끼고 있고 그만큼 자원이 풍부하다는 것과 관련 있다. 각 주비는 매년 해안선을 바꾸어 가며 해초류를 채취한다. 예를 들어, 남1이라면 진작지(2001), 샛개(2002), 채(2003), 용냉이(2004), 집앞(2005) 순으로 이동하며, 북2라면 형제도(2001), 소덕우도웃개(2002), 구도(2003), 매물도(2004), 소덕우도아랫개(2005) 순으로 이동하게 된다.

덕우도는 10개 주비에 의해 해안구역이 구획화되어 있으므로 경계 지점이나 작업 구역에 대한 정확한 구분이 필요하다. 그러므로 어장 곳곳에 대한 명칭이 세분화되어 있다. 주민들은 해안을 구역화해서 파악하고 있다. 진작지는 선둘끝부터 작은짝지까지이며, 집 앞은 작은 짝지로부터 중달 끝까지이며, 용냉이는 중달 끝부터 마당널까지다. 이어 마당널부터 웃진베굴까지는 채라고 하며, 웃진베굴부터 응달끝까지는 샛개라고 한다. 그리고 각 구역에는 곳곳을 지칭하는 이름들이 붙어 있다. 용냉이와 채, 샛개 구역에만 해도 방죽등 너메, 구선창, 마당널, 논알 (논밑에), 간데호섬, 웃짐베굴, 웃짐베너메, 온몰끝과 같은 이름들이 있다. 이와 같이 평범해 보이는 해안 곳곳에 이름을 붙여 분별하고 있으며, 어장의 경계 구역에 대해서도 분명한 인지를 하고 있다. 해안이 의미 있는 인지 환경으로 지식화되어 있음을 말해준다.

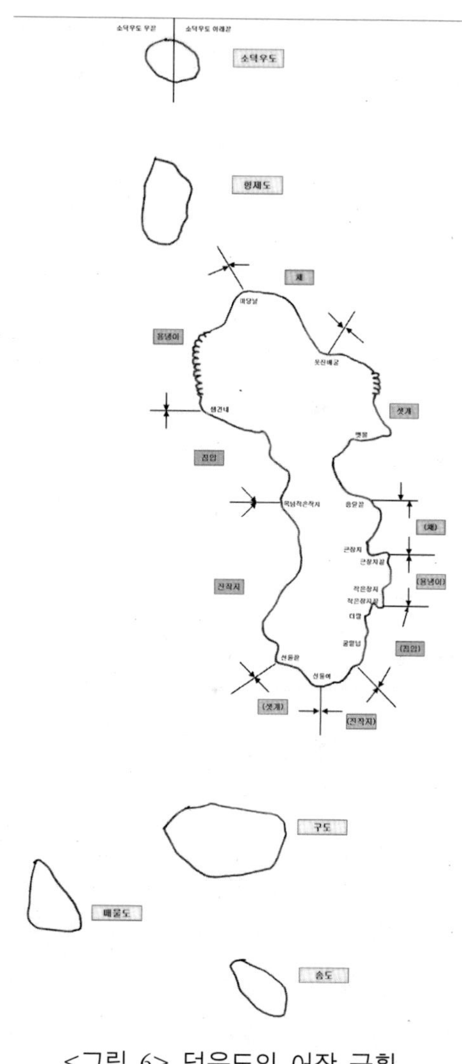

<그림 6> 덕우도의 어장 구획

<그림 7>

샛개와 응달 경계

<그림 8>

작은덕우도 웃개·아랫개 경계

3. 공동체신앙에 나타난 공간 구성

생일지역에는 마을마다 당제가 전승되고 있다. 같은 섬 내의 당제이지만 지내는 시기가 다르고 진행 내용 역시 약간씩 차이가 있다. 마을 공동체의 자연적·문화적 조건에 따라 나름의 전승과정을 거치며 전승되어 왔기 때문이라고 여겨진다.

생일면 각 마을의 당제를 개괄해 보면 정초에 당제를 지내는 마을이 많음을 볼 수 있다. 일반적으로 볼 때 육지부에는 정월 보름형이 많고 도서지역에는 정초형이 많은데, 생일의 경우도 여기서 크게 벗어나지 않는다. 한편 정초형 당제가 도서적 특징을 보이는 것은 본래부터 고정된 것이라기보다는 섬이라는 자연·생업적 환경에 적응된 형태라고 할 수 있다. 특히 금곡의 1월 6일이나 서성의 1월 8일처럼 똑같지 않고, 또 정월 보름에 당제를 지내는 마을이 있는 것으로 보아 생일지역 당제가 도서적 환경에 일정하게 적응하면서 전승되고 있음을 보여준다.[11)]

<표 3> 생일지역 당제 개관

마을	명칭	일자(음)	신 격	제 장	제 관	제의진행	제후행사	비 고
서성	당제	1.8	당할머니 (마구할머니)	당집	당주1 12집사	산제-당제-12당 산 헌석	마당볿이	줄다리기(15일)
금곡	당제	1.6	당할머니	당, 사장나무	제관, 집사 3인	당-사장나무1,2	마당볿이 (1.2-1.4) 줄당기기 (15일)	갯제(14일) 줄당기기(15일)
유촌	당제	1.14	할머니 할아버지	웃사장 아랫사장	당주, 집사	당-개부르기 -헌석	마당볿이	
덕우도	도제 당제	섣달 그믐 1.1	최씨내외,석가여래, 국수님,지신	사장 당집	제관2	사장-당굿 등	마당볿이 파방굿	갯제(1.7) 도제(3.3) 도제(7.7)
굴전	당제	1.3	당주할머니	사장(중당)	제주1	사장제사	바당볿이	갯제(그믐)
용출	당제사	3.3 (←1.1)	당	당산나무	당주1	사장제사	마당볿이	갯제(1.14)

　생일지역 공동체신앙의 도서적 특징과 관련하여 공간의 문제를 주목할 필요가 있다. 당제를 지내는 공간은 당산만이 아니라 마을 곳곳의 생활공간까지 확장되어 있다. 서성리의 경우 산제－당제사를 지낸 후 바닷가와 샘 등을 다니며 헌석을 한다. 또한 유촌의 경우 당제사 후에 바닷가에 가서 '개'를 부른다. 그리고 위의 표에서 보듯이 공동체신앙은 당제 이외에 갯제도 있는데, 바다 제사라는 이름답게 바닷가에서 펼쳐진다. 이런 공간들은 의례적 의미를 지닌 인지 환경이라고 할 수 있다.
　먼저 서성리의 당세 내용을 사세히 살펴보고, 각 마을 공동체신앙의 의례 공간 구성에 대해 알아보기로 한다.

1) 시성리 딩제

・조사일자 : 2004.1.28.～1.30.

・당주 : 김석심(여 59세)

---

11) 이경엽, 「도서지역 당제의 전승환경과 생태학적 적응」, 『역사민속학』 10, 역사민속학회, 2000, 236~238쪽.

· 집사 : 이장석(남 64세),
　　　　　이훈우(남 61세)

<그림 9> 서성리 당과 제보자

(1) 제당과 신격

동제의 명칭을 당제 또는 당할머니 제사라고 한다. 제당은 마을 동쪽 면사무소를 기점으로 조금 올라간 백운산 끝자락의 당숲이다. 당숲 안에는 제를 모시는 당집과 제물 준비를 하고 제를 지내기 위해 집사들이 기거하는 건물이 있다. 당집은 한 칸 슬라브지붕으로 된 건물이다. 예전에는 기와였으나 다시 개축을 하면서 슬라브지붕으로 지었다.

당제에서 모셔지는 분은 당할머니다. 당할머니를 마구할머니라고도 한다. 마구할머니는 말을 키우던 할머니였다고 한다. 이런 연유로 당집 안에 말 모양의 조각을 모시고 있다고 한다. 또한 백운산에 올라가 보면 말을 기르던 곳이 남아 있고 성처럼 돌이 쌓여있는데, 그것은 마구할머니가 치마에다 돌을 싸서 청산도로 건너가려고 하다가 치마에서 흘러내린 돌들의 흔적이라고 한다.

(2) 당제의 준비

당제는 음력 정월 9일 새벽 4시경에 지낸다. 당제의 준비는 음력 섣달 그믐날 마을회의에서 제관을 선정하는 것으로부터 시작된다. 당제를 지내는 사람을 당주, 집사라고 부른다. 당주는 제물 만드는 일을 담당하고 집사들은 제를 진행하는 역할을 한다. 당주는 1명을 선출하는데 유고가 없고 생기복덕이 맞는 깨끗한 사람으로 선정한다. 당주로 선정된 집을 당주집이라 하고 정월 초하루부터 금줄을 치고 치토(황토)를 놓아 잡인의 출입을 통제한다. 집사 역시 깨끗하고, 유고가 없는 사람으로 생기복덕을 보게된다.

'당제모실 회의'는 이장, 어촌계장, 3명의 주비장이 모여서 한다. 주비장은 동·서·중주비장이다. 당제모실 회의에서 당주와 집사가 결정이 되면 당사자를 찾아가 부탁을 한다. 올해 당주는 김석심(여, 59세), 집사는 이장석(남, 64세)·이훈우(남, 61세) 2명을 선정했다.

당주집에는 왼새끼에 창지를 꽂아 금줄을 사립문에 치고, 영기를 사립문 양쪽에 세워놓는다. 그리고 치토(황토)를 양쪽으로 서너 곳에 놓아 잡귀와 잡인의 통행을 금한다. 그리고 큰 샘으로 가서 물을 퍼내고 청소를 한 후 금줄을 치고 그곳 역시 치토를 놓는다.

제물은 당제 지내기 3일 전쯤 구입한다. 제물 구입은 마을 유지 중 깨끗한 사람이 해서 회관에 보관해 두었다가 당주가 제물 준비를 위해 당으로 올라갈 때 가져다 준다. 올해 제수는 당주가 직접 마량 장에서 3일 전에 봐왔다. 제물을 사러 갈 때는 목욕재게를 하고 가서 가게 주인에게 목록을 주고 그것에 맞게 받아온다. 물건 값을 달라는 대로 주고 오지만 대부분 가게의 주인들은 제수라고 하면 자기 가게에 재수가 들어온다고 하여 더 좋은 것을 주고, 더 많이 주게 된다고 한다.

제물은 과일 종류인 사과, 배, 대추, 밤, 은행, 곶감과 세 가지 과자, 고사리, 도라지, 숙주나물, 해초류 김, 생선 갈치, 동태를 사게 된다. 갈치와 동태는 당할머니 상에 진설할 때 사용되는 것은 아니다. 당할머니는 비린 생선과 육고기를 싫어하기 때문에 제상에 올리지 않는다고 한다. 제물에서 빠져서는 안 되는 것이 미역이다. 미역은 사지 않고 바다에서 해와서 사용한다. 미역은 주비장들이 당제 지내기 며칠 전에 당주 집에 베어다 준다. 미역은 생으로 사용하지 않으므로 당주는 미역을 깨끗하게 손질하여 말려서 쓴다. 예전에는 당할머니 제사를 모신 후가 아니면 갯가의 해초류를 베어다 먹을 수가 없었다. 만약 그 전에 해다 먹은 사람은 혈변을 보거나 배앓이를 했다고 한다.

(3) 당제의 진행

정월 아흐레 날 새벽 4시경 당제에 앞서 산제(산신제)를 먼저 지낸다. 당 위 북서쪽에 '산신바구'가 있는데 그 곳에서 산제를 지낸다. 집사는 당제를 지낼 제물에서 조금씩 덜어 함지박에 담고, 다른 한사람은 손전등을 들고 간다. 올해 산제는 두 명의 집사와 어촌계장이 지냈다. 산제를 먼저 지내는 것은 당할머니가 계시기 이전부터 존재한 분이기 때문이라고 한다.

산제 후에 당할머니 제사를 지낸다. 당주가 마련해 놓은 제물을 가지고 나오면 집사들은 제물을 들고 당으로 올라간다. 당주는 흰수건을 머리에 쓰고, 마스크로 입을 가려 말을 하지 않는다. 당집 안에서는 상 하나에 제물을 진설하고 메는 2그릇을 올린다. 당할머니와 당할아버지에게 드리는 메라고 한다.

당제를 지내는 순서는, 홀기 집사가 홀기를 들고 읽으면 다른 집사는 그대로 따라하는 방법으로 한다. 홀기의 순서대로 당제를 지내고 나면 소지를 올린다. 맨 처음 마을의 평안과 풍어를 위해 올리고, 다음은 제물 준비를 하느라 고생한 당주, 집사, 마을 유지들 순으로 소지를 올린다. 올해는 조사자들의 소지까지 올려주었다.

번호	명칭	관련 의례
<1>	산제단	산제
<2>	당집	당제, 매구
<3>	당 밑	헌식, 매구
<4>	등너매	헌식, 매구
<5>	어춘샘	헌식, 매구
<6>	바닷가	헌식, 매구
<7>	수협 앞	헌식, 매구
<8>	88선창	헌식, 매구
<9>	느티나무	지금은 하지 않음
<10>	또막끝	헌식, 매구
<11>	짝지	헌식, 매구
<12>	독샘	헌식, 매구
<13>	큰샘	헌식, 매구

<그림 10> 서성리 당제의 공간 구성

　소지를 한 다음 음복을 하고 집사가 당집을 나오면 헌석을 하게 된다. 헌석은 따로 준비해둔 제물로 한다. 헌석하는 곳을 헌석 바탕이라고 하는데 여러 곳에 해야 하기 때문에 몇 년 전부터 사람을 사서 하고 있다. 헌석바탕은 12곳인데 현재는 9곳만 하고 있다. 하지 않는 3곳은 고물샘, 용홀래고랑가샘, 또박 끝과 선창 끝 팽나무 밑이다. 헌석을 하는 곳은 당 바로 밑에 있는 밭(<3>), 등너메(<4>), 마을 앞 바닷가(<6>), 어촌샘(<5>), 수협 앞(<7>), 팔팔선창(<8>), 느티나무(<9>), 짝지 느티나무(<11>), 독샘(<12>), 큰샘(<13>)이다. 헌석을 할 때는 짚을 열십자로 놓고 그 위에 밥과 갈치 3도막, 미역튀긴 것 등을 놓는다. 헌석을 하면서 매구를 친다.

　매구꾼들이 당마당에서 함께 음식을 나눠 먹고 모닥불을 피우고 불을 쬐다 동이 터오면 굿을 친다. 당집 앞에 모닥불을 돌면서 당할머니를 위해 한바탕 굿을 친다. 당할머니가 굿을 좋아하기 때문에 매구꾼이 오지 않으면 설쇠를 부른다고 한다. 올해는 아침 7시 26분 당집에서부터 시작

<그림 11> 짝지에서의 헌석과 매구

되었다. 매구는 동이 터 올 때 시작해 헌석 바탕을 돌고 나면 점심 때가 된다고 하는데 금번에는 간략하게 쳐 2시간 정도가 소요되었다.

헌석굿을 치고 나서는 각 가정을 돌면서 굿을 치게된다. 이를 마당밟이라고 한다. 지금은 원하는 가정만 쳐주고 있다. 마당밟이가 끝나는 10일날 마을 회의를 한다. 이를 "하그닦는다"고 하는데 이 곳에서 당제에 들어간 비용을 결산한다. 지출 비용이 나오면 호수대로 나눠서 갹출을 하게 된다.

서성리 당제는 산제-당제사-헌석 순으로 진행된다. 8일날 당에 올라가 9일 새벽 산제와 당제사를 지내고 헌석을 한 후 마당밟이를 하고 파제를 한다. 그리고 10일에는 당제를 결산하는 마을회의를 한다. 이를 '하그닦는다'고 한다.

서성리 당제는 산제단(산제바위)에서의 산제, 당집의 당제사, 그리고 12당산 헌석 순서로 공간 이동을 보인다. 산제단은, '당할머니 이전부터 존재한 분이기 때문'에 산제를 먼저 지낸다는 설명에서 보듯이 마을 형성 초기에 조성된 것으로 보인다. 당집이 자리한 당숲이 울창한 숲을 유지할 수 있었던 것은 신성 공간이기 때문이다. 당집은 70년대 후반 개신교 신도들에 의해 훼손된 후 개축되었는데, 이와 관련된 내용이 1980년 <마을 회의록>[12]에 나와 있다.

서성리 당제에서 주목되는 점은 헌석을 하고 매구를 치는 12당산이다. <그림 10>의 <1>, <2>, <3> 외에는 모두 마을 내의 생활 공간인데, 특히 바닷가와 샘이 많은 것을 볼 수 있다. <그림 10>의 <5>, <6>, <7>, <8>, <11>, <12>, <13>이 그곳이다. 이것은 바다에 드나들며 생업 활동을 하고, 물의 확보를 특별하게 중요하게 여기는 도서적 생태환경과 일정한 관련이 있어 보인다. 흔히 12당산이란 공간 설정은 큰 마을의 당제에서 규모를 갖춘 체계적 의례 공간의 의미로 표현되기도 하고, 풍수적 해석과 관련되어 비보적 의미를 지닌 것으로 설명된다. 서성리의 경우 주민들의 별다른 설명이 없지만, 마을 수호의 의미를 지닌 의례 공간이라는 점은 분명하다. 그리고 그 공간이 도서적 생활과 밀접한 연관이 있다는 점에서 의례를 통해 의미화되어 있는, 인지 환경으로서 자리잡고 있음을 알 수 있다.

2) 유촌 당제

유촌 마을의 당제는 음력 정월 14일 오후에 연행된다. 당제에서 모셔지는 신격은 할아버지·할머니다. 당은 마을 뒤의 금곡으로 넘어가는 길가에 있는 느티나무(<1>)이며, 이외에 몇 군데의 공간에서 다양한 의례가 베풀어진다.

당제가 이루어지는 순서는, 당(<1>)에서의 당제사 – 솔죽내(<2>)에서의 개부르기다. 그리고 이어큰죽내 잔등(<3>) – 넓밖팽나무(<4>) – 사장(<5>) 순으로 헌석을 하고 매구를 친다. 당제사 – 개부르기 – 헌석

---

12) <서성리 구정 정기총회 회의록>(음력 1979년 정월 4일). 회의록을 보면 당각 수리건이 주요 의제로 다뤄지고, 여기서 교회당에 대한 책임 추궁을 해야 한다는 것과 후박나무를 팔아 건축비를 마련해 당을 수리하고 당 옆에 부속건물을 짓기로 한다는 내용이 의결되었음을 알 수 있다.

순으로 공간 이동을 하고 있음을 볼 수 있다. 마을 공동체의 평안을 비는 당제사, 해산물의 풍작을 비는 개부르기, 그리고 마을의 액을 막기 위한 헌석이 일정한 구조 속에서 수행되고 있음을 알 수 있다.

이 중에서 특히 개부르기는 해안에서 해초류가 잘 자라게 해달라고 비는 의례라는 점에서 관심을 끈다. 개부르기는 '갯제'의 다른 이름인데 '개를 부른다'는 이름에서 보듯이 해산물의 풍작을 얻고자 하는 목적으로 이루어진다. 이 의례가 이루어지는 솔죽내라는 해안은 주비를 통해 어로 작업을 하는 생산 활동 공간이기도 한데, 의례 수행을 통해 종교적 풍요로움을 부르고 또 그것을 유입시키고자 하는 의례적 공간으로 의미화되어 있음을 알 수 있다.

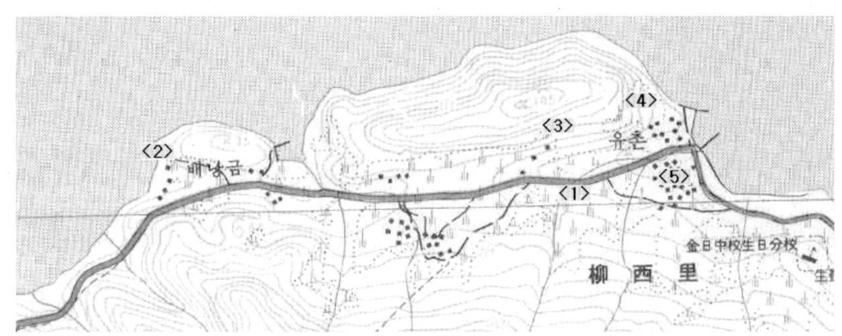

<그림 12> 유촌 공동체신앙의 공간 구성

3) 금곡 당제

금곡 당제는 음력 정월 6일 저녁 12시부터 이튿날 새벽 사이에 지낸다. 당제에서 모시는 신격은 당할머니다. 제단은 마을 위 소나무숲 속에 있는 큰 바위(<1>) 아래다. 당제를 지낼 제관은, 1월 3일 무렵 생기를 보아 산고 안 들고 초상 안 당한 깨끗한 사람으로 3명을 뽑는다. 제관으로 선정된 사람은 금기를 지키며 정결하게 제 지낼 준비를 해야 한다.

당제사를 모시는 6일날 저녁이 되면 정숙을 유지하기 위해 마을에서 소등을 한다. 제관들이 당산에 올라가 진설하고 술을 따르고 재배하고 소지를 올리는 순서로 제가 진행된다.

당제사가 끝난 후에는 서편 사장나무(<2>)와 동편 사장나무(<3>)에 헌석을 한다. 그리고 아침이 되면 유사집에 모여 아침을 먹고 당제 결산을 한다. 이를 파방공사라고 한다.

이와 같은 당제와 별도로 정월 보름에 갯제를 지낸다. 갯제는 해산물의 풍작을 기원하는 의례다. 갯제는 음지(<5>)라고 부르는 금곡해수욕장과 집앞(<6>)이라고 하는 해안에서 지낸다.

이 두 곳은 '개 부르는 곳'이라고 불려진다. 주민들은 개 부른다는 것을 해초가 잘 자라기를 기원한다는 뜻이라고 해석한다. 두 곳에서 갯제를 지내는 것은 마을의 해안 구역이 광활하다는 것과 관련 있어 보인다. 그리고 갯제에 대한 종교적 기대와 요구가 그만큼 크다는 것

<그림 13> 금곡 공동체신앙의 공간 구성

을 반영하고 있다. 정월 보름 갯제에서의 <5>와 <6>은 개를 부르는, 다시 말하면 해산물의 풍작을 비는 신성한 공간으로 의미화되어 있음을 볼 수 있다.

4. 맺음말

생일 사람들은 섬이라는 특수한 자연환경 속에서 살아왔다. 육지부의 주민들과 달리, 생계와 직접 관련이 있는 해양 환경에 대해 보다 구체적인 인지를 해왔다. 물때나 바람 등과 같은 생태환경에 대한 인지와 어장 구획 등에서 그것을 볼 수 있다. 그리고 당제나 갯제·용왕제와 같은 민속신앙의 영역에도 도서적 환경 인지가 나타난다.

이와 같은 공간은 지도에 표기되어 있지 않다. 어로 활동과 공동체신앙에서 나타나는 시공간 인식은 자연환경 자체가 아니다. 민속생활 속에서 보이는 환경 인지는 주민들의 토착지식으로 전승돼온 것이다. 이것을 통해 의미 있는 대상으로 지식화되어 있는 생태민속학적 인지 환경을 파악할 수 있다.

주비는 도서지역 특유의 공동체적 자원 전유 방식이다. 주비 활동은 도서적 환경에서 살아온 주민들의 특징적인 생계 활동을 보여준다. 공동체적 채취 관행은 한정된 자원을 균등하게 전유하도록 하고, 적기에 인력을 투입하여 해산물 채취를 원활하게 수행할 수 있도록 한다.

이와 같은 주비 활동과 관련하여 생일 사람들은, 공동체적 적응 원리에 입각하여 해안을 구획하여 그 채취권을 순환시켜 전유하고 있다. 그리고 해초류 채취와 관련된 생활상의 필요에 의해 지명을 통한 세분화된 공간 인지를 하고 있다. 이것은 해안이 단순한 자연환경이 아니라 의미 있는 공간으로 범주화된 인지 환경임을 말해준다.

공동체신앙 속에 나타난 공간 구성은 주민 생활의 의례적 대응과 적응 과정을 담고 있다. 산제-당제사-헌석 순으로 진행되는 서성리 당제는 주민들의 삶터와 생활 공간을 의례적으로 포괄하고 있다. 그리고 바닷가와 샘을 중심으로 조성된 '헌석 바탕'은, 그곳이 도서적 환경 속에서 특별하게 의미화된 인지 환경이라는 것을 말해준다. 또한 유촌 당제의 당제사-개부르기-헌석의 흐름에서 보듯이 공동체신앙이 도서적 생활을 의례적 공간으로 재구성하고 있음을 보여준다. 그리고 유촌, 금곡의 '개 부르는 곳'은 풍요로움을 부르는 신성 공간의 의미를 지닌다. 이는 지면 관계로 다루지 않은 덕우도, 굴전, 용출리에서도 마찬가지다. 이와 같이 공동체신앙 속에서 '개 부르는' 해안은 의례 수행을 통해 종교적 풍요로움을 축원하고 또 그것을 유입시키고자 하는 의례적 공간으로 의미화되어 있다고 할 수 있다.

<참고 문헌>

<完文>(光武八年 甲辰三月)

<서성리 마을회의록>(1977~2001)

김웅배, 「<어부사시사>의 언어와 보길도 방언의 상관성」,『도서문화』8집, 목포대 도서문화연구소, 1991.

신순호,『도서지역의 주민과 사회』, 경인문화사, 2001.

이경엽, 「도서지역 당제의 전승환경과 생태학적 적응」,『역사민속학』10, 역사민속학회, 2000.

이경엽, 「서남해지역 민속문화의 특성과 활용 방향」,『한국민속학』제37호, 한국민속학회, 2003.

전경수, 「섬사람들의 풍속과 삶」,『한국의 기층문화』, 한길사, 1987.

전경수, 「환경·문화·인간－생태인류학의 논의들」,『생태계 위기와 한국의 환경문제』, 도서출판 뜨님, 1999.

조경만, 「흑산사람들의 삶과 민간신앙」,『도서문화』6집, 목포대 도서문화연구소, 1988.

조경만, 「금일지역 어민들의 생업과 공동체」,『도서문화』10, 목포대 도서문화연구소, 1992.

조경만, 「자연환경과 인간생활」,『교양환경론』, 도서출판 뜨님, 1999.

제3장

서남해의 갯제와 용왕신앙

이 경 엽

1. 머리말

바다를 끼고 살아온 도서지역 주민들은 험난한 바다 환경에 적응하기 위해 다양한 형태의 신앙을 전승해왔다. 어업은 바다의 안정된 상태와 불안정한 상태를 민감하게 포착하고 그에 적응하는 과정을 담고 있다. 어업은 예측하기 어려운 기후 변화와 조류의 흐름·주기 등에 영향을 많이 받기 때문에 그에 따른 바다의 상태에 잘 적응해야 하는 생계양식이다. 이에 따라 도서·해양문화에는 해양생태에 대한 섬세한 인지 빛 경험적·토착적 지식이 발달해 있고, 초자연적 존재에 대한 신앙 형태역시 내륙지역보다 다양한 편이다. 당제, 갯제, 풍어제와 같은 공동체 단위의 의례뿐만 아니라 뱃서낭, 뱃고사, 유황제, 어장고사와 같은 개인 단위의 의례들이 폭넓게 전승돼온 연유도 여기서 찾을 수 있다. 이와 같은 민속신앙은 도서적 환경 속에서 살아온 어민들이 초자연적 존재에 의존하여 자연과 원만한 관계를 유지하고자 전승해온 종교적 장치라고 할 수 있다.

이 중에서 갯제는 공동체 단위의 주기적·지속적인 의례로서 바다와의 특정한 관계를 담고 있으므로 관심을 모은다. 갯제는 개인신앙적 요소를 담고 있는 마을신앙이다. 순전히 마을 차원에서 수행되는 경우도 있지만 개인 집에서 제상을 들고 나와 바닷가에 나란히 차려 놓고 공동으로 지내는 경우도 많이 있다. 개인의 집에서 가지고 나온 제상과 마을의 제상이 합해져 의례가 수행된다는 점은, 갯제의 성격 규정에서 논란이 되는 부분이기도 하다. 개인신앙과 공동체신앙이 겹합되어 있는 양상이므로 논쟁이 될 수 있다.[1] 갯제는 처음부터 끝까지 개별적으로 이루어지는 뱃고사, 어장고사 등과 달리 공동체 단위에서 수행되므로 제상 동원을 기준으로 삼아 개인신앙이라고 말할 수는 없다. 개인신앙적 요소가 내재되어 있지만 전승의 계기와 형태로 볼 때 마을신앙이라고 보는 게 적절하다.

갯제는 이름 그대로 바다제사이며, 도서·해양민속의 기층을 이루는 용왕신앙의 구체적 전승형태라고 할 수 있다. 그러므로 바다를 배경으로 살아온 주민들의 문화적 전통과 신앙의식이 갯제 속에 담겨 있다고 할 수 있다. 그 동안의 조사·연구에서 갯제 전승을 주목해온 까닭도 여기에 있다. 서남해의 갯제에 대한 조사와 보고는 개인 연구와 지표조사 보고서를 통해 이루어져왔다. 최덕원은 『다도해의 당제』에서 신안지역 당

---

1) <아시아 해양과 해양민속>이란 주제로 열린 학술대회(목포대학교 도서문화연구소, 2003.11.20)에서 필자의 발표에 대해 토론을 맡은 김종대 선생은, 갯제가 개인신앙적 성격이 더 강하다고 하여 필자와 다른 의견을 개진하였다. 또한 갯제가 도깨비고사와 무관하지 않다는 것을 지적하였는데, 이 문제는 갯제 전승과 어로 형태의 상관성을 말해주는 예라고 할 수 있으므로 적극 수용하여 보완하였다.

제에 대한 전반적인 분석을 하고, 흑산도 갯제의 내용에 대해 소개했다.[2] 이종철·조경만은 신안지역 민속자료에 대한 지표조사보고서를 통해 당제 및 갯제 사례들을 소개했다.[3] 이 작업에서는 현행 여부 및 단절 시기 등에 대한 조사가 이루어져 전승현황을 파악하는 데 도움을 준다. 또한 조경만은 흑산지역의 민간신앙에 대한 논의에서 상태도의 용왕제와 비리마을의 둑제를 소개하고 허수아비 의례에 대해 고찰했다.[4] 그리고 조경만·선영란·박광석은 완도 민속조사보고에서 갯제 현황표를 작성하고 대표적인 다섯 군데의 사례를 소개했다.[5] 그리고 이경엽은 완도 금당도 다섯 마을의 갯제를 분석하고 어로력·의례력·주술성의 상관성에 대해 논의했다.[6]

이와 같은 작업에 의해 서남해 갯제의 실태를 어느 정도 파악할 수 있게 되었다. 하지만 갯제의 다양한 양상을 따로 주목한 연구는 아직 없으며, 그 전반적인 전승양상 및 지역별 차이나 어로 활동과 관련된 문제들을 종합적으로 검토하지 못한 상태이다. 갯제는 당제와 관련되어 전승되기도 한다. 그리고 둑제, 용왕제, 유황제, 풍어제, 수제, 해신제, 헌석 등으로 다양하게 불리며, 지역에 따라 전승형태도 다르게 나타나므로 그 양상을 정리할 필요가 있다. 또한 갯제의 연행 시기로 볼 때 지역적인 차이가 나타나는데, 어로 활동의 지역성과 관련된 것으로 보이므로 구체적으로 살펴볼 필요가 있다. 그리고 허수아비 배송 의례가 특징적인 방

---

2) 최덕원, 『다도해의 당제』, 학문사, 1983.

3) 이종철·조경만, 「신안지방의 민속자료」, 『신안군의 문화유적』, 목포대 박물관, 1987.

4) 조경만, 「흑산사람들의 삶과 민간신앙」, 『도서문화』 제6집, 목포대 도서문화연구소, 1988.

5) 조경만·선영란·박광석, 「완도군의 민속자료」, 『완도군의 문화유적』, 목포대 박물관, 1995.

6) 이경엽, 「금당 사람들의 삶과 민속신앙」, 『도서문화』 제17집, 목포대 도서문화연구소, 2001.

식으로 나타나는데, 그것에 담긴 해양인식 태도나 용왕신 관념을 해명할 필요가 있다. 여기서는 이런 점들을 염두에 두고 서남해 갯제의 전승양상과 지역적 차이, 갯제의 연행시기와 어업 생산 방식과의 상관성 그리고 의례 수행 방식 등에 대해 살펴보고자 한다.

2. 갯제의 두 양상

갯제는 크게 보아 두 가지 전승양상을 보인다. 하나는 당제와 결합되어 있는 경우이고, 다른 하나는 독립되어 전승되는 경우다. 당제는 마을 공동체의 평안과 풍요를 비는 제의이고 갯제는 어로 안전과 풍어를 비는 제의로서 각각의 기능이 있는데도 결부되어 있으므로 관심을 끈다. 또한 두 형태가 결합되어 있는 지역에 독립된 갯제의 전승 역시 활발한 편인데, 갯제의 수요가 활발한 지역에 두 양상이 공존하고 있는 것으로 확인된다. 갯제의 전승이 활발한 지역은 신안 흑산도, 우이도와 완도 일대다. 이 지역의 사례들을 중심으로 갯제의 전승양상을 살펴보도록 한다.

1) 당제와 결합되어 전승되는 경우

호남지역 당제에서 일반적으로 섬겨지는 신격은 당산할아버지와 당산할머니이며, 이 중에서 특히 당산할머니에 집중해 있는 신관神觀을 보여준다. 이것은 농경사회에서 차지하는 지모신地母神의 문화적 중요성을 반영한 것으로 볼 수 있다. 그런데 도서나 연안지역 당제에는 당산할아버지·당산할머니 신앙과 용왕신에 대한 제의가 결부되어 있다. 그 결합 형태를 보면 전자가 상당제, 후자가 하당제로 구분되며, 지역에 따라서는 전자가 상당제·하당제, 후자가 갯제[거리제]로 구분되어 있다.

　이 유형은 서남해의 여러 지역에서 찾을 수 있지만, 보다 집중적인 분포를 보이는 것은 신안의 섬들이다. 다른 지역에서는 산발적으로 나타나지만 신안의 경우 집중화되어 있고 도서의 위치에 따라 일정한 지향성을 보여준다. 한편 신안에서도 도서권에 따라 갯제와 당제의 결합 정도가 다르게 나타난다. 신안지역은 연안으로부터 먼 바다까지 넓은 해역에 걸쳐 섬이 분포한 까닭에 그 분포 양상을 통해 바다와 신앙 전승의 상관성을 읽어낼 수 있다. 그러므로 신안을 예로 들어 당제와 결합되어 전승되는 갯제 유형에 대해 구체적으로 논의할 수 있을 것이다.

　연안도서권의 당제는 당할아버지·당할머니 신앙이 일반적인 형태이며 당할머니가 더 강조되어 나타나는 것을 보여준다. 최덕원이 사례로 제시한 16개 마을의 당제[7]를 보면 대부분 그것에서 크게 벗어나지 않는다는 것을 알 수 있다. 이는 완도의 경우도 비슷하다. 조사된 47개 마을의 당제[8] 신격을 보면, 당할아버지·당할머니(10), 당할머니(26), 당할아버지(3), 산신(2), 기타(6) 이다. 이것으로 보면 연안도서권은 내륙의 당제 형태와 크게 다르지 않으며, 갯제와 결부 정도가 덜 부각된다는 것을 알 수 있다.

　물론 연안도서지역 당제에 갯제가 결합되어 있는 사례가 없는 것은 아니다. 보성 벌교 대포리의 당제는 상당제에서 당산할아버지·당산할머니에 대한 제사를 마치고 하당에서 풍어를 비는 갯귀신제를 성대하게 베푼다. 또 고흥 도화면 내발리에서도 당제 후에 바다의 신격에게 헌식하는 의례가 결합되어 있고, 신안 신의면 하태서리의 당제에서도 풍어를 비는 거리제가 병행되어 연행된다. 그렇지만 연안도서지역은 그 사례가 산발적으로 나타나므로 특징적인 양상으로 삼기 어렵다.

---

7) 최덕원, 앞의 책, 27~29쪽.
8) 조경만 외, 『완도군의 민속자료』, 312~314쪽.

이에 비해 원해 쪽으로 가면 이런 양상이 달라져 용왕신에 대한 갯제가 두드러지게 나타난다. 먼 바다에 위치한 흑산도 일대는 당산할아버지·할머니 신앙이 상대적으로 축소되는 대신 각시·소저아가씨·총각신·산중처사·상궁부인과 같은 젊은 신들이 새롭게 등장하고 서로 짝을 이루는 등의 변화를 보인다. 그리고 용왕신이 하당의 주요 신격으로 자리잡고 있고 그에 대한 갯제[둑제]가 특징적으로 부각되어 나타난다.[9] 우이도의 4개 당과 흑산도의 23개 당에서 용왕신을 모시고 있다는 통계[10]는 신안 전체의 갯당 숫자라고 할 만큼 집중적인 분포를 보여주는데, 먼 바다에 위치한 섬일수록 용왕신앙이 각별하게 전승되고 있음을 알 수 있다. 이것을 통해 이 지역 사람들의 삶에 절대적으로 작용해온 바다의 의미를 헤아려 볼 수 있다.

당제와 결합되어 전승되는 갯제의 대표적인 예를 흑산도 진리, 대둔도 수리, 상태도, 우이도 진리 등에서 찾을 수 있다.[11] 대둔도 수리의 예를 보기로 한다.[12]

---

9) 이경엽, 「흑산도 진리당신화의 형성과 의미」,『구비문학연구』제6집, 한국구비문학회, 1998, 220~221쪽.

10) 최덕원, 앞의 책, 172쪽.

11) 한편 최근 들어 당제의 전승이 급격히 위축되었다. 이들 지역을 포함해 흑산면에서 현재 당제·갯제가 전승되는 마을은 별로 없다. 1987년 목포대 박물관의 지표조사 당시 흑산도 진리, 사리, 비리, 마리, 상태도 상태, 가거도 대리의 6개 마을에서 당제를 지내는 것으로 파악했는데, 현재는 그보다 더 줄어든 것으로 보인다. 예를 들어 흑산도의 대표적 당으로 꼽히는 진리 당제의 경우 현재 궐제하는 일이 많아져 전승력이 위축되어 있음을 보여준다. 흑산도지역은 1970년대를 전후해 당제·갯제의 전승이 급격하게 약화되었던 것으로 조사된다.

12) 최덕원, 앞의 책, 88~95쪽 참고. 수리마을 풍어제는 1975년 남도문화제에 나가게 되면서 널리 알려지게 되었다. 그런데 이 무렵 궐제를 하는 등 전승이 약화되어 있었고 1978년 이후로는 연행되지 않았던 것으로 조사된다. 현재 전승이 단절된 자료이지만 편의상 현재형으로 기술한다.

㈎수리 마을에서는 음력 정월 3일 자시에 상당제(당할머니·당할아버지), 산신제를 지내고 4일 둑제[용왕제]를 지낸다. 상당제와 산신제는 제관들만이 참여하여 엄숙하게 진행하며, 둑제는 이와 달리 주민들이 모두 참가하여 지낸다. 4일 아침이 되면 집집마다 부녀자들이 제상을 이고 나와 해변에 내 놓는다. 제단 앞에는 용왕의 신체에 해당하는 허재비를 모셔 놓는다. 허재비는 짚으로 만들며, 크기는 1m, 가슴둘레는 0.5m 정도이다. 그리고 음식을 담을 수 있도록 입을 만들며 남근이 노출되도록 만든다. 또한 허재비를 먼 바다로 띄워 보낼 수 있는 작은 배를 만든다. 이렇게 만들어진 허재비는 용왕신의 신체를 의미하며, 마을의 모든 액을 가지고 바다 멀리 떠나는 존재이며 더불어 마을 사람들에게 건강과 풍요를 가져다주는 존재로 여겨진다.

갯제를 진행하는 제주는 입담 좋은 사람이 맡는다. 제주는 허재비와 자문자답하는 형식으로 덕담을 하며 풍어와 복을 비는데, 그 문답의 사설이 익살스럽고 풍자적이어서 놀이판의 흥을 고조시킨다. 제주는 이 날만큼은 용왕님의 위력에 의탁하여 선주나 유지를 마음대로 부리고 골려주며, 용왕 앞에 나와 인사를 하게하고 노잣돈을 내게 한 뒤, 흑산 일대의 도장원이 되게 해달라고 빌어준다. 이처럼 허재비를 상대로 술을 권하고 음식을 주면서 대화를 하는 형식은 일종의 연극이기도 한데, 그것이 마을 사람들의 기대와 염원을 담아서 이루어지는 만큼 흥겨운 굿놀이로 펼쳐지게 된다.

허재비를 상대로 한 놀이가 끝난 뒤에는 허재비를 배송하기 위해 이동한다. 이때 흥겨운 농악을 울리면서 술배소리를 부른다. 마을 사람들은 이 술배소리를 다 같이 부르면서 흥겹게 춤을 추며 이동한다. 허재비를 메고 동네를 돌다가 바닷가에 도착하면 작은 배를 바다에 띄우고. 허재비를 싣는다. 그리고 액을 담아 먼 바다로 나아가도록 방주에다 술과 음식을 채우고 농악을 치며 수살막이 노래를 부른다. 이 때 제주는 "할

아버지 이제 떠나셔야 하겠습니다. 모든 부정한 것, 액과 화를 가지고 멀리 가십시오. 그리고 많은 복과 고기떼를 몰고 오십시오"라고 구축을 한다. 그리고 큰 배에 허재비를 실은 작은 배를 매달아 마을 앞 대섬 부근까지 끌고 나가 바다 멀리 띄워 보낸다[2003년 7월 21일 현지조사. 제보자: 채길상(남, 82), 황정순(남, 75)].

㈎는 당제와 결합되어 전승되는 갯제의 내용을 잘 보여준다. 상당제·산신제는 엄격한 기준에 의해 선정된 제관들만이 참여하는 엄숙한 제의로 진행되는 데 비해 갯제는 여성들이 중심이 되어 마을 사람들이 함께 참여하는 축제로서 진행된다. 또한 상당에는 산채 나물과 메 정도를 제물로 올리지만, 갯제에서는 상당에서 금하는 육류와 해물 등을 제물로 사용한다. 그리고 허재비를 상대로 재담을 나누고 연극적인 굿놀이를 펼치는 등 축제식의 진행을 보여준다. 개인 집에서 제상을 가지고 나온다는 점에서 볼 때 개인신앙적 요소를 지니고 있지만 그것에 그치지 않고, 공동체 단위의 제의 구조 속에 수렴되어 마을신앙으로 연행되고 있음을 보여준다. 이런 형식은 대부분의 마을에서 마찬가지인 것으로 조사되는데, 일반적으로 상당제보다 갯제를 성대하게 치른다는 점에서 보듯이 갯제가 특별한 의례로서 전승되었음을 알 수 있다.

또한 수리마을의 당제·갯제에는 당골이 참여하여 굿을 하기도 했다. 마을에는 당골인 최태석 내외, 최태옥 내외가 거주하고 있었는데, 이들 최씨 가계에 의해 수리마을의 당굿이 전승되었다. 수리마을에서는 매년 지내는 당제와 구분되는 큰 당굿을 3년 또는 5년마다 거행했다고 한다. 이때에는 제관들만이 참여하는 것이 아니라 주민들이 구경하는 가운데 무당이 당에 올라 굿을 하고 하당의 거릿제에서도 무당굿을 크게 했다고 한다.

이와 같이 무당이 참여한 가운데 펼쳐지는 풍어제는 흑산도 진리, 태도, 가거도 대리, 우이도 진리 등에서도 두루 보이므로 관심을 끈다. 특히 수리처럼 3년, 5년마다 연행되던 큰 당굿은 동해안 별신굿 또는 남해안 별신굿과 유사하므로 주목할 필요가 있다. 참고로 그 동안 알려지지 않았지만 서남해 일대에도 '별신굿'의 전통이 있었으므로 그것과 연관지어 해석해 볼 수 있다. 서남해 풍어굿은 조기 어장으로 유명한 칠산어장, 흑산도어장 등지에서 풍부하게 전승되었지만 현행되는 곳이 많지 않다 보니 그 동안 주목받지 못했다. 그러나 별신굿에 해당하는 풍어굿이 있었음을 여러 가지 정황으로 확인해 볼 수 있다. 전북 위도 대리마을에서는 40여 년 전까지만 해도 3년마다 별신굿판이 크게 벌어졌는데, 이는 매년 벌어지는 원당제와 구분되는 큰 규모(3일간 연행)의 굿이었다고 한다.[13] 국가지정 무형문화재로 지정되어 있는 위도용왕굿과 별도로 3년마다 열리는 별신굿이 있었음을 알 수 있다. 또한 신안 도초도의 고란리에서도 3년에 한번씩 대배랑 또는 벨손(별신)이라고 부르는 마을굿을 성대하게 거행했는데 이 역시 매년 연행되는 소배랑과 구분되는 큰굿이었다.[14] 그리고 따로 명칭이 없지만 앞에서 본 수리마을의 당굿 역시 별신굿에 해당하는 풍어제였을 것으로 추정된다. 또한 흑산도 진리의 용왕굿을 보면 별신굿과 비슷한 절차 이름이 나온다. ①부정굿, ②골매기청자굿, ③화해굿, ④세존굿, ⑤을상굿, ⑥천왕굿, ⑦심천(청)굿, ⑧놋동이굿, ⑨손님굿, ⑩제면굿, ⑪용왕굿, ⑫거리굿[15]과 같은 절차 이름으로 보아 별신굿과 밀접한 상관성이 있음을 알 수 있다. 최덕원은 이중 몇 거리의 무가 사설을 소개하고 있는데 무가 내용으로 봐서는 전라도굿 사설이지만 굿 절차로 보아서는 동해안 또는 남해안별신굿과 매우 흡사하여 관

---

13) 『전북의 무가』, 전라북도도립국악원, 2000, 86쪽.
   2004년 1월 23일 전북 부안군 위도면 대리 현지조사.
14) 이경엽, 「도서지역의 민속연희와 남사당노래 연구」, 『한국민속학』 제33호, 한국민속학회, 2001, 244~245쪽.
15) 최덕원, 앞의 책, 87쪽.

련성을 짐작케 한다.

이상에서 본 것과 같이 먼 바다에 위치한 신안군 흑산면 일대에서는 대부분의 당제가 갯제와 결합되어 있을 만큼 특징적인 전승양상을 보여준다. 이것은 연안도서권에서 당제와 갯제의 결합 형태가 산발적으로 나타나는 것과 크게 다른 양상이라고 할 수 있다. 이와 같이 집중화된 전승양상의 배경에는 바다와 절대적 관계 속에서 살아온 주민들의 삶이 자리잡고 있다. 그리고 그만큼의 중요성 때문에 축제화된 형태로 성대하게 치러졌던 것이라고 할 수 있다. 개인의 집에서 제상을 마련하지만 전체적으로 마을 공동체의 굿으로 수렴되어 연행되는 것도 이와 관련 있다. 또한 무당이 참여한 당굿 역시 이런 배경에서 비롯된 것으로 보이는데, 체계화된 의례 형태를 제공하는 당골들의 굿을 통해 절대적 자연과 조화를 꾀하고 어로안전과 풍어에 대한 축원을 극대화하려고 했던 것으로 해석된다. 그리고 이와 같은 전승의식의 토대에는 전승현장의 지속적이고 전반적인 수요가 있었던 것으로 판단된다.

2) 별도로 전승되는 경우

갯제가 다른 형태의 제의와 상관없이 독자적으로 전승되는 경우는 완도와 흑산도에서 찾을 수 있다. 여수시 남면 월전마을 헌석제처럼 독립된 형태의 용왕제가 전승되는 곳이 있긴 하지만 집중적인 분포를 보이는 지역은 완도와 흑산도라고 할 수 있다.

흑산도의 경우 앞에서 본 것처럼 정월 당제에서 갯제가 연행되지만 이와 별도로 갯제만을 독립해서 음력 7월경에 갯제를 따로 지내는 마을들이 있다. 흑산도에서는 이 제사를 독제라고 하며, 갯제·어장제·용왕제·풍어제라고도 부른다. 내용이 파악된 사례들을 표로 정리해 보면 다음과 같다. 이 마을들은 정월에도 갯제를 지내는 곳이다. 이외의 마을에서도 갯제 전승이 있었을 가능성이 높지만 조사가 이루어지지 않은 까닭에 내용을 파악할 수 없다.

<표 1> 별도로 전승되는 흑산도의 갯제

마을	제명	시기	신격	의례	장소	제관	기원내용	비고
천촌리	둑제	7,8월	용왕	집집마다 내온 상차리고 축원, 허수아비 배송	마을앞 해변	제주, 주민들	풍어, 해초생 산 축원	
소사리	둑제	음7,8월	용왕	소를 잡고 제물 장만, 집집마다 내온 상차림, 농악, 허수아비 순회 배송	마을앞 해변	마을주민	풍어, 해초가 생산 축원	
심리	둑제	음7월	용왕	소를 잡고 집집마다 상차림, 허수아비 배송	마을앞 하당	부녀자, 제주무당	풍어, 어로안 전	
마리	둑제	음6,7월	용왕	소를 잡고 제물 장만, 무당굿이나 독경, 헌석, 허수아비 목선에 태워 배송	마을앞 유왕당	주민들, 독경잽이	해산물의 풍요, 풍어 기원	산제, 당제보다 성대

이 중에서 심리마을의 둑제에 대해 자세히 살펴보도록 한다. 전승이 단절된 사례이지만 편의상 현재형으로 기술한다.

㈏심리에서는 음력 7월에 둑제를 지낸다. 이 시기에 둑제를 지내는 것에 대해 제보자 이수철(남, 68)은, "그때 왜 했냐 하면, 바다에 생을 의존하기 때문에 뭐 해초라든가 고기류가 전체 여름에 나. 여름에 많이 나 풍성히. 그것을 기원하는 차원에서 하는 거지. 어장달을 택해서"라고 말한다. 갯제 지내는 날은 택일해서 받는다. 마을에 역학하는 사람들이 있어 좋은 날을 받는다.

제관은 깨끗한 사람으로 제주, 집사, 화장 3인을 선정한다. 하지만 일반 주민들도 모두 참여하므로 제관이 주도하는 것은 아니다. 제관 선정시 간혹 정월 당제의 제관과 겹치는 경우도 있으나 그것에 구애받지 않는다. 제관에게 주어지는 금기는 정월만큼 엄하지 않고 당일날 준비해서

제를 지내도록 한다. 제물 준비에서는 소를 잡아 지내는 제사라는 것이 강조된다. 그만큼 크고 성대하게 치르는 의례라는 것을 말하고 있다.

당일 아침이 되면 하당에서 제관들이 '헌석배'라고 부르는 의례용 배에 제물을 넣고 술을 따르며 마을의 안녕과 풍어, 어로 안전을 비는 축원을 한다. 헌석배는 나무판자로 작게 만든 배다. 정교하게 만들지는 않고 바람을 받아 갈 수 있도록 돛과 키를 단다. 배 안에 고기와 밥 등 갖가지 음식을 깨끗한 종이에 싸서 넣고 술도 따르면서 '유황님'에게 풍어와 안녕을 축원한다. 최덕원의 보고에는 허수아비에 대한 얘기가 나오나 현제보자들은 허수아비에 대한 기억을 갖고 있지 않다. 바닷가에서의 고사가 끝난 후 큰 배에 헌석배를 싣고 풍장을 울리면서 바다로 나가 헌석배를 띄워 보낸다. 헌석배가 바다 멀리 잘 나가야 복을 받는다고 여긴다. 헌석배에 실은 음식은 유황님에게 드리는 제물이며, 그 제물을 띄워보내 '물속에 있는 유황님에게 고기를 잘 몰아다가 동네에다 몰아주십사' 하고 비는 것이라고 한다. 배에서 풍장을 치고 헌석배를 전송하고 마을로 돌아온 후에는 음식을 나눠 먹으며 논다.

심리마을의 둑제는 1970년대 이전에 중단되었다. 그 무렵 정월달의 당제도 중단되었는데, 당시 새마을운동, 교회의 반대, 젊은 사람들의 무관심 등의 이유로 지내지 않게 되었다고 한다[2000년 7월 22~23일 현지조사. 제보자: 윤강산(남, 77), 이수철(남, 68)].

심리 갯제는 하당이라고 불리는 마을 앞 바닷가의 후박나무 아래에서 지낸다. 하당이란 명칭은 정월에 지내는 당제의 상당을 염두에 둔 것이다. 하지만 갯제를 지낼 때에는 상당과 무관하게 하당에서만 제를 지내고, 이어 헌석배를 바다에 끌고 나가 띄워 보낸다.

여기서 소개한 심리의 갯제는 다른 마을의 사례와 크게 다르지 않다. 다만 다른 마을에서는 허수아비 의례가 빠지지 않고 나오는데 심리에는 허수아비 없이 헌석배만 나와 특이하다. 그러나 최덕원의 책에서 허수아비를 만들었다고 하는 것으로 보아 현제보자들이 그것을 기억하지 못하고 있는 것으로 보인다. 위의 심리를 비롯한 흑산도의 갯제는 상당히 성대하고 큰 규모로 연행되었던 것으로 전한다. 소를 잡았다는 사실을 강조하는 데서 보듯이 심리적·경제적으로 큰 잔치로 인식되었음을 알 수 있고, 실제 마을 주민들 전체가 참여하는 축제로서 연행되었음을 볼 수 있다. 정월의 당제를 할 때에 성대하게 지내던 갯제를 음력 7월에 다시 크게 연행한다는 사실을 통해, 갯제의 기능에 대한 주민들의 높은 기대치를 엿볼 수 있다.

완도에서는 당제와 결합된 갯제의 전승이 미약한 대신 독립되어 전승되는 갯제가 상당히 폭넓게 나타난다. 그 동안의 연구에 의하면 26개 마을의 갯제 현황이 파악된다.[16) 이들 중에는 현행되는 사례도 상당히 많으므로 완도에서 갯제는 보편적이고 일반적인 전승 유형에 속한다고 할 수 있다.

완도의 갯제는 해제, 해신제, 수제, 헌석, 보름제사, 유황제 등으로도 불린다. 흑산도에서 많이 쓰이던 둑제라는 명칭은 보이지 않고 갯제라는 말이 주로 사용되고 해제나 해신제, 수제, 보름제사라는 말도 많이 사용되고 있다. 연행시기로 보면 정월 보름과 음력 8월이 주로 나타나며 섣달그믐이나 정초에 지내는 사례도 발견된다. 26개 사례를 그 시기로 보면, 정월 보름－12개, 8월－7개, 보름과 8월 병행－2개, 정초－2개, 섣달그믐－2개, 4월－1개인 것으로 나타나는데, 병행되는 것을 포함하지 않더라도 정월 보름과 8월이 많다는 것을 볼 수 있다.

완도의 갯제는 비슷한 시기에 당제가 있음에도 이와 별도로 전승돼왔고, 경우에 따라 당제의 역할을 수행했음을 보여준다. 예를 들어, 고금면

---

16) 조경만 외, 『완도지방의 민속자료』, 315~316쪽 ; 이경엽, 『금당 사람들의 삶과 민속신앙』, 289쪽.

봉성에서는 정월 1일 당제가 있음에도 정월 보름에 갯제를 지내고 있으며, 약산면 당목과 어두, 금당면 가학, 생일면 금곡 등에서도 당제와 별도로 정월에 갯제가 연행되고 있다. 또한 당제는 없고 갯제만 지내는 마을이 상당수가 있는데 이 경우 갯제가 당제의 역할까지를 맡고 있음을 보여준다. 이것으로 보아 갯제가 독립된 기능과 위상을 지닌 제의로 전승돼왔음을 알 수 있다.

갯제의 내용을 구체적으로 보기 위해 약산면 득암리의 갯제 사례를 들기로 한다.

㈐하득암 마을에서는 매년 정월 14일 저녁 7~8시경에 갯제를 거행한다. 예전에는 마을 처녀 20여 명이 선창에서 지냈다고 하며, 지금은 30~50대의 부녀자들이 주관하고 있다. 갯제를 지내기 위해 깨끗한 가정에서 쌀, 나물을 걷고 역시 깨끗한 가정에서 제물을 장만한다. 제를 지내는 장소는 마을 청년회관, 마을중앙, 선착장이다. 제의 절차를 보면, 짚 위에 진설하고 술을 올리고 재배하는 식으로 간단하게 진행된다. 제사 후에 제를 주관하는 사람이 바닷가에서 "물아래 김서방" 하고 부르면 다른 사람이 "어이"라고 대답하고, 이어 마을 주민의 건강과 해난 사고 방지, 미역·김·톳 등의 해조류 풍작을 기원한다. 그리고는 제물 일부를 바다에 던져 헌식하고 풍물[농악]을 치고 놀면서 바다에 액을 띄워 보내는 '거렁지 띄우기'를 한다. '거렁지'란 짚을 갖고 배 모양으로 만든 것이며, 그 안에 참기를 불을 피운 작은 그릇과 약간의 제물을 담아 바다에 띄워 보내게 된다.[17]

㈐에서 보듯이 완도의 갯제는 해조류 풍작에 대한 기원이 강조된다. 대부분의 마을에서 보이는 축원 내용에는 김·미역 풍작이 빠지지 않고 있다. 이것은 완도의 갯제가 해조류 양식과 밀접한 관련 속에서 전승돼왔음을 말해준다. 그리고 바다에 액을 띄워 보내기 위해 '거렁지'나 바가지에 불을 피우고 음식을 담아 바다에 띄워 보내는 의례 방식이 나타

---

17) 조경만 외, 『완도군의 민속자료』, 292~293쪽.

나는데, 흑산에서 두드러져 보이던 허수아비 의례가 없다는 점이 다르다. 갯제의 수행 주체를 본다면 제관이나 깨끗한 이들만이 참여하는 형태와 주민들이 모두 참여하는 형태로 양분되는데, 어느 경우나 공동체 단위의 의례라는 점에서는 공통적이다. 그리고 무당굿 형태의 전승이 발견되지 않는 것은 신안의 경우와 비교되는 현상이라고 할 수 있다.

한편 위의 갯제에서 "물아래 김서방"이라고 부르고 답하는 방식은 도깨비를 대상으로 이루어지던 도깨비고사와 통한다. '김서방' '참봉' 등으로 호칭되는 도깨비는 덤장과 같은 정치망 어로와 관련 있는데, 이것으로 볼 때 기존의 개펄 어로 방식이 쇠퇴하고 김양식이 새롭게 등장하면서 이에 따른 의례에 변화가 있었던 것으로 추정해 볼 수 있다. 어로 형태의 변천에 따라 김양식이 보편화되면서 이에 따른 의례의 일괄적 수용 과정 속에서 이전의 의례가 새로운 형태로 재생된 것이라고 할 수 있다. 완도 갯제에서 보이는 도깨비 고사의 흔적은 완도와 같이 개펄이 발달한 연안도서권의 특징적인 의례 전승이라고 할 수 있다.

이상에서 보듯이 흑산이나 완도 모두 별도로 전승돼온 갯제가 공동체 단위의 의례라는 위상에 맞게 독립된 기능을 수행해왔다. 그러나 두 지역의 갯제는 당제와의 관련성이나 개별 당제의 연행시기, 연행방식 등에서 약간의 차이를 보여준다. 그것이 어떤 의미를 내포하고 있는가에 대해 다음 장에서 살펴보기로 한다.

3. 갯제 전승과 어로 활동의 관련성

갯제는 어로와 항해의 안전을 빌고 풍어를 기원하는 제의이므로 기본적으로 어업 생산 활동과 밀접한 관련성이 있다. 그러나 이와 같은 기원 목적만이 아니라 연행시기나 지역적 분포 양상의 차이에서 생산

양식과의 일정한 상관성이 발견되므로 그것을 구체적으로 정리해볼 필요가 있다.

앞에서 갯제가 당제와 결합되거나 별도로 전승되고 있고 또한 그것이 일정한 지역차가 있음을 볼 수 있었다. 지역 양상으로 그것을 다시 정리해보면 다음과 같다.

<표 2> 갯제의 지역 양상

지 역	유 형	연행시기	비 고
흑산	당제 결합형	정월(정초)	
	별도 전승형	음력 7월	
완도	별도 전승형	정월(보름)	별도의 당제(정초)
		음력 8월(추분)	

흑산에는 당제 결합형과 별도 전승형이 다 있고, 완도에는 별도 전승형만이 있다. 그러나 연행시기로 볼 때 두 시기에 걸쳐 갯제가 연행된다는 점은 두 지역 모두 마찬가지다. 이것으로 본다면 갯제의 연행은 정월과 7월(또는 8월)에 일년의 두 번 주기로 이루어지고 있음을 알 수 있다. 물론 완도의 경우 두 번 다 하는 사례가 많지 않으므로 각각의 시기를 주목해야 할 것이다.

어떤 지역에서는 당제와의 결속 관계가 강한데 다른 지역은 그렇지 않은지, 그리고 어느 곳은 7월인데 다른 곳은 8월인지 해명될 필요가 있다. 지역 양상은 해당 지역의 어로 생활과 일정한 관련성이 있을 것이다. 특히 연행시기는 세시의례적 성격을 지니고 있으므로 생산 방식의 특성과 연결지어 이해할 수 있을 것이다.

우선 특징적으로 나타나는 부분을 중심으로 논의를 풀어간다면, 완도의 경우 김양식과 밀접한 관련이 있는 것으로 판단된다. 이는 축원의 내용에서 쉽게 파악되는 것이지만 연행 시기의 세시적 특성을 통해서도 알 수 있다.

먼저 정월 갯제를 보기로 한다. 새로운 해가 시작되는 정월에 풍년과 풍어를 비는 당제 및 갯제가 연행되는 것은 특별한 사실이 아니다. 그런데 완도의 경우 그것이 각각 따로 존재하므로 특이하다. 완도에서는 당제가 대부분 섣달그믐이나 정초에 집중해 있음에 비해 갯제는 보름에 주로 이루어진다. 이처럼 비슷한 시기에 두 개의 굵직한 공동체 의례가 별개로 존재한다는 사실은, 새로운 의례가 일정 시기에 새롭게 수용되었을 가능성을 말해준다.

완도지역에서 갯제는 해조류 양식이라는 어업 형태의 등장에 따라 새로운 전승력을 얻게 된 것으로 추정된다. 완도에서의 상업적 양식의 전개는 김을 통해 설명할 수 있는데, 일제강점기로부터 시작되어 1950년대 확산기를 지나 1960~1970년대에 이르러 최고의 호황을 누렸다.[18] 이처럼 해조류 양식이 지역 전반의 특징적인 어업 형태로 자리잡는 과정은 갯제가 새로운 전승력을 확보하여 폭넓게 수용되는 배경이 되었을 것으로 본다. 양식 이전에도 갯제가 있었을 것이지만 그것이 그대로 지속된 것이 현재의 양상은 아니다. 앞에서 얘기한 바와 같이 개펄의 정치망 어업과 관련해 전승되던 도깨비고사와 같은 의례가 새로운 어업 형태의 등장에 따라 새롭게 수용되었다고 볼 수 있다. 그리고 해조류 양식이 퍼지면서 갯제의 수요가 급속히 확산되는 과정에서 정월 초의 당제와 별도로 해조류 양식의 풍작을 기원하는 보름제사로서 자리잡은 것이 현행의 갯제라고 할 수 있다.

완도에서는 갯제의 별칭으로 보름제, 보름제사라는 말을 쓰기도 하는데 그 연행시기와 관련된 명칭이다. 그런데 새롭게 수용된 갯제를 왜 보름에 연행했는지는 확실치 않다. 이는 왜 당제와 결합되지 않았는가라는

---

18) 김준, 『어촌사회의 구조와 변동』, 전남대 박사학위논문, 2000, 72쪽.

질문과 통할 것인데, 일정 시기에 일괄적으로 수용되다 보니 기능이 다른 두 제의를 별개로 인식하여 구분했던 것이 아닌가 짐작된다. 이미 정초에는 당제가 있으니 별개로 인식한 갯제를 보름에 수용했을 것으로 보는 것이다. 더욱이 대보름은 전통적으로 일년의 복과 재수를 축원하는 명절이므로 자연스럽게 받아들였을 가능성이 있다. 갯제를 하는 동안 마을 청년들이 김이나 미역이 잘된 마을의 갯벌 훔치기를 억세게 했다는 말을 쉽게 들을 수 있는데, 갯제가 보름에 이루어지는 공동체 단위의 기복 행사들과 연결되므로 보름 민속으로 자연스럽게 유인되어 정착했을 가능성이 있다.

이에 비해 흑산도의 갯제는 양식이라는 근대적 어업 형태의 도입과 함께 일괄적으로 수용된 것이 아니라 상대적으로 이른 시기부터 지속돼 온 전승 형태라고 여겨진다. 전형적인 도서지역 당제 유형에 속하는 정초형 당제에 갯제가 굳건히 결합되어 있는 데서 그것을 엿볼 수 있다. 호남지역의 당제를 연행시기로 보면 도서지역은 정초형이 일반적이고 내륙지역은 보름형이 일반적이다.[19] 흑산의 정월 갯제는 이와 같은 정초형 당제에서, 상당제와 하당제의 관계로 또는 상당제·하당제와 둑제의 관계로 결속되어 있다. 또한 흑산도의 경우는 근대의 어업 양식이나 단일 어로와 결부되지 않는다는 데서 보듯이 지속적인 전통으로 존재했음을 알 수 있다. 근대의 특정화된 어업 생산 형태만이 아니라 어로 활동의 지속적인 전통과 관련지어 정월의 당제와 결합된 축원의례로서 전승돼온 것으로 추정된다.

완도의 8월 갯제는 김양식과 밀접한 관련이 있다. 이는 앞서 본 정월 보름 갯제에서도 얘기했지만, 8월의 경우 김 생산 주기와 더욱 밀접한 관련 속에서 전승되었다. 정월 보름과 병행되는 사례(2개)까지 합하면 26개 마을 중 9개 마을에서 8월에 갯제를 지낸 것으로 파악된다. 8월 중

---

19) 나경수, 『광주·전남의 민속연구』, 민속원, 1998, 219쪽.

에서도 특히 추분 무렵 김발 세울 때라고 말하는데 갯제가 김양식의 시점에서 이루어지는 축원의례적 성격을 띠고 있음을 알 수 있다. 이와 관련해 김발고사를 생각해볼 수 있다. 15~20년 전까지만 해도 음력 8월에 처음 김발을 엮어 물에 넣을 때 개인 집에서 선영상을 차려놓고 김이 잘 되게 해달라고 비는 의례가 있었다. 김농사는 김포자가 망에 많이 달라붙어야 성공을 기약할 수 있다. 그러므로 김발을 막으러 갈 때 검붉은 팥밥을 차려놓고 유사한 색깔의 포자가 김발에 많이 달라붙기를 축원하는 주술적 의례를 거행했던 것이다.[20]

이와 같이 김양식은 인공적 생산 방식이지만 의례와 관련을 맺고 있다. 지금처럼 인공포자를 이용하기 전까지는 포자가 김발에 많이 달라붙는 것이 김농사의 성공을 좌우했으므로 그것을 비는 의례 역시 중요한 관심사였다. 공동체 단위의 의례로서 갯제가 중요시되었던 것도 이런 사정과 관련이 있을 것이다. 완도지역에서는 8, 9월에 어촌계 정기총회를 열어 어장 정리와 주비 추첨 등을 하고 김발을 세워 채묘를 한 후 12월~3월에 채취를 하게 되는데,[21] 갯제는 이러한 김 양식 주기의 시발점에 배치되어 있다. 이런 이유 때문인지 고금면 회룡마을의 경우 정월 보름에 지내던 갯제를 추분 무렵으로 옮겨 지내고 있다. 이와 같이 추분 무렵에 갯제를 지내는 것은 김양식 시설을 갖추는 시기에 갯제를 지냄으로써 축원을 구체화하려는 의지와 관련된 것으로 보인다.

흑산의 7월 갯제는 특정 어로 형태에 제한되지 않는 것으로 나타난다. 흑산 사람들은 7월을 '어장달'이라고 말한다. 다양한 어로가 이 무렵에 활발하게 이루어진다는 뜻이다. 7월이 어장하기에 적기라는 표현으로 "마가 걷어지면 건들 온다"라는 말을 하기도 하는데, 여름 장마가 지나가면 날씨가 좋아져 미역 채취하기도 좋고 어장질 하기도 좋다는 의미

---

20) 이경엽, 앞의 논문, 190쪽.
21) 김준, 앞의 논문, 109~120쪽.

로 사용한다. 곧 7월을 전후해 어장하기 좋은 환경이 조성된다는 뜻이라고 할 수 있다.

7월 어장달에 갯제가 연행된다는 사실과 관련해 (나)에서 소개한 제보자의 말을 참고할 필요가 있다. 이수철(남, 68)은, "그때 왜 했냐 하면, 바다에 생을 의존하기 때문에 뭐 해초라든가 고기류가 전체 여름에 나. 여름에 많이 나 풍성히. 그것을 기원하는 차원에서 하는 거지. 어장달을 택해서"라고 말한다. 그리고 다른 이들도 '7월이 어장하기 좋은 때이고, 어장 잘 되게, 고기 잘 잡게 해달라고 둑제를 지낸다'고 말한다. 흑산에서 갯제를 달리 부를 때 '어장제'라는 말을 쓰는 까닭도 이와 관련이 있다.

그런데 일이 많은 어장달에 갯제를 지낸다는 것은 선뜻 이해가 되지 않는다. 어장달에 해산물의 풍작을 비는 갯제를 지낸다는 주민들의 말을 그대로 받아들여도 무방하지만, 연행시기 문제를 더 탐색해 봄으로써 어로 활동과의 관련성을 어느 정도 파악해볼 수 있을 것이다. 아래에서 자세히 분석해 보겠지만, 갯제의 연행시기는 음력 7월 말인 것으로 나타난다. 이 무렵은 가을의 초입에 해당하는데, 이 때가 바다 생물의 일생이란 관점에서 볼 때는 봄이라는 사실을 생각해 볼 수 있다. 이것에 대해서는 해양생물학적 검토가 보강되어야 하겠지만, 흑산의 갯제가 전통적인 어로 활동과 관련이 있으므로 토착적인 어업주기를 생각해 볼 수 있다. 이와 관련해 흑산도에서 자생하는 떡미역과 가새미역이 가을에서 겨울 동안에 걸쳐 자라고 주민들이 이것을 6~7월에 따서 말리는 생산 주기를 생각해 볼 수 있다.[22] 그리고 요즘의 양상이지만 8월을 금어기로 정해 고기잡이를 할 수 없도록 한 규정도 참고할 필요가 있다. 이 규정이 해양생물의 일생 및 번식과 관련되어 마련되었다면 갯제 시기와 어로 활동의 상관성은 보다 분명해지리라고 본다. 곧 어류나 해조류 번식

---

22) 이태원, 『현산어보를 찾아서』 1, 청어람미디어, 2003, 229~231쪽 참고.

과 관련해 '바다의 봄'이 시작되는 무렵에 갯제를 지냄으로써 해산물의 풍작과 풍어를 축원했던 것으로 정리할 수 있는 것이다.

흑산의 갯제 시기는 주민들의 토착지식인 물때와 관련 있는 것으로 해석된다. 일반적으로 갯제 시기는 날이 고정되어 있지 않고 택일을 하는데, 비리마을에서 '천지신명이 모든 것을 용서해주는 날'을 잡듯이[23] 심리에서도 역학하는 이들이 좋은 날을 잡았다고 말한다. 그러나 갯제의 택일에서 역학에 의한 판단도 있지만 물때라는 생태적 시간이 작용하고 있음을 주목할 필요가 있다.

갯제는 물때를 기준으로 삼아 사리 무렵에 지냈던 것으로 조사된다. 어로 작업이 활발한 어장달에 갯제를 지내면 번거롭지 않느냐는 질문에 주민들은 사리 때라면 크게 상관없다고 말한다. 사리 때가 되면 "배도 안 타고, 그 때는 물이 시니까 일도 안 하고, 그러니까 그때 둑제를 지내는 게 좋다"라고 말한다. 주요 어로 활동이 조금 무렵에 이루어지므로 상대적으로 덜 바쁜 사리 때에 날을 잡아서 갯제를 지냈다는 것이다.

여기서 물때라는 생태적 시간이 어로력漁撈曆과 관련되고 또 의례력儀禮曆과 밀접한 상관성이 있음을 볼 수 있다.[24] 흑산도 심리 사람들은 전통적으로 주낙 어로를 많이 해왔다. 최근 들어 유자망이나 낭장망 등이 일반화되었지만 전통적인 망어업으로는 멸치를 잡는 들망이 있을 뿐, 대부분 주낙을 이용해 어로 작업을 해왔다. 주어종이라고 할 수 있는 등태, 홍어, 조기, 상어 등을 대부분 주낙으로 잡았다. 또한 해녀들이 물질을 하여 전복이나 해삼, 멍게 등을 채취하는 어로가 성했으며, 간조 시에 자연산 미역을 채취하는 일도 주요 어로 작업이었다. 그런데 이 작업들이 해조류 채취를 제외하고는 대부분 조금 때 이루어진다는 점에서

---

23) 조경만, 앞의 논문, 173쪽.
24) 이경엽, 「서남해지역 민속문화의 특성과 활용 방향」, 『한국민속학』 37호, 한국
    민속학회, 2003, 164~165쪽.

주목된다. 주낙, 들망, 무질 등은 모두 조금 때가 적기로 간주된다. 작업 시기의 적절성과 관련해 "사리 때는 물이 세니까 물고기가, (물이) 뜹뜹해서 안 배니까(보이니까) 깔앉는다(가라앉는다)", "조금에 물이 맑아야 고기가 뜬다"와 같은 표현들을 쓰는데, 사리보다 조금 무렵이 어로 작업의 적기라는 뜻으로 사용된다. 주민들이 조금에 어장일을 하고 사리 때는 '물이 시니까 배도 안 타고 일도 안 한다'고 하는 것은 이런 기준에 따른 것이다. 그리고 이것을 고려해 사리 때인 7월 그믐 무렵에 날을 잡아 갯제를 지냈다고 하는데, 갯제일을 물때 및 어로력의 주기에 맞춰 배치했음을 보여준다.

흑산지역에서 볼 수 있는 물때와 어로력·의례력의 상관성은 흑산의 생태환경과 관련 있다. 이는 개펄어로가 발달한 연근해지역의 경우와 대비해보면 쉽게 알 수 있다. 흑산 일대는 개펄이 발달하지 않고 조간대가 넓지 않다. 대신 수심이 깊고 물이 맑기 때문에 물질이나 주낙 어로를 주로 해왔고 이에 따라 그 일을 하는 데 적합한 조금 무렵에 어로 활동을 집중해왔다. 그러나 조수간만의 차나 조류의 흐름을 이용해 덤장이나 독살, 중선망, 낭장 등을 주로 해온 지역에서는 사리 무렵에 활발한 어로 활동이 이루어진다. 그래서 물이 '살아나기' 시작하는 서무샛날[서물]을 어로의 시점으로 보고 이날 각종 고사를 지낸다. 연안도서지역에서 서물은 어로력의 시점이자 각종 고사를 지내는 신성일神聖日인 셈이다.25) 생태환경의 조건에 따라 물때의 적용이 다르게 나타나고 있음을 알 수 있다. 그러나 어느 경우나 물때라는 생태적 시간에 적응하여 고기잡이, 의례가 이루어지고 있음은 마찬가지라고 할 수 있다.

이상에서 보듯이 갯제는 어로의 안전과 풍어를 비는 의례로서 어민들의 생계 활동과 긴밀히 연관되어 있다. 정월달의 갯제가 당제와 결부되거나 별개로 존재하는 것은 해당 지역 전승 기반의 차이에 따른 것이다.

---

25) 이경엽, 「금당 사람들의 삶과 민속신앙」, 187~188쪽.

흑산의 경우 바다와의 절대적 관계를 지닌 원해지역으로서, 전통적인 어업의 지속과 갯제의 전승 형태가 밀접한 관련이 있다. 완도는 양식이라는 근대적 어업의 도입과 연관된다. 그리고 그것이 도서지역의 일반적 당제 형태라고 할 수 있는 정초형 당제와의 결합 방식에서 차이를 낳은 것으로 보인다. 그렇지만 어느 경우나 일년의 풍요다산을 축원하는 의례라는 점은 마찬가지다.

그런데 갯제는 어업 생산 의례이므로 그것의 수요에 맞춰 정월 갯제 외에 어장달 또는 어로 활동의 시점이 되는 시기에 따로 연행되었다. 흑산의 7월 갯제나 완도의 8월 갯제는 각각 해당 지역의 어로 활동 기반과 관련이 있다. 흑산의 경우 생태환경에 따른 전통적인 어로 활동과 물때라는 생태적 시간, 의례가 상관성이 있음을 보여준다. 그리고 완도는 해조류 양식과 연관이 있으며, 김양식의 특성에 따른 주술성 및 김발 세우는 시기 등이 밀접한 관련이 있음을 보여준다.

갯제가 어민들의 생계 활동 속에서 생성되고 전승돼왔음을 알 수 있다. 이것은 갯제가 일반 세시의례 주기와 상관없이 이루어진다는 사실과도 관련 있다. 흔히 7월이라면 백중, 8월이라면 추석을 먼저 떠올리지만 갯제는 그런 명절들과 별로 상관이 없다. 완도 약산 어두리같은 경우 추석에 갯제를 지내기도 하지만 대부분 김발을 세우는 시기를 기준으로 삼는다. 이것은 갯제가, 농업 생산 주기에서 형성된 백중이나 추석과 관련 없이 어업 생산 의례로서 독자적 기능을 유지해왔음을 말해준다.

4. 갯제의 수행 방식과 용왕신앙

갯제에서 모셔지는 신격은 용왕이다. '물아래 김서방' '김참봉' 등이 거론되는 완도 갯제의 경우 도깨비를 상정해 볼 수 있지만 이것은 선행

형태의 흔적에 따른 것이라고 볼 수 있고, 주민들의 전승의식 속에서 작용하는 신격은 용왕이라고 할 수 있다. 갯제 관련 조사보고서에서 예외 없이 신격을 용왕이라고 말하고 있는데, 어로 형태의 변천에 따른 의례 및 신격의 변화가 문제되겠지만[26] 현행 의례의 주신격이 용왕인 것은 분명하다고 할 수 있다.

당제의 경우 신이 다양하지만 갯제의 신격은 단일하다. 상당이나 중당 등에서 모셔지는 신들을 보면 계통도 다양하고 종류도 많다. 그런데 갯제에서는 용왕 이외의 신격이 나오지 않는다. 해양신앙에서 차지하는 용왕의 절대적인 지위를 말해준다. 용왕이 바다를 관장하는 신이므로 갯제에서 모셔지는 것은 자연스러운 현상이라고 할 수 있다.

용은 한국만이 아니라 중국·일본 등을 비롯한 동양인의 정신세계에 큰 영향을 미쳐온 존재다. 우리나라에서 용은 물을 신격화한 상상의 동물로서 고대로부터 물을 다스리는 신성한 동물로 여겨져 왔다. 용은 바다나 강, 못 등에 살며 비를 오게 하고 물을 다스리는 능력을 지닌 것으로 여겨져 왔다. 그로 인해 용은 농경신, 해신, 수신 등으로 신앙되고 기우제의 대상으로 섬겨졌다. 또한 용이 지닌 초능력은 정치적 지배자인 왕권의 상징과 국가를 수호하는 호국용, 불교의 호법용 등과 같은 다양한 모습으로 형상화되었다.

이런 양상 중에서 기층적이고 지속적인 신앙의 대상으로 섬겨지는 사례는 도서지역에서 찾을 수 있고, 특히 갯제에서 구체적으로 나타난다. 용왕의 경우 보편적인 존재이므로 특정의 사례에 제한되지 않지만, 용왕신앙이 집중되어 있는 흑산 일대에서는 신화 전승을 동반하여 신앙되고

---

26) 어로 형태의 변천과 의례 및 신격의 변화는 일정한 상관성이 있다. 특히 완도 갯제의 경우 해조류 양식의 일괄적 도입에 따라 새롭게 수용된 것이므로 선행 형태의 의례를 어떻게 승계했는지, 또 어떻게 달라졌는지 따져 볼 필요가 있다. 한편 이것은 인근 지역 사례에 대한 검토를 병행해야 하므로 그 자체가 새로운 연구 과제라고 할 수 있다. 이에 대해서는 별도로 연구하고자 한다.

있다. 또한 다양한 의례 행위 속에서 여러 가지 모습으로 해석되기도 한다. 그러므로 그것을 분석해 봄으로써 용왕신에 대한 관념과 의식을 살펴볼 수 있을 것이다.

혹산도 진리당에는 주신인 소저아기씨(당각시)와 그 배우신인 도령님(총각신)의 좌정 유래를 담은 당신화가 전한다. 총각신은 본래 표류해서 마을에 들어왔는데 마을 처녀인 '을녀'와 결혼했으며, 배를 건조하고 그물을 만드는 기술을 그녀에게 가르쳐 주었다고 한다. 또한 새벽이면 몰래 바다가 나가, 불을 달고 있는 거북을 데리고 바다를 휩쓸고 다녔는데, 그것을 을녀에게 들킨 후 바다로 돌아갔다고 한다. 을녀는 용왕으로부터 배운 새로운 기술로 부자가 되어 마을 사람들에게 쌀과 돈을 나눠주는 덕을 베풀었고, 그 후 당각시로 모셔지게 되었다고 한다.[27] 그리고 수부로 떠난 용왕은 이후 마을에 다시 찾아왔는데, 그가 바로 ㈜에 나오는 옹기배를 타고 온 총각화장이라고 한다.

㈜면 옛날 옹기 배가 진리에 정박했는데, 이 배에는 취사와 잔심부름을 하는 총각선원이 있었다. 선원들이 옹기그릇을 팔기 위해 마을에 들어가면 총각은 당마당의 노송에 올라가 나뭇잎 피리를 불었다. 옹기를 다 판 후 배가 출항하려고 하자 역풍이 몰아쳐 항해할 수가 없었다. 총각이 노송에 올라가 피리를 불면 바다가 잔잔해지고 어부들은 고기를 많이 잡았다. 바람이 자고 물결이 가라앉자 다시 배의 돛을 올렸다. 그러자 다시 역풍이 세차게 몰아쳤다. 이러기를 되풀이하자 사공들이 점쟁이에게 점을 쳐보게 하였는데 당각시가 총각의 피리소리에 반하였다고 했다. 도사공이 총각에게 거짓 심부름을 시켜 진리에 떼어 놓고 서둘러 출항해 버렸다. 총각은 몇 날을 노송에 올라 피리를 불다 죽었다. 마을 사람들이 노송 밑에 시신을 묻어 주고

---

27) 이 내용과 관련해 최덕원의 책에는 "용신이었는데 마을의 처녀와 결혼한 후 수부가 있는 먼 바다로 가버렸다"고 기록되어 있다(『다도해의 당제』, 82쪽). 그런데 최덕원은 필자와 동행한 현지조사에서, 40여 년 전 초기 조사 당시 노인들에게 들었던 말이라면서 이 내용을 들려주었다(2003.7.21. 혹산도 진리 현지조사).

> 총각의 화상을 그려 당각시 화상 옆에 걸어 놓고 당제를 지냈다. 오늘날에
> 도 풍랑을 가라앉히는 용신으로 믿고 기원하고 있으며, 나무에 기어오르므
> 로 당각시가 있는 천계에 올랐다고 한다.[28]

이처럼 진리당에서 모셔지는 용신은 마을의 안녕과 풍어를 가져다 주는 존재로 여겨지고 있다. 진리마을에서는 용왕을 위해 바닷가에 용신당을 만들어 모시고 있다. 곧 각시신을 주신으로 모신 상당이 있고 용왕을 위해 바닷가 절벽에 중당(용신당)을 따로 조성해 모시고 있는 것이다. 그리고 정월에 당제를 모실 때에는 상당에서 제를 마친 후 용신당에서 용신을 맞이하여 바닷가로 내려와 갯제를 지내고 무당을 불러 용왕굿을 거행한다.

또한 홍도 석촌당에도 배를 타고 온 총각화장신화가 전하는데, 총각신을 모시고 있는 용왕당에 제사를 지내면 풍랑이 멈추고 많은 고기를 잡을 수 있어 마을 수호신으로 모시고 있다고 한다. 그리고 초사흔날 갯제를 지내면서 용왕신인 총각신을 기쁘게 하며 1년의 바닷일과 집안일을 의탁하며 기원한다고 한다.[29]

이와 같은 당신화에 나오는 용왕은 주민들의 삶과 직접적으로 연관된 어로신으로 묘사되어 있다. 이는 일반 용설화에서 보기 힘든 구체적인 직능신의 모습이라는 점에서 관심을 끈다. 이들 당신화는 단순한 구전이 아니라 제의의 구술 상관물로서 전승되고 있다. 그리고 마을 수호신이자 갯제에서 모셔지는 해신으로 형상화되어 있다. 여기에는 바다와 절대적 관계를 맺고 살고 있는 원해지역 주민들의 삶이 반영되어 있다. 기존의 신격에 해당하는 당할아버지·당할머니의 의미를 축소시키고 각시신과 그 배우신인 용신을 새로운 신격으로 모시고 있는 기저에는, 절대적 관계에 있는 바다와 조화를 이루고 그 속에서 풍요다산을 구체

---

28) 최덕원, 위의 책, 84~86쪽.
29) 최덕원, 위의 책, 106~107쪽.

적이고 지속적으로 보장받고 싶어하는 신앙의식이 자리잡고 있다고 할 수 있다.30)

용왕은 갯제에서 모셔지는 신격이다. 흑산의 갯제에서는 이런 용왕의 신체라고 하여 허수아비를 대상으로 한 의례가 베풀어진다. 그런데 이는 흑산에서만 보이며 완도에는 없다. 완도지역에는 흑산과 같은 당신화가 없으며 용왕의 신체라고 말하는 허수아비 의례도 없다. 한편 당신화와 허수아비는 직접적인 상관성이 없고, 흑산에서도 어떤 곳에서는 허수아비가 용왕의 신체가 아닌 다른 의미를 지닌 존재로 설명되기도 한다. 그러므로 갯제의 수행 방식을 검토해 봄으로써 의례에서 형상화된 용왕신 및 그와 관련된 해양인식 태도를 살펴볼 필요가 있다.

당제를 중심에 놓고 분석해 본다면 말미에 붙은 갯제는 송신送神과 제액除厄의 기능을 지닌 절차로 해석할 수 있다. 대부분의 제의가 청신-오신-송신의 구조로 되어 있고 당제의 마지막 거리로 갯제가 연행된다는 점에서 볼 때 제액을 위해 잡귀를 퇴송하는 절차로서 갯제의 기능을 설명할 수 있다.31) 갯제가 거리제, 헌식 등의 이름과 혼용되기도 한다는 점에서 일리 있는 설명이라고 할 수 있다. 그러나 당제와 별도로 갯제가 전승되는 경우가 많고, 그 자체로 완결된 구조를 지니고 있으므로 당제 말미의 기능만으로 갯제를 설명할 수 없을 것이다. 이는 갯제가 당제와 결합되어 전승되면서 생겨난 기능의 복합이라고 할 수 있고, 갯제는 독자적인 기능과 구조를 지닌 의례라고 할 수 있다.

갯제의 진행을 보면 당제와 큰 차이가 있다. 당제가 제관들만의 엄숙한 의례로 진행되는 데 비해, 갯제는 당제에서 소외된 여자들이 주축을 이루며 주민 전체가 참여한 축제로서 전개된다. 또한 그 규모로 볼 때 소를 잡아 제물을 장만하고 집집마다 제상을 이고 나와 바닷가에 차려

---

30) 이경엽, 「흑산도 진리당신화의 형성과 의미」, 230~231쪽 참고.
31) 나경수, 앞의 책, 338~339쪽.

놓고 지낸다. 개인신앙 단위의 다양한 기대를 공동체 의례에 결합시키는 구조에서 보듯이 신앙의식의 집중이 두드러져 나타난다. 이처럼 갯제가 '당제'보다 성대했으므로 주민들이 표출하는 신앙의식이나 놀이의식의 측면에서도 갯제의 비중이 적지 않았음을 알 수 있다.

한편 완도의 경우까지 포함해 볼 때 갯제의 독자적인 성격은 당제와 별도로 설명할 때 찾아지므로 갯제를 중심으로 의례 수행 방식을 살펴볼 필요가 있다. 일반적으로 갯제는, 제상을 차리고 제사를 지낸 후에 헌식을 하고 허수아비 의례를 한 후 하수아비를 배에 태워 바다로 띄워 보내는 순으로 전개된다. 완도라면 허수아비 의례가 없으므로 대신 제물을 담은 바가지'나 '거렁지'를 바다에 띄워 보내는 방식으로 진행된다.

이와 같은 갯제 수행 방식은 크게 네 가지 유형으로 나누어 볼 수 있다.

①제사+헌식
②제사+헌식+헌식배 또는 바가지 띄우기
③제사+헌식+허수아비 버리기
④제사+헌식+허수아비를 헌식배에 실어 띄우기

①은 모든 유형에 다 나온다. 헌식이란 제사 후에 제물 일부를 제장 부근이나 바다에 던져 넣는 행위다. 곳에 따라서는 이 방식만으로 끝나기도 하므로 가장 간단한 유형이라고 할 수 있다. 이 단계로 끝나는 사례는 흑산에는 없고 완도에 몇 사례가 있다. 헌식한 제물의 상태와 관련해, 바다에 던진 밥알이 잘 가라앉아야 만사가 형통하고 그렇지 않으면 불행이 온다는 해석이 결부되기도 한다. 흑산 상태도와 비리마을에서 그런 설명을 들을 수 있다. 헌식의 대상이 누구인지 분명히 드러나지는 않은데, 완도지역에서는 바다에 사는 잡귀잡신에게 주는 것이라고 말하기도 한다.

②는 제물 일부와 참기름불을 담은 바가지를 바다에 띄우는 방식이

다. 완도 갯제에서 주로 보인다. '물아래 김서방'을 불러 어장 풍년을 기원하는 축원을 한 후 바가지 또는 짚으로 만든 배 모양의 '거렁지'를 띄워보낸다. 이것에 대해, 마을의 액운을 바다 멀리 내치는 의미를 지닌 것이라고 해석한다. 흑산도 심리에서는 판자로 만든 작은 헌석배[헌식배]를 띄워 보냈는데 바다 멀리 나가야 복을 받는다고 여겼다. 그런데 『다도해의 당제』에 의하면 심리에서 헌식배만이 아니라 허수아비를 같이 보냈다고 하므로 후대에 변화가 있었던 것으로 보인다.

③은 허재비[허수아비]를 만들어 바다에 버리는 유형이다. 허수아비는 대개 짚으로 만들며 성기를 과장되게 크게 만든다는 것이 특징이다. 허수아비에게 음식을 먹이거나 담배를 피워 물리는 등 인격화된 존재로 취급하며 재담과 놀이를 하고 허수아비를 버리게 된다. 이 허수아비를 그냥 바다에 던지기도 하지만 배에 띄워 보내기도 하는데 그것이 ④이다. 그러므로 ③과 ④는 허수아비 처리 방식이 다를 뿐 비슷하다. ③은 우이도 진리에서 볼 수 있다. 이 마을에서는 음식을 담은 '오장체'를 허수아비에 묶어 선창구미 끝에서 바다에 던져 물결따라 흘러가도록 했다고 한다.[32]

④는 판자로 헌식배를 만들어 허수아비를 실은 후 퇴송하는 유형이다. 지역에 따라서는 띠배를 만들어 보내기도 한다. 그리고 바람을 받아 먼 바다로 흘러갈 수 있도록 배에 돛과 키를 달았다. 이 유형은 허수아비를 상대로 재담하고 씨름한 이후 허수아비를 메고 마을의 액을 쓸고 나와 바다 멀리 전송하는 방식으로 전개된다. 이 방식은 흑산의 대부분의 마을에서 수행했던 의례 방식이다. 이런 점에서 흑산의 일반적인 전승 유형이라고 할 수 있다.

이상에서 보듯이 허수아비 배송 의례가 특징적인 방식임을 알 수 있다. 특히 흑산 일대에서는 허수아비를 용왕의 신체라고 말하는 경우가

---

32) 2000.8.8. 신안 도초면 우이도 진리 현지조사. 제보자: 문채옥(남, 81).

많으므로 주목할 필요가 있다. 한편 어떤 마을에서는 인간의 기원을 받아 액을 내치러 가는 존재라고 설명되기도 한다. 전자의 사례는 대둔도 수리, 흑산도 천촌리, 흑산도 소사리, 가거도 대리, 우이도 진리 등에서 볼 수 있다. 우이도 진리같은 경우 허수아비를 '북해용왕'이라고 부른다. 그리고 후자는 상태도와 가거도 대풍리에서 볼 수 있는데, 상태도에서는 '허재비당영감', 대풍리에서는 '서낭영감'이라고 부른다.

허수아비를 용왕의 신체로 여기는 경우 ㈐에서처럼 숭배의 대상으로 묘사되기도 하지만 한편으로 ㈑에서처럼 얼러지고 위협받는 존재로 그려진다.

㈐제주 : 영특하신 용왕 할아버지 소원성취 바람이요. 하위동심하소서. 올해도 많은 고기 잡게 해주소서. 배 가득 채워 주소서. 큰 돈 벌어 부모님 공양하고 처자식 하육하게 하소서. (중략)
㈑선주 : 할아버지! 모든 액 다 가져다가 다 버리고 우리 선주님네들 배 가득 채워 주시오. 그렇지 않으면 이 장두칼로…
용왕 : 앗다! 이 놈아 겁주지 마라. 기절좆풍하겠다.
선주 : 좆풍이 아니라 촛풍입니다. (웃음)[33]

여기에 나오는 허수아비는 용왕의 신체로서 술과 음식을 대접받으면서 온갖 재담으로 얼러지기도 하고 위협받기도 하는 존재이다. 단일하지 않은 복합된 사고가 개재되어 있음을 볼 수 있다.

그리고 운반자의 역할로 설정된 허수아비의 경우, ㈑에 나오는 '모든 액 가져다가 버리고'의 모습과도 겹치므로 별개의 존재라고 할 수 없으나, 상태도의 당영감이나 가거도 대풍리의 서낭영감처럼 성격이 다르게 형상화되어 있으므로 구별해야 한다. 상태도와 대풍리의 허수아비는 '마을의 모든 액운을 가지고 먼 바다에 있는 용왕에게 가서 버리고, 돌아올

---

33) 최덕원, 앞의 책, 90쪽.

때 새로운 복과 풍어를 가지고 오는' 운반자의 역할을 부여받은 존재다. 당영감이나 서낭영감이란 이름으로 봐서는 당제의 주신같은 느낌이지만 역할로 볼 때 운반자라고 할 수 있다. 이는 전북 위도용왕굿에 나오는 허수아비 역할과도 통한다. 위도에서는 띠배에 싣고 갈 허수아비를 7개 만드는데, 과거 중선배 선원 숫자만큼 만든 것이라고 하며, 마을의 액을 띠배에 싣고 가서 용왕에게 전달하는 역할을 담당하는 존재라고 한다.

허수아비 의례에는 섬사람들의 독특한 해양인식 태도가 반영되어 있다. 다음의 설명과 같이 허수아비 의례에 나타난 바다는 물리적인 공간이 아니라 문화적인 공간으로 설정된다.

> 사람들이 용왕에게 헌식하는 것은, 그가 관장하는 바다에서의 풍요와 안전을 도모하기 위함이며, 따라서 바다라는 자연을 단순히 객체적인 자연이 아니라 인간과 초자연적인 존재가 교류하는 문화적 공간으로 보고 그러한 자연이 보다 나은 삶의 공간이 되도록 하려는 의례 행위이다. 허수아비 의례에서의 바다 역시 초자연적 존재·능력이 개재된 문화적 공간이나 이 공간은 마을이라는 삶의 공간과 격리되어 삶을 저해하는 것들이 내쳐지는 곳으로 설정되어 있다.34)

이와 같은 허수아비 의례는 신안 도초도 고란리의 죽마竹馬 의례와도 통한다. 고란리에서도 죽마에 액을 담아 내치며 풍년을 가져오도록 축원한다. 허수아비나 죽마는 삶을 저해하는 액을 담아가는 신승물(vehicle)에 해당한다. 주민들은 이런 허수아비 또는 죽마가 바다 너머 어떤 곳으로 그 액을 가져가는 것으로 여긴다. 해양 타세관海洋他界觀에 의지해 바다 너머로 액을 내치고 삶터를 안정적으로 유지하고자 하는 바람이 담겨 있다고 할 수 있다. 의례 속에서 바다는 초자연적 능력이 개재된 곳으로 설정되어 있다. 이는 바다를 삶터로 여기는 사고의 연장이라고 할 수 있

---

34) 조경만, 앞의 논문, 156~157쪽.

다. 생존의 차원에서 바다에 적응하며 살아가야 하기 때문에 그에 따른 문화적 적응 기제로서 이같은 자연의 의미화가 이루어진 것이라고 할 수 있다.[35]

이상에서 본 것과 같이 갯제의 수행 방식은 여러 유형이 있으며 지역차를 보이기도 한다. 비슷한 용왕신앙이지만 연근해지역인 완도에는 헌식과 바가지 띄우기 의례가 주를 이루고 있고, 원해지역인 우이도나 흑산에는 허수아비 의례가 집중화되어 있다.

그리고 비슷한 허수아비 의례인데도 그 의미화 방식에서는 차이가 있다. 위도처럼 근해 지역에서는 운반자적 역할이 일반적인데 비해 먼바다에 위치한 흑산에서는 허수아비를 용왕의 신체로 여기는 형태가 더 많이 나타난다. 흑산지역에서는 2개 마을에서만 운반자적 존재로 나타나며 수리를 비롯한 대부분의 마을에서는 '길흉화복의 관장자'라고 설정된다. 이런 양상은 용왕신앙이 절대화되어 전승되고 있는 원해 지역의 특성에 따른 변이라고 해석된다. 용왕신앙이 특별하게 강조되는 전승지역의 특성에 따라 허수아비에 대한 역할 기대가 강화되면서 기원의 대상인 용왕으로까지 의미가 확장되어 있는 것이다.[36] 이것은 전승지역의 생태환경적 차이에 따른 것이라고 볼 수 있다.

해조류 양식이 배경으로 작용하는 완도 갯제의 경우 적극적인 의례 방식을 취하지 않고 있다. 양식이라는 근대 어업 형태 및 상대적으로 덜 험한 연근해지역이라는 조건과 관련 있을 것이다. 그러나 흑산, 우이도 지역은 험난한 바다와 직접적으로 대응하며 살아야 하는 곳이며, 예로부터 어선어업이 발달한 곳이므로 적극적인 의례 방식이 요구되었다고 할 수 있다.[37] 허수아비 의례는 이와 같은 전승현장의 특성과 맥락 속에서

---

35) 이경엽, 「서남해지역 민속문화의 특성과 활용 방향」, 167쪽.

36) 이경엽, 「연행 인형 연구의 새로운 방향」, 『시학과 언어학』 6호, 시학과언어학회, 2003, 187쪽.

보다 강조되고 부각된 것이라고 할 수 있다.

이와 같이 갯제의 허수아비 의례는 용왕신앙이 구체화되어 나타난 특징적인 의례 방식이다. 허수아비는 용왕에게 인간의 기원을 전달해주는 운반자이다. 액운을 내치고 풍어를 바라는 종교적 축원은 추상적일 수밖에 없다. 그런데 갯제에서는 그것을 시각적으로 구상화한 형태로 연출하고 있다. 허수아비 의례에는, 갯제라는 의례 공간에서 초자연적 존재를 자유롭게 부리고 조종함으로써 축원을 극대화하려는 주술적 욕망[38]이 표출되고 있다. 허수아비를 제작하여 그를 상대로 재담을 하고 놀이를 펼침으로써 조종 가능한 대상으로 삼고, 궁극적으로 기대하는 풍요로운 삶을 얻고자 하는 주술적 욕망이 반영되어 있는 것이다.

이는 용왕의 신체 논의와도 관련된다. 몇몇 사례를 보면 용왕의 신체가 허수아비라고 하는데, 왜 허수아비인가에 대해 의문이 든다. 허수아비를 용왕의 신체로 여기는 것은 본래적 양상이 아니라고 본다. 앞에서 본 것과 같이 원해지역이라는 생태환경 속에서 나타난 변이라고 할 수 있다.

허수아비를 용왕의 신체라고 한 것은 실제 용왕의 형상을 의미하는 것이 아니라 주술적 욕망의 의례적·연극적 투영이라고 할 수 있다. 민속현장에서 용과 관련된 형상물로 줄다리기의 '줄'이 있고, 건축물이나 탱화, 무신도 등에는 용 조각이나 그림이 나온다. 상상의 동물이지만 몸이 길고 비늘이 있고 여의주를 물고 구름 속을 날아다니며, 큰 잉어나

---

37) 전북 위도의 경우 먼 바다는 아니지만 칠산바다를 끼고 있는 곳답게 어선어업이 발달한 지역이다. 이런 조건과 띠배놀이 전승이 무관하지 않다.

38) 허용호는 굿이나 놀이 공간 등에서 연행되는 인형을 주목하고 그 의미화 과정을, 종교 주술적인 믿음을 강조하는 주술·종교적 문화 지향과 재미와 흥미를 강조하는 오락·예술적 문화 지향으로 정리했다(허용호, 『전통연행예술과 인형오브제』, 민속원, 2003, 345쪽). 여기서 말하는 주술적 욕망은 전자와 관련된다고 할 수 있다.

거북 등이 나오기도 하는 등 일정하게 정형화된 형상으로 되어 있다. 혼건지굿에서도 간혹 짚으로 만든 용이 등장하는데, 이 경우 크기는 작지만 일반화된 용의 형상과 크게 다르지 않다. 그런데 갯제에서 용왕의 신체는 전혀 딴판이다. 조종되는 존재의 형상이지 용의 이미지나 기능이 드러나 있지 않다. 그러므로 본래 허수아비가 용왕의 신체를 의미하지는 않았을 것으로 추정된다. 확정하기 어렵지만 허수아비는 본래 운송자 또는 전달자로서의 역할을 지니고 있었는데, 주술적 욕망을 의례 속에서 극대화시켜 표출하면서 신체처럼 여겨버린 것이 아닌가 생각된다. 허수아비를 용왕의 신체라고 한 것은 주술적 욕망에 따라 확장된 역할 기대라고 할 수 있다. 허수아비에게 부여된 운반자로서의 역할과 기대가 확대되면서 기원의 대상인 용왕으로까지 의미가 확장된 것이다.[39]

여기에는 허수아비 의례를 통해 표출하고자 하는 주민들의 적극적인 신앙의식이 반영되어 있다. 마을의 모든 액을 용왕 또는 운반자로 설정된 허수아비에게 감금시키고, 그를 달래고 위협하여 먼 바다로 띄워 보내고 풍어를 축원하는 행위는, 험난한 바다를 생업의 터전으로 삼고 살아온 사람들의 적극적인 의례 행위라고 할 수 있다. 허수아비 의례에는 생존을 위협하는 재앙을 적극적으로 몰아내고 이를 통해 보다 풍요로운 삶에의 확신을 얻고 싶어하는 의지가 담겨 있다.[40] 용왕이라는 초자연적 존재와의 조화를 통해 삶의 위협을 제거하고 삶의 공간인 마을을 안정시키고 삶터인 바다에서 풍요를 얻고자 하는 적극적인 신앙의식이 반영되어 있는 것이다.

---

39) 숭배의 대상이면서 한편으로 얼러지고 위협받는다는 신격은 용왕신과 어울리지 않는다. 허수아비를 용왕의 신체로 설정하여 의례화시킨 민간사고에 대해서는 따로 연구가 있어야 할 것으로 보인다.
40) 이주승, 「마을굿을 통해 본 허수아비의 지역적 특성」, 『민속문화의 지역적 특성을 묻는다』, 집문당, 2000, 131쪽.

5. 맺음말

갯제는 이름 그대로 바다제사이며, 바다와의 특정한 관계를 표상하고 있으므로 도서·해양민속의 기층을 이루고 있다. 서남해에서 갯제의 전승이 활발한 지역은 신안 흑산도, 우이도와 완도 일대다. 이 지역 사례들을 중심으로 갯제의 전승양상과 갯제의 지역성 및 어로 활동과의 관련성, 의례 수행 방식과 용왕신앙에 대해 살펴보았다. 결론 삼아 요약하기로 한다.

갯제는 개인신앙적 요소를 담고 있는 마을신앙이다. 개인 집에서 각자 갖고 나온 제상을 차려놓고 공동체 차원에서 의례를 수행한다. 이러한 갯제는 크게 보아 두 가지 전승양상을 보인다. 하나는 당제와 결합되어 있는 경우이고, 다른 하나는 독립되어 전승되는 경우다. 먼 바다에 위치한 흑산 일대에서는 대부분의 당제가 갯제와 결합되어 있을 만큼 특징적이다. 별도로 전승되는 유형은 흑산과 완도 모두에 있다. 완도의 경우 폭넓은 분포를 보이는데 당제와의 관계나 연행시기로 볼 때 해조류 양식과 더불어 일괄적으로 수용된 것으로 여겨진다.

갯제는 어로의 안전과 풍어를 비는 의례로서 어민들의 생계 활동과 긴밀히 연관되어 있다. 정월 갯제에서도 그것을 찾을 수 있으나 따로 연행되는 음력 7월의 흑산 갯제와 8월의 완도 갯제에서 어업 생산 의례로서의 수요와 기능을 볼 수 있다. 흑산의 경우, 생태환경에 따른 전동적인 어로 활동과 물때라는 생태적 시간, 의례가 상관성이 있음을 보여준다. 그리고 완도는, 해조류 양식과 연관이 있으며 김양식의 특성에 따른 주술성 및 김발 세우는 시기 등이 밀접한 관련이 있음을 보여준다. 갯제가, 농업 생산 주기에서 형성된 백중이나 추석과 관련 없이 어업 생산 의례로서 독자적 기능을 유지해왔음을 말해준다.

도서지역에서 용왕신앙은 기층적이고 보편적이다. 용왕신앙이 특히 집중화되어 있는 흑산 일대에는 용왕과 관련된 당신화가 전승된다. 당신화에 나오는 용왕은 주민들의 삶과 직접적으로 연관된 어로신으로 묘사되어 있다. 당신화는 단순한 구전이 아니라 제의의 구술 상관물이며, 그 속에서 용왕은 마을 수호신이자 해신으로 형상화되어 있다. 여기에는 바다와 특정의 관계를 맺고 살아온 원해지역 주민들의 삶이 반영되어 있다.

갯제의 수행 방식은 여러 유형이 있으며 지역차를 보이기도 한다. 연근해지역인 완도에는 헌식과 바가지 띄우기 의례가 주를 이루며, 원해지역인 흑산 일대에는 허수아비 의례가 집중화되어 있다. 완도의 경우 기존의 개펄 어로가 약화되고 해조류 양식이 도입되면서 새롭게 정립되었는데, 이 때문에 도깨비고사와 같은 선행 형태의 의례 내용이 잔존해 있음을 보여준다.

허수아비 의례에는, 갯제라는 의례 공간에서 초자연적 존재를 자유롭게 부리고 조종함으로써 축원을 극대화하려는 주술적 욕망이 담겨 있다. 그리고 허수아비 의례를 통해 표출하고자 하는 주민들의 적극적인 신앙의식이 반영되어 있다. 마을의 모든 액을 운반자로 설정된 허수아비에게 감금시키고, 그를 달래고 위협하여 먼 바다로 띄워 보내고 풍어를 축원하는 행위는, 험난한 바다를 생업의 터전으로 삼고 살아온 사람들의 적극적인 의례 행위라고 할 수 있다. 용왕이라는 초자연적 존재와의 조화를 통해 삶의 위협을 제거하고 삶의 공간인 마을을 안정시키고 삶터인 바다에서 풍요를 얻고자 하는 적극적인 신앙의식이 반영되어 있는 것이다.

<참고 문헌>

김 준, 『어촌사회의 구조와 변동』, 전남대 박사학위논문, 2000,

나경수, 『광주·전남의 민속연구』, 민속원, 1998.

나승만 외, 『다도해사람들(사회, 민속)』, 경인문화사, 2003.

이경엽, 「흑산도 진리당신화의 형성과 의미」, 『구비문학연구』 제6집, 한국구
        비문학회, 1998.

이경엽, 「금당 사람들의 삶과 민속신앙」, 『도서문화』 제17집, 목포대 도서문화
        연구소, 2001.

이경엽, 「도서지역의 민속연희와 남사당노래 연구」, 『한국민속학』 제33호, 한
        국민속학회, 2001.

이경엽, 「서남해지역 민속문화의 특성과 활용 방향」, 『한국민속학』 제37호, 한
        국민속학회, 2003.

이경엽, 「남해안 용왕굿의 현장론적 연구」, 『한국민속학』 제38호, 한국민속학
        회, 2003.

이경엽, 「연행 인형 연구의 새로운 방향」, 『시학과 연어학』 6호, 시학과언어학
        회, 2003.

이종철·조경만, 「신안지방의 민속자료」, 『신안군의 문화유적』, 목포대 박물
        관, 1987.

이주승, 「마을굿을 통해 본 허수아비의 지역적 특성」, 『민속문화의 지역적 특
        성을 묻는다』, 집문당, 2000,

이태원, 『현산어보를 찾아서 1』, 청어람미디어, 2003.

이현수, 「마을 공동제의의 '헌식'에 관하여」, 『남도민속학의 진전』, 정년논총
        위원회, 1998.

전경수, 「섬사람들의 풍속과 삶」, 『한국의 기층문화』, 한길사, 1987.

전라북도도립국악원, 『전북의 무가』, 2000.

조경만, 「흑산사람들의 삶과 민간신앙」, 『도서문화』 제6집, 목포대 도서문화
        연구소, 1988.

조경만·선영란·박광석, 「완도군의 민속자료」, 『완도군의 문화유적』, 목포대
　　　박물관, 1995.
최덕원, 『다도해의 당제』, 학문사, 1983.
최덕원, 『남도민속고』, 삼성출판사, 1990.
최덕원, 『남도의 민속문화』, 밀알, 1994.
허용호, 『전통연행예술과 인형오브제』, 민속원, 2003.

제3부
해양문화의 전승과 재해석

제1장

일제하 소안도 민족해방운동가의 수용과 전승

나 승 만

1. 머리말

정치의 사전적 개념은 통치와 지배, 이에 대한 복종·협력·저항 등의 사회적 활동의 총칭이라고 되어 있다.[1] 사회적·경제적·이데올로기적 대립의 항쟁관계 속에서 상대방을 복종시키고 스스로의 주장을 관철시키는 활동과 자신의 권리와 이익을 수호하기 위하여 부단히 저항하고 적극적으로 요구하며 그것을 실현시키기 위하여 다양하고도 조직적인 노력을 경주하는 것을 정치의 본질로 본다. 이러한 지배와 저항을 본질로 하는 것이 바로 정치라고 규정하고 있는데, 지배와 조정의 입장이 강

---

[1] http://kr.encycl.yahoo.com

조되는 경우는 국가중심주의적 태도가 반영된 것이고 저항적 입장을 강조한 것은 피지배계층인 민중의 입장이 강조된 것이다. 국가지배이데올로기의 이념적 틀에 관심이 많은 기존의 정치학에서는 통치, 지배, 조정에 비중을 둔 연구가 수행되겠지만 민요학에서는 민중적 입장에서 정치를 규정할 것이고, 지배집단에 저항적인 노래에 비중을 둔 연구가 수행될 것이다.

민요학에서 정치민요 또는 민요의 정치적 성향을 논의할 때 참요를 논의의 주된 대상으로 삼았다. 조성일은 정치와 관련된 민요의 범주를 참요와 서정요로 설정했는데, 그가 말한 서정요는 정치적 형편에 대한 인민들의 느낌에 근거하여 창조된 민요들, 정치적 사변, 정치적 인물, 정치적 조치 및 그것들과 관계되는 정치형세에 대한 근로인민들의 기본적인 식견과 태도를 반영하고, 근로인민 자신의 정치적 이상과 이상의 실현을 위해 분투하는 혁명적 정신을 표현한 노래들로 제한했다. 그리고 참요는 어른들이 당시 통치배들의 폭정과 추태를 폭로 규탄하기 위해 만들었으나 어린이들의 입을 통해 불리어진 노래라는 점에서 일반 동요와 구분했으며, 9세기경 발생 발전하여 12세기 후반기부터 개화기를 맞이하게 되었다고 서술하고 있다.[2] 박연희의 경우도 정치민요의 개념을 논의하는 글에서 피지배자인 민중의 지배층에 대한 항거, 비판적 성격에서 그 특성을 찾았고 사건이나 사실에 대한 직접 비판의 소리가 불가능했기 때문에 표현기교에서 풍자성을 띠고 있으며, 비유나 상징, 음사音似를 이용해 우회적으로 노래하였음을 서술하고 있다.[3]

민요의 개념을 산업사회의 노동운동과 반독제 민주화 운동의 저항가요까지 확장한 논의들도 있었는데 이런 논의들에는 자연스럽게 민요의

---

2) 조성일, 『민요연구』, 연변 인민출판사, 1983, 106~107쪽.
3) 박연희, 「정치민요의 개념」, 『한국민요론』, 최철 편저, 집문당, 1986, 153쪽.

정치성이 담겨있다. 손종흠은 사회 문화의 변화에 따라 민요의 개념도 역동적으로 확대되어야 한다는 주장을 했다. 그래서 산업사회의 민요, 시위에서 부른 노래들도 민요의 범주로 인식하고 논의를 전개한 바 있다.[4] 글쓴이 역시 일제 강점기 민족해방운동가를 민요의 범주로 간주하고 논의한 바 있다.[5] 당시 글쓴이는 일제 강점기 서남해 도서지역에서 불렀던 민족해방운동가를 한국민요의 역사체계에서 근대민요의 범주로 인식하고 논의했으며, 산업사회 또는 민주화운동 시기의 노래들도 현대민요의 범주 속에서 논의되어야 한다고 서술한 바 있다.[6]

이 글에서 논의하고자 하는 대상은 일제 강점기 전남 완도군 소안도에서 불렀던 민족해방운동가다.[7] 여러 번 밝힌 바 있지만 일제 강점기 민족해방운동 세력들이 주체적 입장에서 외부의 노래를 수용하여 불렀거나 개사하여 불렀거나 창작하여 불렀던 민족해방운동가는 민요의 범주에 속한다고 본다.[8] 논의의 내용은 전승현장 소안도, 연행주체인 주민들, 전승맥락, 전승자료들이다. 밝혀보고자 하는 주제는 연행·전승지역의 특성, 연행주체의 정치성, 전승과정, 자료의 사설에 담긴 의미 밝히기로 설정한다.

---

4) 손종흠, 「민요의 현대적 의미」, 『한국민요론』, 최철 편저, 집문당, 1986.
5) 나승만, 「소안도 민요사회의 역사」, 『도서문화』 10집, 목포대학교 도서문화연구소, 1993.
6) 나승만, 「민요사회의 사적 체계와 변천, 전남지역의 민요사회를 중심으로」, 『민요와 민중의 삶』, 역사민속학회, 1994.
7) 민족해방운동가요라는 이름은 글쓴이가 갈래명칭으로 사용한 것이다. 주민들은 애국가, 독립운동 할 때 부른 노래, 야학 창가 등으로 부른다.
8) 나승만, 「일제 강점기 항일민족해방운동노래의 주체화 과정」, 『배종무총장퇴임기념 사학논총』, 배종무총장퇴임기념사학논총간행위원회, 1994, 543쪽.

2. 민중의 집결지이자 서남해 항로의 요충지 소안도

소안도는 전남 완도군에 속한 섬으로 면적은 23.2㎢, 해안선 길이 약 42㎞, 체도인 완도읍에서 남쪽 14.8㎞ 지점에 위치한다. 남쪽과 북쪽이 장구 모양으로 이어져 있다. 농산물이 풍부하고 인근 바다에서는 김이 많이 생산되고 어족자원도 풍부한 편이다. 소안도에서 사람이 처음 살았던 것은 패총과 고인돌 등 선사 유물이 발견된 것으로 보아 청동기시대부터로 추정하고 있다.[9] 문헌기록에 소안도가 처음 나타난 것은 1648년의 조선왕조실록에서였다. 고려 말과 조선 전기 이 일대가 왜구의 침범으로 시달렸으며, 임란 직전 달량진사변으로 공도空島 상태가 되었고, 양란 중에도 공도상태였다. 그리고 양란 직후부터 17~18세기 사이에 다시 입도한다. 직전 거주지는 강진, 장흥, 해남, 영광, 나주, 노화 등지였다.

이해준이 분석한 1876년의 청산진호적대장에 의하면 총 337호 중 홀아비, 과부가 236호로 전체의 70%에 이르렀고 170명의 노비를 소유했다고 밝히고 있다. 그리고 이들의 성향을 파악하는데 참고되는 기록으로 숙종 30년(1704) 전라감사의 장계 중 소안도가 양정良丁 공사천公私賤의 도피소굴이라는 기록을 제시했다.[10]

한국 서남해의 해양사에 비추어 소안도 주민들의 이주과정을 다음과 같이 정리할 수 있다. 서남해가 번영하던 고려 후기까지 번영을 누리고

---

9) 최성락, 「소안군도의 선사유적」, 『완도소안도지역의 문화성격』, 제7회 도서문화심포니움, 목포대 도서문화연구소, 1993.

10) 소안도의 입도조와 시기, 19세기의 상황에 대해서는 이해준의 글을 참고하였다. 이해준, 「소안도의 역사문화적 배경」, 『완도소안도지역의 문화성격』, 제7회 도서문화심포니움, 목포대 도서문화연구소, 1993.

살았고 원, 명이 동아시아를 장악하여 바다의 통행을 차단하던 해금시대 海禁時代에 접어들어 고립되었고 왜구의 침략을 받아 시달리게 되었다. 그리고 양란을 당하여 장흥 강진 등 육지로 이주하였고, 양란 후에 다시 귀도하여 현재까지 살고 있는 것으로 판단된다.

소안도에서 생산활동의 진행은 항해와 어로에 기반을 두고 살면서 농업을 겸하는 반농반어의 형태를 유지하다 해금시대에는 주로 농업적 생산기반에 의지하였으며, 양란 이후에는 다시 어업이 활성화되었고 일제 때 김양식을 도입되면서 경제적 번영을 누린다. 이로 보면 서남해을 비롯해 한국 도서지역은 어로와 해양활동이 활발하던 시대가 번영하던 시기였고, 바다활동이 번영의 기반이었다. 생산 터전의 변화로 보면 <바다-산, 밭-논-바다>로의 변동 과정이었다고 말할 수 있다. 조선 후기 양란 이후 서남해 일대 도서에 주민들이 쇄도하게 된 것은 바로 바다가 주는 경제적 부에 있다고 판단된다.

지리적으로 소안도는 항로상의 요충지이기 때문에 목포와 제주를 왕래하는 선박들이 이곳을 경유했으며, <인천↔목포↔여수↔부산↔오사카>를 왕래하던 기선들도 이 항로를 이용했는데, 기상조건에 따라 소안도 맹선리 포구에 정박했다. 각지의 배들이 기항하면서 일찍부터 외부세계에 눈을 뜨게 되었다.[11] 그리고 1910년대부터 김양식을 시작하여 바다에서 돈을 벌어들였다. 김 생산으로 인한 경제적 번영을 소안도 주민들은 교육투자로 연계시켰다. 그래서 마을마다 학원과 야학을 세웠으며, 가학리에 사립 소안학교를 설립해 교육에 집중했다. 그리고 외지에까지 유학을 보내게 되었다. 이 시기 완도군은 전국 군단위에서 해외 유학생, 특히 일본 유학생을 가장 많이 보내게 되었다.[12]

---

11) 박찬승, 「일제하 소안도의 항일민족운동」, 『도서문화』 11집 완도 소안도지역의 사회문화적 성격 연구, 목포대 도서문화연구소, 1993, 84~85쪽.
12) 박찬승, 앞의 글, 83쪽.

3. 소안도 주민들과 민족해방운동

일제 초기 월항리 김해김씨들이 주동이 되어 소안도의 민족해방운동이 시작되었다. 그 계기는 1909년에 일어난 소안면 토지계쟁사건이었다. 독립적인 자주경제를 유지했던 소안도가 한일합방 과정에서 궁방토로 귀속되어 전 주민들이 궁방의 소작인으로 전락하는 사건이 발생했다. 김사홍(1883.8.17~1945.1.15)은 26세 되던 1909년 소안면 토지계쟁사건에서 최성태, 신완희, 이한제와 함께 면민대표 4인 중 한사람으로 선출되어 1922년 승소판결을 받아내는데 주도적인 역할을 했으며, 30세 되던 1913년에 사립 중화학원을 설립, 애국지사를 양성, 항일운동의 진원지를 만들었다. 후일 항일운동의 선봉장이 된 인물들이 이 학교 출신들이었다. 1922년 토지계쟁사건의 승소를 기념하여 설립한 사립 소안학교의 초대 교장을 지냈고 학교가 폐교된 뒤에 향리에서 끝까지 항일운동을 수행했다.[13] 김경천(1888~1935)은 어려서 김사홍과 마찬가지로 보길도 고암산 남은사 고승 문하에서 수학, 한학에 능했으며 당대의 석학으로 알려졌다. 사립 중화학원의 교사, 3대 교장을 지냈고 1924년 사립 소안학교 교사, 2대 교장을 지냈다. 주채도(1907~?)는 사립 소안학교 출신으로 1927년 일심단원으로 활약했고, 1927년 배달청년회사건으로 투옥, 징역 2년 복역했다.

---

13) 김진택(남, 71세, 소안면 월항리 출신) 증언, 목포시 용해동 주공 3단지 아파트, 1993년 4월 22일, 글쓴이 현지조사.
  '월항리의 주도 인물인 김사홍 어른은 강직하고 사심이 없었기 때문에, 왜정 때는 거의 전부가 다 지지해서 결집된 지도력을 행사했다. 해방 1년 전에 돌아가셨다. 그 뒤로 해방되고 체제가 양분되면서 마을 자체가 풍지박산이 되어 버렸다.'

　이월송이 일제강점기 소안도 사람들의 투옥 기간을 합산해서 통계를 낸 것이 있는데, 총 36명이 66회에 걸쳐 투옥되었고 기간은 117년 7개월이었다고 한다.[14] 민족해방운동가를 가장 많이 알고 있는 주채심의 경우도 그의 친오빠 주채도가 배달청년회와 일심단에서 비밀결사원으로 활약하다 배달청년회 사건으로 1927년에 투옥되어 징역 2년을 선고받고 복역했다. 주채심의 어머니가 딸과 함께 길쌈하다 아들 생각이 나면 민족운동가를 부르도록 하고 모녀가 함께 울었다고 한다. 이런 사람들이 한둘이 아니어서 소안도에서는 마을에 투옥된 사람이 있으면 겨울에도 그를 생각하여 이불을 덮지 않고 잤다고 한다.

　소안도 사람들이 일제 때 민족해방운동을 시작한 것은 김사홍(1883~1945), 김경천(1888~1935), 송내호(1895~1928), 정남국(1897~1955)으로 이어지는 이 지역 지도세력들의 영향 때문이었다. 당시의 민족해방운동 지도세력들이 교육운동을 통해 앞장서 이끌었기 때문에 그 영향을 받은 다수의 소안도 사람들이 민족해방운동에 투신했다. 그 중에서도 송내호와 정남국은 외부로 나가 민족운동을 지도한 영웅들이다. 송내호는 소안도에서는 설화화된 인물이다. 그의 고향인 이남리에서는 지금도 송내호에 대해 다음과 같은 이야기를 흔히 들을 수 있다.

　　'그분이 아마도 지금같으면 대중이선생 그런 분이었던것 같아. 19살 때 국민학교 교정에서 영어로 연설을 했다고 그래요. 20살 때 영국 함대가 삼도(거문도)라고 있어, 영국병사들 죽은 묘도 있고, 영국 함대가 들어오다 풍파에 갖혀서 오도가도 못하고 비자리에 머물 때 학교에 와서 테니스를 쳤는데, 송내호선생이 같이 말을 통하면서 뽈을 쳤다고 그래요. 그러니까 지방 청년들이 왜 영국놈들하고 같이 휩쓸려서 뽈을 쳐야, 그러니까 운동이란 것은 국경이 없다, 누구든지 취미가 있으면 같이 하고 그런 것이제 전적으로 적대시하면 안된다고 그랬다는 이야기를 들었어요. 그렇게 훌륭한 분이었고… 하여튼 인간사회에서 월등한 사람이여. 송내호선생이라면 대중이선

---

14) 이월송(남, 84세, 소안면 소진리, 1992년 6월 23일)의 구술.

생 위하대끼 그런 정도로 했어. 이론적으로 따지는디는 머리를 안숙일 수가 없다 그거여. 민족운동 하면 일본놈들한테 잼혀가니까 형제간에 못할일 한다 그래갖고 타지로 나간것 같어 우리 추측에는. 송내호선생이 서른 네살에 서울 새브란스병원에서 돌아가셨다는 사실들만 사람들이 알고 있는디, 송내호선생은 형무소에서 돌아 가셨어. 어머니 말에 의하면 형무소에서 돌아 가셨다고 해. 그래갖고 해골을 담어다 자기집 선반 우게다가 오랫동안 보관 했죠 장례를 안치르고. 훌륭한 분이었어.'15)

소안도에서는 1910년대에 학원, 야학을 통해 민족해방운동의 이념을 학습하는 한편 소안도 사람들 스스로 노래를 만들어 부르면서 민족해방운동을 했다. 마을의 지도세력들이 선도해서 학원과 야학을 세웠으며, 사립학교를 설립하는데 주도적인 역할을 수행했다. 그 결과 민족해방운동의 이념이 섬 주민 전체에 확산되었고 소안도 주민들의 정체성을 만들어 냈다. 그리고 민족해방운동가를 부르는 행위도 같은 차원으로 이해되었다.

4. 민족해방운동가의 수용과 전승

1) 사립학교를 통해 이루어진 민족해방운동가 수용

소안도에는 전통시대부터 각 마을에 서당이 있었는데, 이를 근대교육기관으로 개량했다. 1913년 처음으로 중화학원을 설립했고, 그 뒤를 이어 각 마을에서 학원을 세웠다. 그리고 이 학원 내에 야학을 개설하여 주간에는 학원으로서 마을 청소년들을 교육하고 야간에는 야학으로 부녀자들을 교육했는데, 학원의 교육 목표는 민족 계몽을 위한 신교육과

---

15) 백종화(남, 73세) 구술. 1993년 10월 7일.

민족의식의 고취에 두었고, 야학에서는 문맹퇴치를 기본 목표로 삼았다. 그러다 소안도 토지계쟁사건의 해결되면서 김사홍을 중심으로 소안사립학교를 설립했는데, 이 학교가 소안도 민족해방운동의 구심점이 되었다.

최초의 본격적인 민족해방운동가 학습은 중화학원에서 이루어졌다.[16] 1913년 비자리 당 밑에 설립된 사립 중화학원에서는 정식 교과 과정으로 창가 시간을 편성하여 창가를 학습했다. 중화학원 출신인 이월송(남, 84)은 당시의 창가 학습과 창가책에 얽힌 일화를 다음과 같이 구술했다.

'내가 졸업반 때 서너살 밑의 이학년 후배가 창가를 베껴 달라고 했다. 당시에는 일본 순사에게 들키지 않도록 백지로 두껍게 만들어 바늘로 꿰메 조그마하게 만들고 철필이나 연필로 애국가를 써서 한복 바지 가랭이에 넣고 다녔다. 그런데 그가 베껴 준 창가책을 학교 옆 주재소 앞을 지나다 빠뜨렸다. 주재소 순사가 보니까 애국가가 많이 써졌는데, 한쪽에 김만득이라고 써져서 그놈을 잡아 어디서 배웠느냐고 물으니까 나한테 배왔다고 해버렸다. 주재소 소장이 그 창가 니가 베껴 준거냐, 창가 선생한테 배웠냐고 물었으나 그 분은 이런 창가 모른다고 답했다. 계속 모른다고 말하니까 따귀를 어떻게 때리는지 자빠져 버렸다. 따귀를 칠팔번 맞고… 나가서 유치장에 있는데, … 한참 있으니 창가소리가 나고 그래. 토요일날 다섯째 시간 마지막 시간에 창가가 들었는데… 지장을 찍고 학교에 들어가니깐 창가시간이여. 교장실로 들어가서 대략 얘기를 하니까 교장선생님이 손을 꽉 잡고 눈물이 그냥 뚝뚝 떨어져. 참 잘했다고, 그러면 다른 사람은 잡아가지 못하게 생겼다고… 교실로 들어가니까 창가선생이야 학생이야 그냥 공부하다가 막 소리를 치고 나와서 붙잡고 야단이여.'[17]

이월송의 구술에 의하면 소안노 사람들은 중화학원 시절부터 민족해방운동가를 학습했다. 그런데 일제의 감시가 심했기 때문에 민족해방운동가는 정식 교과 시간에 배우지 못했다. 당시의 창가 선생이었던 강정

---

16) 교육운동에 대한 자세한 자료는 박찬승의 「일제하 소안도의 항일 민족운동」을 참고하기 바람.

17) 이월송(남, 84세, 1992년 6월 23일 소안면 소진리)의 구술자료.

태선생과 빈광국, 강경환 선생이 민족해방운동가를 보급했던 것으로 생각된다. 이월송의 구술에 의하면 주재소에서 순사가 취조할 때 위의 선생들에게 창가를 배우지 않았느냐고 추궁당했고, 이월송도 아니라고 극구 부인했던 것으로 보아 민족해방운동가의 학습은 창가시간에 주재소의 감시를 피해 교사들로부터 비밀리에 학습되었던 것으로 보인다.

2) 야학을 통해 이루어진 민족운동가의 확산

중화학원 설립 이후 각 마을에서 학원과 야학을 설립했으며, 이 곳을 통해 민족운동가요를 학습했다. 학원은 각 마을에 하나씩 설립되는 추세였고, 맹선학원, 미라학원과 같이 그 마을의 이름을 붙여 불렀다. 학원이 설립되어 야학 기능을 겸했기 때문에 낮에는 어린 학생들을 가르치고 밤에는 부녀자들과 문맹자들을 가르쳤다.

1927년 사립학교가 폐쇄당하고,[18) 배달청년회 사건으로 민족운동을 주도했던 세력들이 대량 검거되자 각 마을의 기층민이 주체가 된 밑으로부터의 교육운동이 일어났다. 이 때를 기점으로 각 마을에서는 마을 사람들이 꾸려가는 야학이 일어나는데, 각 마을에서는 야학 교사노릇을 할 만한 사람을 동원하여 4~5명 단위의 소단위 학습운동을 일으켰다. 중화학원이나 사립학교 출신 청년들이 주위의 어린이들을 4~5명 모아 놓고 교육했는데, 한 동네에서 사립학교에 다니는 청년들이 14~15명밖에 되지 않았기 때문에 나머지는 야학에서 학습했다.

실제로 민족해방운동가가 소안도 주민들에게 깊숙이 보급된 것은 각 마을의 학원과 야학을 통해서임을 확인할 수 있다. 학원과 야학에서는

---

18) 『조선일보』 1927.5.17. 「절도유일의 교육기관 돌연 폐교를 명령 — 전남완도에 돌발한 괴사건 진상형세 험악, 경계엄중」 ; 『동아일보』 1927.5.17 「소안학교 돌연폐쇄」.

일경의 감시를 피할 수 있기 때문에 노래학습을 실행할 수 있었으며, 노래학습은 민족해방운동의 기운을 소안도 사람들의 마음에 살아 움직이도록 했다.

3) 민족해방운동가의 연행과 전승

일제 탄압이 심해지고 민족운동이 침체되자 야학은 상황 변화에 적응하면서 30년대 이후에도 꾸준히 지속되었다. 마을 사람들은 일상생활에서도 민족해방운동가를 부르고, 부녀자들도 민족해방운동가를 부르며 바느질, 빨래질, 밭일 등을 하는, 일생생활속의 노래로 자리 잡았다. 그들은 민족해방운동가 부르기를 자랑스럽게 생각했다. 소안도에서 민족해방운동이 가장 활발했던 월항리에서 민족해방운동가가 주민들에게 수용되는 과정을 보기로 하자.

월항리에서는 사립학교에 다니는 학생들끼리 공동체를 조직하여 기숙활동을 했다. 이들이 거처한 곳을 기숙사라고 했으며, 마을 내에서 적당한 방을 얻어 공동으로 생활했다. 월항리에는 두 종류의 기숙사가 있었다. 하나는 사립학교 기숙사였고, 다른 하나는 공립학교 기숙사였다.[19]

---

19) 김한호(남, 82, 사립학교 1학년 다니다 공립으로 전학했음) 구술.
　　"기숙사 생활을 했다. 보통 한 기숙사에 대여섯 명씩 했다. 나는 김재육이 집에서 했다. 그분 아들 이름이 김옥로이다. 학교 갔다 오면 밥 먹고 바로 기숙사로 갔다. 사립학교에서 배운 것 공부했다. 내가 활동할 당시에는 기숙사가 두어 개 있었다. 나 다닐 때는 여자들이 안다녔다. 소안면에서는 여자가 서니 다녔다. 내가 사립학교 짓어갖고 처음으로 들어갔다. 사립학교에서 배운 창가 '평안북도 마지막끝…' 이런 노래를 기숙사에서 불렀다. 나는 사립학교 일년 댕기고는 안다녔다. 그라고 보통학교로 들어갔다. 보통학교에 다닐 때도 사립학교에서 배운 노래를 불렀다. 학교 안다닌 사람은 같이 안논다. 공립학교 다니면서도 기숙사 생활은 했다. 사립학교 학생들하고는 같이 안놀았다. 사립에서 공립으로 옮긴 것은 어른들이 그렇게 하라고 했기 때문이며 할 수 없이 그

각기 두 세 곳의 기숙사가 운영되었다. 주채심이 구술한 사립학교 기숙사 운영은 다음과 같다.

> '월항리에서는 학교에 갔다 오면 기숙사(김진열의 사랑방, 여, 80, 사립학교 출신, 해남으로 출가)에 친구들끼리 모여서 함께 공부하고 학교에서 배운 노래도 불렀다. 공부시간과 노는 시간을 정해놓고 운영했다. 공부하다 저녁에 집에 와서 저녁 먹고 가서 공부하고 놀다 자고 아침에 집에 와서 밥 먹고 학교에 가는 생활을 했다. 남자들은 남자들끼리 기숙사를 정해놓고 했다. 지도교사가 없이 학생들끼리 자치적으로 생활했고 친오빠가 가끔 와서 공부하는 것을 관찰했다. 큰 방에다 각자 자기 자리를 정해놓고 잠도 자기 자리에서 잤다. 한 두어 해정도 참으로 재미있는 세상 살았다.'

월항리 사람들에게 민족해방운동가를 대중화시키는데 야학이 가장 크게 공헌했다. 그 계기는 사립학교의 폐쇄로 마련되었다. 1927년 일제에 의해 강제로 사립학교가 폐쇄되고 다수의 소안도 민족해방운동가들이 투옥되었다. 이 상황에 가장 적절하게 대응한 것이 야학이었다. 월항리에서도 다른 마을과 같이 중화학원과 사립학교 출신의 청년들이 야학을 주도하면서 최 말단부까지 민족해방운동가들이 학습되었다.

1930년대 이후 야학마저 크게 위협받자 월항리 사람들은 일상생활 속에서 민족해방운동가를 부르며 노래를 지켜 나갔다. 친구끼리 놀면서도

렇게 했다. 마음은 안좋았지만 할 수 없었다. 사립학교에 다닐 때는 사립학생들하고 같이 기숙사 생활을 했는데 공립으로 옮긴 뒤로는 공립학교 학생들끼리만 했다. 공립학교 기숙사가 두군데였다. 사립 기숙사는 어딘 지 잘 모르겠다. 앞에서 말한 김재육씨의 기숙사는 사립학교 다닐 때의 기숙사다. 공립 기숙사는 김열호집에 있었는데 왜정 때 남양군도로 징용가서 죽었다.
사립학교 학생들이 원허니 많았다. 보통학교가 수가 적으니 원허니 딸렸다. 아이들끼리 다툼이 심했다. 사립이 없어지면서 공립학교로 끌어 들였다. 그 후에도 기숙사는 계속되었다. 왜정 말기에는 동네에서 젊은 사람들이 주동이 되어갖고 많았다. 그때 공부 내용은 보통학교에서 배운 것이었다."

부르고, 명절에 놀면서 방안에서 부르고 놀았다. 부녀자들 사이에는 수동이 어머니의 노래가 유행했다. 이런 노래를 부를 때는 위험을 감수해야 했다. 왜냐면 마을 내에 갈등하는 상대가 있었기 때문이기도 하지만 일경들에게 발각되면 큰 봉변을 당했기 때문에 무서워서 함부로 부를 수 없었다. 월항리 사람들은 쉬지 않고 밥하면서, 불 때면서, 밭 매면서, 물 길으며, 갯일에서, 노 저으면서 불렀다. 드러내놓고 부르면 탄압이 무서워서 속으로 불렀다. 겉으로는 드러나지 않았지만 항시 그 마음은 그대로 갖고 있어서 잊지 않았다. 이 시기에 부른 노래를 월항리 사람들은 '식민지살이에 한이 맺혀서 항의하던 노래'라고 말하면서 숨어서 불렀다고 한다. 노래의 가슴에 새기기, 또는 속으로 부르기였다.[20]

5. 민족해방운동가 자료들

1) 수집된 자료들

글쓴이가 현지조사에서 수집한 노래들은 다음과 같다.

(1) 항일민족운동가계열

1-1
흔매우게 무궁화 만발했드니
동편에서 찬바람이 불어오므로
아름다운 무궁화는 간곳이없고
보기싫은 사꾸라만 만발했구나

---

20) 나승만, 앞의 글 「소안도 민요사회의 역사」, 노래운동의 한계와 변천 참조.

슬프도다 우리에 부모형제난
자유낙원 잃고서 유리하도다[21]

1-2
지공무사 하나님이 우리인류 내실때
남녀노소 귀천없이 각각자유 주셨네
그진리를 배반하고 약육강식 일삼어
귀중하신 남의지유 빼앗기가 상사라
실푸도다 애처럽다 자유없는 민족아
노예적인 그생활은 죽기만도 못하다
포악하고 무독한것 악행당했 으므로
골속까지 맺힌병은 천명만기 다된다
피골이 상접하여 뼈만남은 손으로
위문하러 오신친구 손목잡고 하는말
내의육신 내영혼은 이세상을 떠나도
남아계신 여러분은 복스러운 생활로
하던말도 다못하여 푸르러진 얼굴에
뜨거운 피눈물이 두줄기로 흐른다
넓고넓은 바닷가에 오두막살이 집한채
고기잡는 아버지와 철모르는 딸있다
내사랑아 내사랑아 나의사랑 한민아
내가비록 죽드라도 너를잊지 않노라
한살두살 점점자라 열서너살 넘으니
일본놈께 구박함은 더욱서러 하노라[22]

---

21) 김한호(남, 82), 소안면 월항리 출생, 1993년 3월 24일 글쓴이 현지조사.
22) 김고막(여, 89), 월항리 출신, 노화읍으로 출가, 광주시 북구 용봉동 거주, 1993

1-3

어머님이 울으시면 울고 싶어요
품안에 안기어서 울움을 운다
야아야 수동아 너의부친은
엄동설한 찬바람에 지나북간도
떠나가신 이후로는 지금까지에
한번도 못보이니 이제 이르러
어언간 삼년이 흘러 갔도다
전보에 이르기를 지나마적에
칼에맞고 불에타진 우리 동포중
네아부지 그가운데 한사람이라
슬프다 애처럽다 마적의 손에
칼에맞고 불에타진 우리 동포야
힘이적고 무기없난 우리 동포야
네아버지 떠나신 그날 밤부터
무사히 돌아오게 아침 밤으로
하나님께 기도를 들이었건만
그도또한 허사로다 쓸데없더라[23]

1-4

부모님이 기르실때 금옥같이 기르니
어린마음 고운얼굴 자랑할만 하도다

년 3월 25일 글쓴이 현지조사.
23) 주채심(여, 78) 1992년 4월 21일 글쓴이 현지조사. 주채심이 3학년 때인 1927
   년에 사립학교가 폐교당했다. 해방 후 사립학교에서 배운 노래를 부를 기회가
   없었는데, 1989년에 소안항일운동사료집을 편찬하는 과정에서 당시의 노래를
   부르게 되었고, 잊지 않기 위해 노래를 한글로 필사해 두었다.

한살두살 점점자라 열서너살 먹으니
일본놈의 구박함은 더욱서러 하노라
부모양친 일가친척 동모들이 만어도
나라없는 이내몸은 항상근심 이로다
의복음식 넉넉하고 고대광실 좋아도
나라없는 이내몸은 항상설음 이로다
조선천지 십삼도에 태극기가 빛난다
올타올타 우리민족 원수갚아 보겄다
손을들어 만세불러 태극기를 세우니
무지한 왜놈들이 총과칼로 찔은다[24]

1-5 <옥중가>
평안북도 마지막끗 신으주가목가
세상에 테여난지 몃해되연나
이제붓터 너와나 둘사이에
잇지못할 관게가 셍기엿구나
압되(뒤)를 살페보니 철갑문이요
곳곳이 보이난것 불근옷이라
아침에 세수와 저역운동은
허리에 베지고 조선에수갑은
사린강도 메소와 다름업스니
구먹(구멍)으로 주난밥을 먹고안전네
떼떼로 주난밥은 수수밥이요
밤마다 자는잠은 고셍잠이라
수수밥이 맛이잇다 누가먹으며

---

24) 주체심(여, 78) 1992년 4월 21일 글쓴이 현지조사.

고셍잠이 자고십다 누가자리요
슬프도다 가목에인난 우리형제들
이런고셍 저런고셍 악행당할떼
두눈에 눈물이 비오듯하나
장녠(장래의)일을 셍각하니 질거웁도다
여보시오 갓치나간 우리압길에
추호라도 낙심말고 나아갑시다[25]

1-6 ＜感動歌＞

슬프도다우리民族야　　　　子子孫孫奉樂하더니
四千餘年歷史國으로　　　　오날날이지겡웟일인가
＜后斂＞鐵絲鑄絲로結縛한줄을　獨立萬歲우리소리에
우리손으로끈어버리고　바다이끌코山이動켓내

一間草屋도내것아니요　　　무래한羞辱을대답못하고
半묘田地도내것못되니　　　空然한毆打도그져밧도다
　后　斂
한치벌내도마일발브면　　　조고만벌도내가다치면
죽기전한번은곰자가리고　　내몸을반다시쏘코죽난다
　后
눈을두루살펴보시요　　　　우리父母의한숨뿐이요
三千里우에사모친것은　　　우리學徒의눈물뿐일새
　后
山川草木도눈이잇시며　　　東海魚鱉도마암이시면
悲慘한눈물이가득하것고　우리오갓치시러하리라

---

25) 주채심(여, 78), 1992년 4월 21일 글쓴이 현지조사.

后
錦繡江山이빗흘이럿고　　　이것시뉘죄야생각하여라
光明한日月이가득하도다　　내죄와네죄의까닥이로다
后
사랑하난우리靑年아　　　　懶惰한惡習依賴思想을
죽든지끠든지우리마암에　　모도다한칼로끈어버리새
后
사랑하난우리同胞야　　　　와신상답을잇지말어셔
죽든지사든지우리마암에　　우리國權을回復해보새
后
愛國精神과團體心으로　　　원수난비녹山과갓트나
肉彈血淚을무렵쓰면　　　　우리압흘막지못하내
后
獨立旗自由鍾밧궈칠때에　　大韓半島光明天地에
父母의한심은우심이되고　　建國英雄이우리아인가[26)]
后

(2) 노동운동가계열

2-1
하늘이 사람을 내으사
각기 직분을 주었도다
맡은바 직분을 다잘하니
가장 좋은 사람
세상에 귀하고 중한것은

---

26) 백성안 필사본 창가집 8~9쪽 수록.

오직 우리의 노동이라
노동은 생활의 근본이니
힘쓰고 힘쓰세
온세상 형제들아
노래부르며 노동하자
자연천지가 활동함에 있어도
우리의 대목적[27]

2-2
민중의기 붉은깃발은
우리들의 시체를 싼다
높이들어라 붉은깃발을
그그늘에서 전사하리라
비겁한놈 갈테면가거라
우리들은 붉은깃발 지킨다

모스크바에 이깃발 날리고
시카고에 노래소리 높으다
불란서사람이 사랑하는기
중국사람이 이노래를 부른다
높이들어라 붉은깃발을
그그늘에서 전사하리라
비겁한놈 갈테면 가거라
우리들은 붉은깃발 지킨다[28]

---

27) 김부기(남, 85) 1992년 6월 23일 글쓴이 현지조사.
28) 김진택(남, 76) 전남 목포시 용해동 주공 3단지, 1993.4.22 글쓴이 현지조사.

(3) 서정가요계열

3-1<이별가>
떠난다 떠나간다 나는 가노라
세월의 꽃동무를 남겨 두고서
삼추에 맺은마음 굳고 깊건만
+++ 못이겨서 떠나 가노라[29]

(4) 교육운동가 계열

4-1
인간의 소년은 갈치기라
일어나라 소년아 소안뜰에서
우리들의 건투를 빛내자
새사람 새살림 새노력이
이재와 비로소 실시하리라
허위와 미신에 빠진민족은
진리와 과학으로 인도하고
수욕과 장타에 살륙장은
사랑의 낙원으로 화하리라
노동과 학문으로 직업을삼고
정의와 사랑으로 정신을삼아
같이먹고 같이살세 평화세계는
우리들의 눈앞에 완연하도다

---

29) 소안 사립학교 교사 이시완이 창작한 것으로 알려져 있음.

금수강산 이천만 신성한민족

세상에 어느누가 장적할소냐

화기와 굳은마음 겁내지말고

활발히 내달아 심전하세

철사주사로 결박한줄을

우리의 손으로 끊어버리고

독립만세 우리소리에

바닥이끓고 산이동천해

풀레- 풀레-

만세! 만세! 만세![30]

(5) 백성안 창가집 수록 자료

소안도 민족해방운동가 자료들 중 문헌으로 전해오는 것은 백성안 필사본 창가집이 있다. 이 창가집은 소안도에서 일제시대 야학 창가 교본으로 활용되었던 것이다. 필사자인 백성안白聖安(또는 成安, 남, 1893~1982)은 1893년에 소안면 이남리에서 태어났으며, 평생을 향리에서 살다 1982년에 작고했다. 1930년대에 야학운동을 수행했다. 특별히 민족운동을 위한 교육을 받은 것은 아니지만 그가 성장한 완도군 소안면의 전반적 사회정황, 그리고 당시 양심있는 지식인들이 당연히 걸어야 했던 민족사의 요구에 따라 자연스럽게 민족해방운동의 일환인 야학운동의 길로 나섰다. 이 창가집은 1930년대 야학교사 시절에 사용한 것으로 그의 아들인 백종화가 소장해오다 1993년 10월 7일 글쓴이에게 제공했다. 백종화는 부친의 유품이기 때문에 지금까지 보관했는데, 이 책을 지킨다는 것은 목숨을 건 일이나 다름없었다고 한다. 일제 때 이 책을 보관하

---

30) 김영안(남, 95), 1992년 6월 24일 글쓴이 현지조사.

다 일경에게 발각되면 고통을 당했고, 특히 해방 후 이 책을 소지하다 경찰에 발각되면 좌익으로 몰려 목숨을 부지하기 어려웠기 때문에 산속에 묻어 두거나 자기집 마루 밑을 파고 숨겨두거나 나뭇단 속에 묻어 두기도 하면서 보관해 왔다. 이 창가집의 두 쪽이 소안항일운동사료집에 사진으로 실린 바 있고, 여기에 수록된 노래 중 일부가 현대 말 표기에 의해 소안항일운동사료집에 수록되었다. 소장자인 백종화가 이 책을 글쓴이에게 공개한 이유는 이제 이러한 책을 세상에 소개하는 것이 마땅하다고 생각했기 때문이라고 밝혔다.

백성안은 경성에서 출판된 원본 창가집을 필사하여 야학 창가교재로 활용한 것으로 생각된다. 여기에 실린 노래의 단편들이 다른 지역에서도 발견된 것으로 미루어 보아 당시의 향촌사회에서는 이런 노래들이 대단히 유행했던 것으로 생각된다. 한편, 뒷표지에 京城이라는 필사를 한 것으로 보아 출판된 창가집을 대본으로 했을 가능성이 많다. 책의 크기는 가로 15.5cm, 세로 21cm, 앞표지와 뒷표지까지 합쳐 14쪽이며, 한지에 세필로 필사했으며 노끈으로 머리 부분을 묶었다. 노래는 愛國歌, 優勝旗歌, 運動歌, 父母恩德歌, 修學旅行, 勸學歌, 感動歌, 少年男子, 大韓魂의 순서로 9편 수록되어 있다.

수록된 노래들은 알려지지 않은 것들이 대부분이고 사료적 가치도 높다. 감동가와 같은 노래는 일제 강점기 전후 향촌사회에서 널리 불린 노래로, 당시 우리 민족의 독립과 자유정신을 극명하게 담고 있는 구전민요 계통의 노래다. 지금까지는 2, 3절이 단편적으로 알려졌을 뿐인데, 이 책을 통해 전모를 알 수 있게 되었다. 수록된 노래 중 작자를 알 수 있는 것은 없고, 대한혼은 1910년 신문에 게재된 적이 있을 뿐이다. 이로 보아 이들 노래의 대부분은 당시 민족운동세력들이 공동으로 창작했거나 향촌사회에서 불린 노래들을 수집해 놓은 것으로 생각된다.

노래 가창 스타일은 당시 유행했던 창가조였다. 19세기 말부터 창가

조의 노래들을 많이 불렀는데, 이는 당시의 사회상을 반영한 것으로 국권을 상실해 가는 절박한 상황 속에서 당시의 민중들은 전통민요의 창법보다는 빠르고 간명하게 가사의 의미를 전달할 수 있는 이 창법을 선택했다고 생각된다.

2) 자료의 해석

소안도 사람들이 민족운동노래를 연행한 시기가 어느 때부터인지 확실치 않지만 김사홍이 소안도 토지계쟁사건에서 소안면의 대표로 나섰던 것이 1909년이었던 것을 고려한다면 그전부터 민족운동노래를 연행했을 개연성은 있다. 구술에 의하면 야학이 실행되던 시기인 1910년 전후부터 노래를 배운 것은 확실하다. 당시 배운 노래들은 애국가, 감동가, 독립운동가 등 민족운동 계열의 노래들이었다.

애국가 계열의 노래들은 19세기 말과 20세기 초에 집중적으로 창작된 노래들로서 신문지상을 통해 발표된 것이 있고, 향촌사회와 각 지역에서 특정한 작자가 밝혀지지 않은 채 불린 것들이 있다. 19세기 말, 20세기 초 국권상실의 위기에서 농민, 애국지사들이 애국가, 독립운동가를 지어 불렀고, 그중 일부가 신문지상에 발표되었는데, 필자의 조사에 의하면 <자료 1-1> 독립운동가는 민중의 공동창작으로 구전으로 연행되던 노래로 생각된다. 이외에도 운동가, 권학가, 부모은덕가, 대한혼 등의 노래를 불렀는데, 이런 노래들은 중화학원에서 수학한 사람들이 마을에서 야학을 실행하는 1920년대부터 성창되기 시작했다.

<자료 1-6> 감동가는 글쓴이가 조사한 바에 의하면 신문이나 문헌에는 나타나지 않는 것으로 보아 구전으로 전승, 연행된 노래로 생각된다. 최초의 문헌 정착은 백성안필사본 창가집인 것으로 생각되며, 여기에 전편이 수록되었다. 그리고 『계몽기의 시가집』에 이 노래의 2, 3절이 <토

지조사에 반대한 노래>라는 제목으로 소개되었고, 일반 민중들 사이에서 전통적인 민요조로 연행된 노래라고 기술하였다.[31] 그리고 『조선문학개관』 제2권에서는 1917년 경 김형직이 만든 <정신가>라는 노래로 1절과 5절이 소개되었다.[32] 가사의 맥락으로 보아 이 노래는 독립 애국가가 성창되던 20세기 초에 제국주의 세력의 식민침탈에 대항하여 새 국가를 건설하려는 민족운동세력들이 부른 노래로 생각되며, 작자가 밝혀지지 않은 것으로 보아 공동창작으로 생각된다.

노래가사의 개사작업은 거의 모든 노래에 걸쳐 이루어 졌다. 감동가의 경우도 백성안 필사본의 노래, 조선문학개관 수록 노래, 계몽기시가집에 수록된 노래의 가사가 약간씩 달리 기록되어 있는데, 이는 수용자에 따라 개사작업이 이루어졌던 결과로 생각된다. 그리고 1920년대에 부른 <자료 1-3>에서도 같은 양상이 나타난다. 조선문학사에서는 이를 토벌가, 혁명가의 아내 수동이 어머니[33]라 했는데, 월항리에서 부른 노래에는 수동이 어머니라는 시적 자아를 통해 일제의 총칼에 희생된 민중의 참상과 어린 아이를 키우면서 돌아올 남편을 기다리는 향촌사회

---

31) 김학길, 『계몽기시가집』, 현대조선문학선집 6, 문예출판사, 1990, 13~14·45쪽 참조.

32) 박종원, 류만, 『조선문학개관』 2, 인동, (1986) 1988.

33) 1926~1945년 조선문학사에서는 토벌가라는 제목으로 가사가 소개되는데, 월항리의 것과 후반부가 다르다. 월항리에서 부른 노래는 향촌사회에서 부녀자들이 민족운동에 나섰다가 희생당한 남편을 생각하는 기다림의 정서가 반영되어 있다면 조선문학사에 소개된 토벌가의 후반부는 '울지말자 아이들아 울지를 말자/ 운다고 이원한이 가시어지랴/ 저산을 넘어가서 살길을 찾자'(토벌가 5절)라고 노래하여 민중의 투쟁의식을 반영하고 있다. 한편 1920~1930년대에 공연된 연극 '혁명가의 아내 수동이 어머니'와 가사의 내용이 일치되며, 가사의 구성도 어머니와 수동이의 대화체로 되어 있어 연극적 구성을 지니고 있다.
사회과학원 문학연구소, 『1926~1945년 조선문학사』, 열사람, 1981, 151~152쪽.

부녀자들의 심정을 애절하게 노래하였다. 이러한 현상은 향촌사회에서 전통민요를 수용하는 경우 반드시 자기 마을의 현실생활에 맞게 가사와 가락을 개량하여 수용한 노래연행 관습의 반영인 것으로 생각된다.

1920년대에 들어 소안도 사람들의 의식을 반영한 노래를 만들어 불렀다. 초기 수용 단계에서 전승된 노래의 사설을 그들의 처지에 맞게 개사하거나 알려진 곡에 가사를 창작하여 부르거나 자신들의 처지에 맞는 노래를 만드는 작업이 이루어 졌다. 알려진 곡에 가사를 창작하여 부른 것도 이 시기 소안도에서 노래를 수용한 한 방법이었다. 가령 클레멘타인(넓고넓은 바닷가에)에 맞춰 <자료 1-2>, <자료 1-4> 등을 불렀다. 이 경우 창법은 전통적인 음영리듬에 맞춰 불렀다.

새로운 노래의 창작은 1920년대 후반에 이루어 졌다. 1927년 사립학교가 폐교당하고 많은 청년들이 사립학교 복교운동과 민족운동과정에서 투옥당하자 수동이 어머니의 노래와 함께 옥중가를 불렀다. 옥중가는 소안도의 영웅 송내호를 추모하여 만든 노래로 판단된다. 주채심의 구술에 의하면 옥중가를 부르면 오빠 생각이 나서 저절로 슬퍼진다고 한다. '친오빠가 감옥에 있을 때 어머니가 옥중가를 부르라고 하면 불렀다. 그 노래라도 들으면 위안이 된다'고 했다.

소안도 사람들은 민족운동노래를 다른 유의 노래보다 더 좋아했다. 왜냐면 그들이 성취하려는 세계―민족의 독립과 평등한 사회의 건설―를 담고 있었기 때문이다. 김진식의 구술에서 그런 심성을 찾을 수 있다.34)

> "옛날 노래라면 여그서 주로 불렀던 노래는 사립학교서 불렀던 독립운동가, 애국가 그런 것이제… 우리가 대개 어렸을 때는 그런 노래 따라 불렀제라. 그리고 그 당시 우리 마을 사람들은 민요보다도 혁명가, 옥중가를 불

---

34) 김진식(남, 64, 소안면 월항리) 구술, 1992년 6월 22일, 글쓴이 현지조사.

렀제, 옥중에 가서 생활하는 혁명수가 있다고 그라믄 이불을 안덮고 잤다고
그래요. 같이 고생한다고… 그 당시에는 '천지정기 부름쓴 계림남아야…'
그것이 시발이 됐어요."

　소안도 사람들은 일제강점기에 당시의 사회현실을 반영하는 민족운동
노래 부르기를 좋아했는데, 전통민요로는 당시 월항리 사람들의 의식을
충분히 반영할 수 없었기 때문이었다. 이 구술에서 이미 전통민요가 당
대의 사회현실을 충분히 반영해 내지 못했다는 숨어있는 의미를 읽을
수 있다. 소안도 사람들이 보인 이런 반응은 비단 이 지역에만 국한된
것은 아니다. 물론 지역에 따라 정도의 차이가 있겠지만 19세기 말부터
20세기 초반에 이르러 이러한 경향은 사회의 전반에 걸쳐 일어났다고
생각된다.

6. 논의의 정리

　민족해방운동가가 특별히 왕성하게 전승된 소안도는 서남해 해로의
요충지에 위치한 섬이다. 다양한 선박들이 기항하고, 또 배를 타고 외지
를 왕래하기 때문에 당대의 선진적 정보를 접하게 되었다. 조선 후기 천
민들의 도피굴이라고 평가될 정도로 소안도는 다양한 세력들이 모여든
변혁의 섬이었다. 그리고 조선 후기 어업의 융성과 함께 섬들이 경제적
으로 부각되면서 농업생산력과 융합되어 안정된 경제력을 확보한 섬으
로 자리잡았다. 소안도 주민들은 경제적 여유를 교육에 집중하여 사립학
교와 학원, 야학을 세웠다. 그리고 외지에서 능력있는 교사를 초빙하여
선진적 의식과 선진적 문물을 수용하였다.
　지식인과 기층 민중출신이 융합된 주민들은 일제 식민지 치하에서 사

립학교와 학원, 야학 교육을 통해 자유와 평등, 민주적 분배, 노동의 의미들을 이념화해서 교육하고 수용해 가면서 깨우쳐 나갔다. 당시 이들이 설정한 저항 대상은 다양하다. 주된 저항 대상은 일제였으며, 섬을 소유한 조선 왕궁의 궁방, 불평등, 신분사회 등이었다. 일제를 물리치고 국권을 회복하자는 양반사회의 구호와는 차별되게 민중들의 다양한 요구가 수용된 저항 대상들을 설정하였던 것이다. 이를 정리하면 소안도 주민들은 일제에의 저항, 민족의 해방, 민중의 해방, 평등사회 구현 등 오늘날 우리 사회가 문제삼고 있는 주제들을 1세기 전 이미 설정하고 투쟁한 것이다.

주민들의 경험과 의식은 민족해방운동가의 가사에 그대로 반영되어 있다. 사설에 표현된 주된 주제들은 민족과 민중 해방, 평등사회 구현, 억압 타파, 국권회복 등이다. 이러한 내용들은 앞에서 제시한 자료들의 가사를 분류하면 쉽게 알아볼 수 있다. 특히 당시 양반사회가 내세웠던 국권회복보다는 자유, 평등, 민주, 노동해방, 계급해방, 분배문제에 큰 관심과 보다 높은 가치를 두고 있다는 점은 주목해야 한다. 그리고 창가가 야학이라는 교육기구를 통해 마을로 들어와 주민들과 습합하면서 주민들에 의해 주체적으로 재생산된다.

표현기법에 있어서도 전통시대의 참요가 사용했던 비유, 상징의 소극성을 극복하고 목표를 극명하게 제시하였으며, 서정성이 강화되었다. 즉 우회적 표현방식에서 직설적이고 서정적 표현방식으로 전환하였다. 특히 억압으로부터의 자유, 민족해방정신의 계승, 억압받는 민중에 대한 사랑, 동지애, 미래에 대한 확신이 서정적 문체에 담겨 표현됨으로써 비장미를 강하게 드러내고 있다.

노래의 수용과 전승과정이 비교적 상세하게 드러나 당시 민족해방운동가의 전승과정을 잘 알아볼 수 있다. 소안도 주도세력들에 의해 주민교육이 계획되고 초청된 유능한 교사들에 의해 민족해방운동가가 수용된다. 최초에는 중화학원을 통해 교육되고, 이어서 소안사립학교에서 교육된다. 그러나 정식 교육과정으로서의 교육이 아니라 비공식적 교육에 의해, 다시 말해서 사사롭게 수행되었다. 그리고 1927년 사립학교가 폐교당하면서 각 마을로 학원과 야학이 확대, 강화되어 민족해방운동가의 교육과 연행이 확대 재생산된다. 이 시기 교재가 사용되었는데, 중화학원과 사립학교에서는 교사들은 인쇄된 교재를, 학생들은 필사한 교재를 사용하여 교육했다. 그리고 야학에서는 교사는 필사한, 또는 구전으로, 학생은 구전으로, 또는 필사해서 수용, 전승한 것으로 판단된다.

악곡은 창가조였다. 20세기 초 조선민족의 화두인 일제 저항, 민족해방을 위해서는 과거에서 벗어나 혁신적 의식과 문화적 도구가 필요했을 것이다. 이 시기에 수용된 것이 창가라고 생각된다. 특히 민족해방운동가와 같은 혁명성이 짙은 정치민요는 내용이 혁신적일 수밖에 없기 때문에 이에 적합한 형식으로 창가식 가창법이 수용되었던 것으로 보인다.

소안도 민족해방운동가는 20세기 초 민족과 민중해방, 억압 타파, 평등과 자주적 세계관 구현, 국권회복이라는 역사적 임무를 감당한 노래였다고 평가된다. 또 이 자료들은 조선시대의 참요와 비교되면서 정치민요의 진행과정을 잘 보여준다. 그리고 이런 류의 민요에는 1세기를 앞서가는 민중들의 의식이 갈무리되어 있다는 점에서도 민요는 미래를 가늠하는 지표라는 확신을 갖게 한다. 이런 류의 노래들은 민요의 여러 갈래 중에서도 가장 민중의 심성 깊이 자리잡은 노래들, 오직 민중들만의 노래다. 예를 들어 노동요는 생산력의 향상이라는 면에서 어느 정도 지배층과 타협하는 면이 있지만 정치민요는 그렇지 않다. 그런 의미에서 민족해방운동가는 권력의 중심부로부터 가장 멀리 떨어진 위치에 존재하는 노래들이라고 판단된다.

<참고 문헌>

1) 단행본

김학길, 『계몽기시가집』, 현대조선문학선집 6, 문예출판사, 1990.
박종원·류만, 『조선문학개관』 2, 인동, (1986) 1988.
사회과학원 문학연구소, 『1926~1945년 조선문학사』, 열사람, 1981.
조성일, 『민요연구』, 연변 인민출판사, 1983.
최철 편, 『한국민요론』, 집문당, 1986.
역사민속학회, 『민요와 민중의 삶』, 우석출판사, 1994.

2) 논 문

나승만, 「소안도 민요사회의 역사」, 『도서문화』 10집, 목포대 도서문화연구소,
        1993.
나승만, 「민요사회의 사적 체계와 변천-전남지역의 민요사회를 중심으로-」,
        『민요와 민중의 삶』, 역사민속학회, 1994.
나승만, 「일제 강점기 항일민족해방운동노래의 주체화 과정」, 『배종무총장퇴
        임기념 사학논총』, 배종무총장퇴임기념사학논총간행위원회, 1994.
박연희, 「정치민요의 개념」, 『한국민요론』, 최철 편저, 집문당, 1986.
박찬승, 「일제하 소안도의 항일민족운동」, 『도서문화』 11집 완도 소안도지역
        의 사회문화적 성격 연구, 목포대 도서문화연구소, 1993.
손종흠, 「민요의 현대적 의미」, 『한국민요론』, 최철 편저, 집문당, 1986.
이해준, 「소안도의 역사문화적 배경」, 『완도소안도지역의 문화성격』, 제7회
        도서문화심포니움, 목포대 도서문화연구소, 1993.
최성락, 「소안군도의 선사유적」, 『완도소안도지역의 문화성격』, 제7회 도서문
        화심포니움, 목포대 도서문화연구소, 1993.

3) 현지조사 구술자료

김고막(여, 89세, 소안면 월항리 출신, 노화읍으로 출가, 광주시 북구 용봉동
　　　거주) 1993년 3월 25일
김부기(남, 85세, 소안면 미라리) 1992년 6월 23일
김영안(남, 95세, 소안면 부상리) 1992년 6월 24일
김진택(남, 71세, 소안면 월항리 출신, 목포시 용해동 주공 3단지 아파트) 1993
　　　년 4월 22일
김한호(남, 82세, 소안면 월항리) 1993년 3월 24일
백종화(남, 73세, 소안면 월항리) 1993년 10월 7일
이월송(남, 84세, 소안면 소진리) 1992년 6월 23일
주체심(여, 78세, 소안면 비자리) 1992년 4월 21일

4) 신문자료

『조선일보』, 1927년 5월 17일, 「절도유일의 교육기관 돌연 폐교를 명령－전남
　　　완도에 돌발한 괴사건 진상형세 험악, 경계엄중」.
『동아일보』, 1927년 5월 17일, 「소안학교 돌연폐쇄」.

제2장

임자도의 파시와 파시 사람들

이 경 엽

1. 머리말

파시波市는 회유하는 어군을 따라 어장 주변에 형성되는 '바다의 시장'이다. 문자적으로 볼 때, 물결[波]을 따라 해상을 이동하며 고기를 사고파는 시장[市]이라고 풀이할 수 있다. 옛기록에 파시평波市坪·파시전波市田이라고 나오는데, 평坪과 전田은 경제적 가치를 지닌 장소의 의미라고 풀이할 수 있다.

파시는 서해안 일대에 주로 분포하며 남해안 일부에도 형성되었다. 1960년대에도 몇 군데에 파시가 남아 있었으며, 얼마 전까지도 몇몇 지역에 잔존 형태의 파시가 있었지만 현재는 사라진 것으로 알려져 있다.

파시는 어로 활동과 해양문화의 역동적 면모를 보여준다. 또한 포구에서 벌어지는 뱃사람들 특유의 유흥과 낭만을 떠올리게 하는 소재로도 관심을 모은다. 그리고 파시에서 이루어지는 어업 생산과 유통의 규모가 남달라 어업경제사적으로 주목할 만한 대상이다.

옛기록을 보면 우선 경제적 측면에 대한 내용이 보인다. 『세종실록지리지』에 영광 서쪽 바다 파시평波市坪에 대한 기록이 처음 나오며, 이후 왕조실록에도 여러 차례 등장한다. 옛 기록에서는 세금을 둘러싼 문제에 주로 관심을 보이고 있는데, 오래 전부터 파시의 어업경제적 측면이 관심의 대상이었음을 알 수 있다.

한편 파시가 해양문화 특유의 의미 있는 대상이지만 그에 걸맞는 조사와 연구가 많지 않았다. 관련 보고서로는 일제 강점기에 일본인 학자들의 여행기[1]에 임자도 파시에 대해 기록한 것이 있고, 1957년에 서해 학술조사단이 흑산도 파시에 대해 기록[2]한 것이 있다. 그리고 당대의 현상으로 보고한 것이 아니지만 몇몇 연구에서 파시에 대해 지속적인 관심을 보이기도 했다.[3] 본격적인 논문으로는 최길성[4]이 파시의 현황을 설명하고 주민과의 관계를 주목한 바 있고, 김준[5]이 비금도 강달어 파시촌을 중심으로 파시의 쇠퇴와 정착어촌의 형성 문제를 다룬 적이 있다. 파시에 대한 연구가 의외로 소략하다는 것을 알 수 있다.

파시에 대한 관심이 적지 않음에도 관련 연구가 많지 않은 이유는, 도서·해양문화 연구가 아직 본격화되지 않은 데 있을 것이다. 또한 기록

---

1) アチツク ミユゼアム 編, 朝鮮多島海旅行覺書, 1939, p.36[이 여행기는 『일본 민속학자가 본 1930년대 서해도서 민속』(민속원, 2004)으로 번역 출판되었다].

2) 국립박물관, 『한국서해도서』, 을유문화사, 1957, 120~124쪽.

3) 주강현, 『조기에 관한 명상』, 한겨레신문사, 1998 ; 김영희, 『섬으로 흐르는 역사』, 동문선, 1999 ; 해양수산부, 『한국의 해양문화(서남해역 하)』, 2002.

4) 최길성, 「파시의 민속학적 고찰」, 『중앙민속학』3, 중앙대학교 한국민속학연구소, 1991[이 논문은 『1930년대 서해도서 민속』(민속원, 2004)에 재수록되었다].

5) 김준, 「생태환경의 변화와 파시촌 어민의 적응―비금도 강달어 파시촌을 중심으로―」, 『도서문화』19, 목포대 도서문화연구소, 2002.

이 풍부하지 않고 관련 보고서가 충분하지 않은 것도 이유가 될 것이다. 파시의 경우 복합적이고 다면적인 성격을 갖고 있으므로 입체적인 관찰과 기록이 필요하다. 이런 조건이 충족되지 않아 연구가 활성화되지 않았다고 할 수 있다.

이 글에서는 임자도의 파시민속에 대해 주목하고자 한다. 임자도의 타리파시와 재원파시는 현재는 사라졌지만 주민들의 기억에 잘 남아 있는 편이다. 현지조사6)를 통해 확보한 주민들의 구술 자료는 기존 자료를 새롭게 보완해준다. 여기서는 현지조사 자료를 중심으로 민중생활사 재구성의 측면에서 파시의 여러 면모를 살펴보고자 한다. 이를 위해 서해안 파시에 대해 개괄하고, 파시 사람들의 생활 모습, 주민들이 관찰한 파시 풍경, 주민들과의 관계에 대해 기술하고자 한다.

이 글은 목포대학교 도서문화연구소에서 2004년도에 실시한 여름 섬 조사 결과물이다. 여러 분야 선생님들과 공동 작업을 하면서 임자도를 종합적으로 이해할 수 있었다. 임자도 민속조사에서는 어로활동, 당제, 장례풍속, 풍물굿, 강강술래 등을 조사했는데 다른 지역보다 전승력이 위축되어 있음을 볼 수 있었다. 마을마다 교회가 있고 교세가 대단히 높아 생활 전반에서 전통적인 생활양식 대신 '교회식' 관행이 자리하고 있는 것이 특징이었다. 장례를 치를 때에도 기독교식으로 치러지고 있었고, 이른바 '교회식'과 '사회식'이 충돌하고 있는 현장도 목격할 수 있었다. 문화변동에 따라 전통과 외래문화가 접변하는 현상을 임자도에서 구체적으로 관찰할 수 있었다. 이 문제는 이 논문과 별도로 다룰 예정이다.

---

6) 임자도 현지조사는 두 차례(2004년 6월 22~23일, 6월 28일~7월 1일)에 걸쳐 실시되었다. 현지조사에는 도서문화연구소 송기태 선생(목포대 국문과 대학원 석사수료)이 동행했으며, 음성 채록과 도면 작업에 도움을 주었다.

2. 서해안의 파시와 임자도 파시

파시는 해류의 이동, 어군의 회유에 따른 조업 조건과 그 생태적 배경에 따라 형성되었다. 서해와 남해에는 계절에 따른 조류의 흐름에 맞춰 곳곳에 거대한 어장이 형성되며, 어종도 조기, 고등어, 삼치, 갈치, 전갱이, 멸치, 새우, 홍어 등 다양하게 서식하고 있다. 풍어기에는 이곳에서 조업하는 어선과 상선 사이에 어획물의 매매가 이루어지는데, 이때 거래가 이루어지던 바다(어장)를 파시라고 한다.

파시는 회유 어종을 대상으로 조업해온 서해안의 어로 활동과 밀접한 상관성이 있다. 회유해온 고기를 일정 기간 동안 집중적으로 잡고, 다른 어장으로 이동해서 조업을 해야 하는 생태적 조건이 파시를 성립시켰다고 할 수 있다. 고기잡이의 생태적 조건 때문에 상설 시장이 서지 못한 대신 어장 인근 어촌에 임시 가옥이 들어서면서 파시가 형성되었던 것이다.

파시가 형성되기 위해서는 지속적으로 회유해오는 안정적이고 풍부한 어족자원이 전제가 된다. 대표적인 예가 서해안의 조기다. 서해안에는 조기의 회유로를 따라 계절별로 남쪽의 칠산어장으로부터 북상하면서 죽도어장, 연평도어장, 대화도어장이 형성되었다. 조기를 잡는 어민들은 단시간 내에 많은 조기를 포획하기 위해, 조업에만 집중할 뿐 어획물을 직접 운반하고 판매하지 않았다. 시간 절약과 어획물의 선도 유지를 위해 대부분 어장에서 상고선商賈船에 판매하는 경우가 많았다. 한편 어획물을 상고선을 통해 해상에서 판매할 수 있으나 각종 생활용품이나 어구, 식량, 식수 등은 인근 포구에서 조달해야 되기 때문에, 어장 가까이에 있는 포구나 어촌은 성어기에 어선이 집결하여 크게 번창하였다. 일정 시기에 모여든 어부들을 위한 음식점, 주점 등 각종 위락 시설이 갑

자기 번성하여 한가하던 어촌이 불야성을 이루게 되었는데, 그것이 바로 파시였다. 서해안의 여러 파시 중에서 위도파시, 연평도파시, 흑산도파시가 3대 파시로 꼽힌다.

서해안의 파시는 대표어종인 조기를 중심으로 형성되었다. 옛기록에서 볼 수 있는 파시의 모습 역시 조기와 관련된 것이 많다. 파시에 대한 기록은 『세종실록지리지』 및 『숙종실록』, 『신증동국여지승람』, 『지도군총쇄록』 등에서 찾을 수 있다.

> ㈎ (조기는) 군의 서쪽 파시평波市坪에서 난다(봄·여름 사이에 여러 곳의 어선이 모두 이 곳에 모여 그물로 잡는데, 관청에서 그 세금을 받아서 국용國用에 이바지한다).[7]
>
> ㈏ 전라감사全羅監司 민진원閔鎭遠이 치계馳啓하여 궁가宮家 소속인 파시평波市坪의 어세漁稅를 진민賑民의 물자로 보충하여 쓰고, 감영監營에서 그 값을 궁가宮家로 보내겠다고 하니, 호조戶曹에서도 그렇게 할 것을 청하였다. 그러나 임금이 허락하지 않으니, 중외中外에서 한탄하지 않는 이가 없었다.[8]
>
> ㈐ 파시전波市田: 군 북쪽 20리에 있는데 조기가 생산된다. 매년 봄에 경외京外의 상선이 사방에서 모여들어 그물을 던져 고기를 잡아 판매하는데 서울 저자와 같이 떠들썩한 소리가 가득하다. 그 고깃배들은 모두 세금을 낸다.[9]
>
> ㈑ 법성포의 서쪽 바다에는 배를 댈 곳이 없고 이 곳에 있는 칠뫼라는 작은 섬들이 위도로부터 나주까지의 경계가 되는데 이곳을 통칭하여 칠산 바다라고 한다. 서쪽 바다는 망망대해로서 해마다 고기가 많이 잡혀 팔도에서 수천 척의 배들이 이 곳에 모여 고기를 사고 팔며 오고 가는 거래액은 가히 수십만 냥에 이른다고 한다. 이때 가장 많이 잡히는 물고기는 조기로 팔도에서 모두 먹을 수 있었다.[10]
>
> ㈒ 본 군의 칠산도에서는 매년 봄에 조기 어장이 형성된다. … 본래 칠산 어장은 바다 폭이 백여 리나 되어 팔도의 어선들이 몰려온다. 그물을 치고

---

7) 『세종실록 지리지』 제151권, 전라도 영광군.

8) 『숙종실록』 제38권, 숙종 29년 12월 11일(임오).

9) 『신증동국여지승람』 제36권, 영광군, 산천조.

10) 『지도군총쇄록』, 1895년 5월 13일자.

고기를 잡는 배가 근 백여 척이 되며 상선 또한 왕래하여 거의 수천 척이
된다.[11]

㈎와 ㈐에는 파시의 시기가 나오고 ㈑와 ㈒에는 파시의 떠들썩한 분
위기와 거래 규모가 나온다. 그리고 ㈏에는 파시평이 궁가宮家 소속인데,
전라 감사가 파시평의 어세魚稅로 구휼 물자를 보충하자는 제안을 했다
가 거절당했다는 내용이 나온다. 관련 내용이 이후 수차례 논쟁적으로
반복[12]되는 것으로 보아 왕실에서 파시의 경제적 이윤에 집착했음을 알
수 있다. 왕조실록에 기록된 내용은 파시의 어세·어염세魚鹽稅·선세船
稅 등과 관련된 것이 대부분이다.

㈑와 ㈒는 지도智島 군수로 있던 오횡묵吳宖默(1833~?)이 남긴 일기체
의 정무일지다. 칠산파시에 대해 비교적 상세한 내용을 담고 있다. 그는
칠산파시에 "수천 척의 고깃배, 상선들이 모여 고기를 잡아 사고판다고
했으며 그 거래액이 수십만 냥에 이른다"고 했다. 이 기록으로 볼 때 18
세기 후반 칠산파시의 규모가 얼마나 컸는지 짐작할 수 있다.

서해안의 조기파시는 오랜 동안 지속되었다. 조기가 안정적으로 잡히
던 경제 어종이라는 사실과 밀접한 관련이 있다. 한편 조기 파시가 서해
안 전역의 주요 어장에서 섰던 것과 달리, 일부 어종은 특정 해역을 중
심으로 어장이 형성된 까닭에 그 경우의 파시는 국지적 양상을 띤다. 거
문도·청산도·흑산도의 고등어 파시, 추자도의 멸치 파시, 비금도의 강
달어 파시, 임자도의 민어 파시 등이 그것이다. 이중에서 고등어 파시의

---

11) 『지도군총쇄록』, 1897년 2월 26일자.
12) 『숙종실록』 제38권, 29/12/25(병신)에서 논쟁적인 비판을 볼 수 있다. "얼마 전
   호남湖南의 이른바 파시평波市坪 문제는 전하께서 윤허하지 않으셨는데, 이 일
   은 민폐民弊를 없애고 본관本官에게 백성을 구제할 밑천을 보태어 주게 하는
   것으로, 또한 아무런 손해가 없는 것인데도 이것을 허락하여 주시지 않으시
   니, 다른 것이야 의논해 무엇하겠습니까?"

경우 남해안을 따라 횡으로 퍼져 있어 종으로 분포하는 조기 파시와 대비된다.

임자도 타리파시는 전국 제일의 민어 파시로서 명성이 높았다. 특히 일제 강점기에 타리파시는 일본인들이 활발하게 진출했으며, 수백 척의 선박이 몰려든 타리 항구는 정박한 어선들의 불빛으로 불야성을 이루었다고 한다.

<표 1> 1925년 타리파시 업종 현황(『동아일보』 1925.8.11)

구분	계	잡화상	욕탕	세탁	이발	음식점	요리점	선구상	병원	중개업
계	116	14	1	4	5	61	18	6	2	5
조선인	100	6	1	4	4	61	14	4	1	5
일본인	16	8			1		4	2	1	

당시 신문보도를 인용해 김영희가 정리한 자료에 의하면[13] 1925년 7월에 166척의 선박이 조업 중이었고, 684명의 선원들이 있었다고 한다. 그리고 어부와 고기를 사러 온 어상들을 상대로 영업을 하는 조선인 상점 100개, 일본인 상점 16개가 있었다고 한다. 상점 중에서 61개가 음식점, 18개가 요리점으로 대부분 유흥업이었는데, 이곳에 몸담은 타리기생은 일본 창기를 포함하어 1백어 명이 기거했다고 한다.

타리파시는 해방 후 해체되었다. 이에 대해 주민들은 어민들이 새우잡이에 주력하고 민어잡이에 무관심해서라고 설명하고 있다. 타리파시가 일본으로 반출되던 민어에 의존하고 있었기 때문에 해방 후 사회경제적 상황이 달라지면서 사라진 것으로 보인다. 한편 타리파시가 사라진 뒤 1960~1980년대에 재원도에 파시가 형성되었다. 재원파시는 1990년대 초까지도 일부 기능이 남아 있었으며, 지금도 파시촌의 흔적이 약간 남아 있다.

---

13) 김영희, 『섬으로 흐르는 역사』, 동문선, 1999, 296~309쪽.

3. 파시 사람들의 생활 모습

<그림 1> 타리파시 풍경
(朝鮮多島海旅行覺書)

타리파시는 임자도 서북부 하우리 서쪽의 모래사장과 건너편 섬(섬타리도, 뭍타리도) 사이에 섰다. 타리섬의 이름을 따서 타리파시라고 불렀다고 한다. 주민들은 모래사장 왼편에 있는 너른 바위를 '나박바우', 그 등성이를 '나박바우 잔등'이라고 하고, 파시 이름을 '나박바우 파시'라고 말하는 이도 있다.

나박바우 동쪽으로 긴 모래사장이 펼쳐져 있는데 그곳에 파시가 섰다. 지금은 모래사장만이 남아 있을 뿐이지만 파시가 한창일 당시에는 가건물 수십 채가 들어섰다. 1930년대 후반에 타리파시를 관찰한 일본인 櫻田勝德은 다음과 같이 기술하고 있다.

> 모래사장에 가건물 이동부락파시가 2, 30채 늘어서서 손님을 기다리고 있다. 타리섬이라는 지명을 따서 '타리파시'라고 부른다. 파시는 선술집, 여관[遊女屋], 요릿집, 잡화가게, 이발소, 선구집, 소금가게, 목욕탕 등으로 이루어져 있으며, 모두 타지 어부를 상대로 장사하고 있는 것 같다.[14]

櫻田이 본 1939년 타리파시의 규모는 앞서 제시한 1925년 통계보다 적은 수치다. 하지만 1930년대 후반에 갑자기 규모가 줄어든 것 같지는

---

14) アチック ミユゼアム 編, 朝鮮多島海旅行覺書, 1939, p.36.

않다. 필자가 만난 제보자 허영식(남, 1929~)씨 내외가 1942~1943년경에 보았다는 기억에 의하면 100~120호 정도였다고 한다. 또한 술집이나 요리집 이외에 주재소와 보건소 등이 있었다고 한다.

> 파시가 왜정 때에 한 100호 이상 됐어요. 술집만 있었던 것 아니고. (하우리에서 나박바우 쪽으로) 길 막 내려가면 지서가 먼저 있었고, 그 옆에 보건소가 있었고. 또 옛날에 보선이 많으니까 고기잡는 하꼬짝 있잖아. 하꼬를 여기서 전부 제작을 했어. 거기서부터는 전부 집이 있어. 막도 있고, 판자로 전부 해서 만들었단 말이요. 큰 잡화 가게들은 물건 훔쳐가니까 판자로 해서 하고. 민속촌에 가든 마람 엮어서 만든 그런 집이 거의 많았고. [조사자: 집들이 바다쪽으로 몇 줄이나 있었어요?] 7~8줄 이상 되었다니까. 한 마을이 들어 앉았다니까. 도시와 마찬가지랑께. 집이 겁나. 우리 밭(제보자 소유의 밭) 머리에 정의수(우물)가 있거든. [조사자: 일본 사람들이 판 우물이요?] 응. 그 물인디 이 물 가지고 적으니까 또 여그 마을 위치에다 정의수 하나 파고, 모투랑샘이여. 또 여그서 요렇고 넘어와가지고는 허드레물이 있었어. 일본사람이 판 샘은 나박바우샘이라고 했었고. [2004.6.28 임자면 하우리, 제보자: 허영식(남, 1929~), 주옥순(여, 1926~)]

허영식 씨 내외가 기억하는 타리파시의 풍경이다.[15] 그들의 구술에 의하면 타리파시에 "한 마을이 들어 앉았다"고 하며, 200여m에 걸쳐 임시 가옥들이 늘어서 있었다고 한다. 또 '나박바우샘'과 '모투랑샘'이 식용 우물로 이용되었고, 백사장 쪽에는 '허드렛샘'이 있었다고 한다. 한편 물 사정이 여의치 않아 주민들이 물을 길어다 파시 사람들에게 팔았다고 한다. 허영식 씨의 구술을 바탕으로 타리파시의 공간 구성을 그림으로 그려보면 다음과 같다.

---

15) 허영식 씨는 하우리에서 줄곧 살고 있는 분인데, 어린 시절 마을 곁에 있는 타리파시에 수시로 드나들며 구경을 했다고 한다. 또한 그의 부인 주옥순 씨는 괴길리가 고향이지만 10살 무렵 아버지 따라 파시를 구경한 적 있고, 16세에 동생 치료 때문에 타리파시 병원에 다녀간 적 있으며, 18세에 허영식 씨와 결혼해 하우리에 시집와 살면서 파시를 구경했다고 한다.

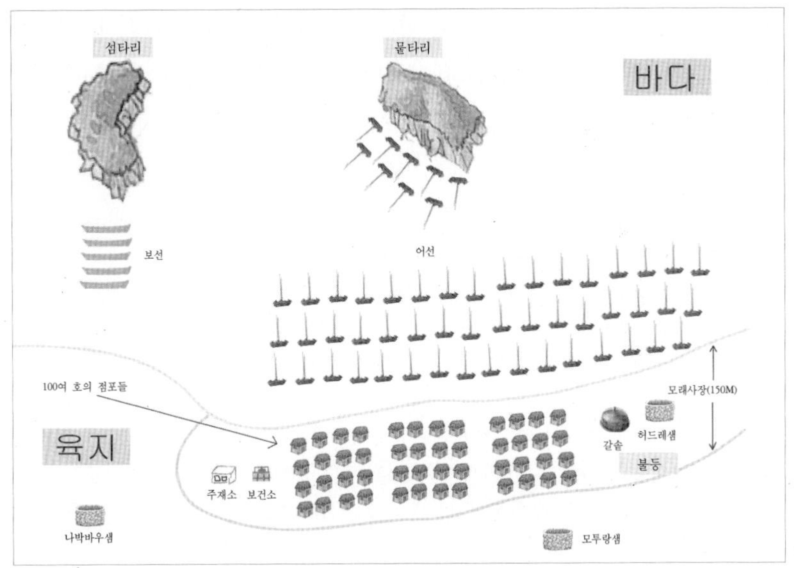

<그림 2> 타리파시의 공간 구성

한국 사람들은 몰라도 일본에서는 타리라고 하든 압니다. 요 뒤 나박바우가 민어가 유명허거든요. 그 민어 낚을 때 보선이라는 것이 있어요. 지금으로 말하든 고기 잡아서 저장하는 배여요. 그 보선이 뜨든 사람이 건너갈 정도요. 보선이 지금으로 치면 한 3, 40톤 되죠. 근게 고기를 잡아다 저장했다가 일본으로 바로 실어가죠. 보선은 저장하는 배고, 그런게 각 어선이 잡어오면은 그 보선에다 저장을 해요. 저장 해 놨다가 일본으로 운반해 가요. 대한민국 선박들이 거즘은 다 타리로 모여요. 그런게 배하고 배 사이에 사람이 걸어갈 정도란 말이요. 근디 강원도까지는 모릅니다만은 인천, 군산이 세 개 항에 있는 배는 전부 여기 집결해 있었어. 이 목포, 여수까지. 타리에서 민어를 잡으니까 민어 잡기 위해서 전부 집결해요. 이 타리로. [2004.6.28 임자면 하우리, 제보자: 허영식(남, 1929~), 주옥순(여, 1926~)]

주민들은 타리가 일본에까지 잘 알려져 있었다고 말한다. 어선들이 잡아온 고기를 보선에 저장했다가 일본으로 가져갔다고 하는데 그 배들이 대여섯 척 있었다고 한다. 회사마다 보선을 갖고 있었으며, 보선에 저장한 고기를 운반선이 이틀마다 일본으로 실어갔다고 기억하고 있다.16) 櫻田이 "타리섬에는 수산과 아야시가네[林兼] 회사 소속의 생선 창고를 가진 '일본수산'의 선박이 있고, 이 배에서 살아 있는 물고기를 얼음으로 채워 도다(일본 후쿠오카현 북구슈 戶畑區) 등지로 운송하여 보내고 있다"17)고 말한 것과 통하는 설명이다.

타리파시에서 수산물 거래가 활발하게 이뤄지고, 보선이라고 불리는 배에 고기를 냉장 저장해서 일본으로 직송했기 때문에 일본인들이 여럿 있었다. 또 인구가 많고 크고 작은 사건이 자주 일어나기 때문에 주재소가 설치되었다고 한다. 그리고 물자와 유동 인구가 많았기 때문에 목포와 타리를 오가는 여객선이 하루에 두 차례씩 운행될 만큼 성황을 이뤘다고 한다. 여객선은 '남영호'와 '조영호'(?)가 있었는데, 낙월도에서 타리를 거쳐 목포를 왕래하는 정기 여객선이었다고 한다.

파시를 이루는 조건 중에서 전제되는 것은 어선의 집결이라고 할 수 있다. 타리파시에 모인 배들은 인근 지역만이 아니라 인천, 군산, 여수 등지에서 온 배였다. 제보자 허영식 씨는 어선들과 보선이 파시에 정박하면 배 위를 밟고 타리섬까지 건너갈 수 있을 정도였다고 설명한다. 그만큼 많은 배들이 파시에 모였다는 것이다.

타리파시에 어선들이 많이 모였던 것은 임자도 인근에 큰 어장이 형성되었기 때문이다. 임자도는 조기 어장으로 유명한 칠산 어장, 안마도 어장 바로 아래인데, 조기떼가 봄철에 칠산바다로 진입하기 전에 거쳐가는 곳이 임자도 부근이다. 임자도 해역은 '풀' 또는 '풀등'이라고 부르는 모래등이 해저에 발달해 있어 대표적인 새우 산란장으로 꼽히는 곳이다.

---

16) 보선은 동력을 갖고 있지 않는 큰 배였다고 하는데 보선은 지금의 톤수로 볼 때 30~40톤 정도이며, 운반선은 20톤 정도였다고 한다. 주옥순씨는 보선의 크기에 대해 "보선은 산덩어리처럼 크드만"이라고 표현했다.

17) 앞의 책, 36쪽.

주민들에 의하면 "이곳 풀등에서 새우들이 산란해 갖고 나오면 고것이 딴 어종들 밥이 된다"고 말한다. 풀등18)이 발달한 지형 조건으로 인해 여러 어종이 임자해역으로 모여 들었던 것으로 보인다.

어선들은 계절로 볼 때 홍어(음력 정월), 조기(음력 4월), 부서(음력 4월), 민어(음력 5월 말~8월) 등을 주로 잡았다. 이중에서 특히 민어가 인기 있는 어종이었다. 일본 사람들이 민어를 좋아했다고 하는데, 이에 대해 "일본 사람들은 민어 뼈따구도 안 버리고 먹었어. 민어 뼈는 세 번 우려먹는다는 말이 있어"라고 말한다.

주민들은 임자도에서 잡히는 고기들에 대해 풍부한 지식을 갖고 있다. 특히 민어의 생태에 대해 잘 알고 있다.

> (조사자: 민어는 어디가 산란장입니까?) 요 임자도. 음력으로 딱 6월. 딱 6월 보름 이내를 '육치'라 한단 말이요. 좋은 고기를 '육치'. 6월달에 잡는다 해서. 6월달이 산란 시기여. 5월 그믐부터 6월 보름까지 산란 해놓고, 인자 빠를 때는 8월 초까지 잡고. 글 안허믄 늦을 때는 8월 보름까지 잡는단 말이요. 민어는 알 밴 놈은 안 알아줘요. 쑥치를 알아줘. 수놈. 여기서는 쑥치, 암치 그러지라. 알 밴 민어는 안 알아줘. 왜 그러냐. 살이 부드럽고, 뱃살이 없어. 알을 품어버린게. 얇은게 그 고기가 맛이 덜허지라. 쑥치는 딱딱헌게. 그래서 수놈을 더 알어주제.
>
> 음력으로 5월 그믐살에는 민어하고 부서하고 같이 잡혀요. 그라믄 그때부터 인자 민어 사리제. (조: 민어살은 얼마나 계속 됩니까?) 그렁께 5월. 빠를 때는 5월 그믐살에 민어가 나고 좀 늦으므는 6월 조금살에 나고. 그래 가지고 이 끝나는 기간은 음력 8월 초까지 잡히고, 글 안허믄 보름살까지 잡히고 늦으믄.
>
> 민어, 조기는 울어 개구리 울대끼. 고기가 땅에 엎졌다가 지 물때가 되면 딱 울면서 일어나. 낮에 울고 밤에는 또 안 울대요. 11시, 12시 되아야 운단 말이요. 그렁께 보통 12시 넘어서 유자망을 놔요. 그 앞전에 (그물) 끊어 봐야 고기 절대 안 걸려. [2004년 6월 28일, 임자면 하우리, 제보자 : 장승부 (남, 1940~)]

---

18) 주민들이 꼽는 대표적인 풀등은, '송이도 뒤에 각허리풀', '노력도 뒤에 풀', 태이도 위쪽의 '상풀' 등이다.

민어는 음력 5월 '그믐살'19)부터 잡히기 시작한다. 이 무렵에는 부서와 민어가 같이 잡힌다. 민어 중에서 6월에 잡히는 수놈을 제일로 치며 그 민어를 '육치'라고 부른다. 민어는 유자망과 주낙으로 잡으며 8월 보름까지 잡는다. 외지 배들은 주로 유자망 배가 많았으며, 자본이 없는 현지 배들이 주로 주낙어업을 했다고 한다.

어선들이 파시에 들어와 있는 시기는 대개 '조금' 무렵이었다. '사리'에 주로 작업을 하고 조금에는 해안에 정박하고 있기 때문이다. 그렇지만 민어잡이, 병치잡이, 새우잡이, 부서잡이, 게잡이 배가 종류별로 많이 있고, 작업 조건이 다르기 때문에 물때에 관계없이 배들이 수시로 드나들었다고 한다. 어선들이 조업을 한 후 포구에 정박하게 되면 그물 손질을 하는데 '허드렛샘' 근처에서 '갈'을 했다. 면사 그물이 쉽게 끊기기 때문에 갈을 하는 것이 큰 일이었다고 한다. 파시에서는 갈솥을 걸어 놓고 전문적으로 영업하는 사람도 있었다고 한다.

> 갈솥이라고 있어요. 왜놈들이 솥 놓을 자리를 세면(시멘트) 공구리를 해서, 이 솥이 얼마나 하냔은 사람이 빠지믄 죽게 생겼어. 그런 솥이 네 개가 걸려 있었어. 그 솥은 뭣이냐 하믄은 거시기 저 면사로 그물을 만들었기 때문에 고기를 잡을라믄 그 갈을 하거든. 그물을 다시 재생해내. [조사자: 그럼 갈솥 주인이 있겠네요?] 그렇지 일당을 받고. [2004.6.30 임자면 하우리, 제보자: 주옥순(여, 1926~)]

파시 상인들은 어부와 어상 등을 상대로 장사를 했다. 파시 가게는 주점, 요리집, 삽화섬, 쌀십, 이발소 등이 있었다. 파시를 따라 다니는 상인들을 '파수 보는 사람들'이라고 하는데 그들은 파시만을 전문적으로 찾아다니는 사람들이었다.

---

19) 물때는 한달에 두 번 주기로 바뀌는데 사리가 보름에 들면 보름살이고 그믐에 들면 그믐살이라고 한다.

연평도부터 인자 그 파수 보는 사람들은 거그서 시여 갖고, 여기까지 차근차근 내려왔다 올라갔다 이런 거지. 위도 파수를 보고는 위도 파수가 끝나고 여기로. 그랑께 절반이 거그를 갔다 온 사람들이제. 봄파수에서는 위도 파수 보고. 그러믄 여기는 7, 8월 민어란 말이여. 위도파수를 보고 세월이 없응께 시세 좋은데로 찾아 댕애. 이리 갔다 저리 갔다. [2004.6.28. 임자면 이흑암리 탁정기(남, 1927~) / 임자면 진리 고삼용(남, 1928~)]

상인들은 계절별로 어장을 찾아 '파수를 보고' '세월이 없으면 시세 좋은 데'로 찾아 다녔다. 4~5월에는 위도 조기파시, 6월에는 연평도 조기파시, 7~8월에는 임자도 민어파시를 찾아 다녔다. 그리고 어떤 이들은 흑산도에 가을 파수를 보러 다녔다. 상인들은 대부분 외지인들이었고, 현지 상인은 숫자가 많지 않았다. 임자도 현지상인은 4~5명의 이름이 확인된다. 상인 중에는 일본인도 있었는데 사진자료 중에 '御料理'라는 간판이 붙은 가게도 보인다.

<그림 3> 요리집   <그림 4> 요리집 여인들

요리집에는 여자들이 있어 손님들을 접대했다. 주민들은 요리집 여자에 대해 '기생', '화류계 여자' 등으로 부른다. 1925년 통계를 보면 조선기생, 일본 게이샤들이 100여 명 이상 있었다고 한다. 파시에 모인 기생들에 대해 "해당화가 피고, 기생들이 옷 빨아서 널어놓으면 옷인지 꽃인지 모른다"는 낭만적인 풍경으로 기억하기도 하지만, 이들이 하는 일은 뱃사람들을 상대로 한 가무와 매춘이었다.

> 타리에는 '에라 노아라 못놓겠다'는 조선 기생의 양산도 가락이 장구소리에 실려 왔고 '조센 도 시나 도노아 노사가이' 하는 사미센[三味線] 섞인소리도 끊이지 않았다. 시와 노래와 술과 춤이 외진 황해의 바닷가에서 어우러지던 곳, 그곳이 타리파시였다.[20]

파시에서는 밤마다 기생들의 노랫소리와 장구소리가 끊이지 않았다고한다. 70대 이상의 주민들은 파시에 구경갔던 기억을 많이 갖고 있는데, 이들이 본 풍경 중에서 가장 인상적인 것도 예쁘게 화장하고 한복을 차려 입는 기생들과 그들이 부르는 노랫소리라고 한다. 술집에서 기생들과어울려 술 마시면서 노래부르고 춤추고 노는 것을 '산다이'라고 하는데, 그 산다이가 '볼만한 굿'이었다고 말한다. 요리집에는 뱃사람들과 기생들이 어울려 놀 수 있는 큰 방이 있었고, 남녀가 은밀하게 속삭이는 작은 방들이 여럿 있었다고 한다. 주민 중에서는 어릴 때 그것을 훔쳐보러다니던 기억을 말하는 이도 있다. 일반인들과 달리 파시에서는 남녀가어울리는 게 일상이었던 것이다.

파시에 설치된 집은 임시로 지은 것이기에, 상인들이 이동할 때는 '집을 접어 배에 싣고' 다녔다. 櫻田에 의하면 "가재도구는 물론 집도 접어서 가져가기 때문에 운임을 받고 실어 보내는 사람도 있고, 배를 특별히마련하여 가족 모두와 함께 이동하는 사람도 있었다"[21]고 한다. 한편 9

---

20) 김영희, 앞의 책, 296~309쪽.

월 접어들면 타리파시가 여름에 비해 썰렁해지는데 그래도 몇 채의 가옥은 여전히 남아 장사를 했다고 한다. 조기, 민어, 부서, 꽃게, 새우 등이 일년 내내 끊이지 않고 잡혀서 작은 규모라도 파시 기능은 유지되었다고 한다. 겨울에도 외지 배들이 정박하기 좋은 타리파시를 찾았기 때문에 일부 상인들은 남아 있었다고 한다. 또한 주재소나 보건소도 한겨울 두어 달만 비울 뿐 철수하지 않았다고 한다.

파시에서 있었던 특이한 행사로 '칠월 칠석 제사'가 있다. 음력 7월 7일에 '불등'이란 곳에서 큰 제사를 지냈는데 최판술이란 사람이 앞장섰다고 한다. 최판술은 기생의 아들 또는 기생오라비라고 하며 술집 기생들의 '우두머리'라고 한다. 제보자 중에는 칠석 제사가 최판술의 부모를 위한 것이라고 말하는 이도 있지만, 타리기생들이 전부 참여하고, 야외에서 벌어지는 큰 구경거리였다는 것으로 보아 한 집안의 기제사는 아니었던 것으로 보인다.

칠석제사의 성격과 관련해서는 다음 구술이 참고가 된다.

> 화류계 계집아가 좀 유명헌 계집아가 있었드만요. 근디 거그 와서 살라믄, 그것이 자꾸 꿈에 선몽되고 그랬든 모양이여. 그래서 이 여자를 제사를 지내줘야 한다고 해서 제사를 지냈던 모양이지. 그렇게 허는 말 들었지. [조사자: 기생들 중에 유명한 기생이 죽었는데, 다른 기생들 꿈에 그 기생이 나타나서 제사를 지냈다는 말씀이죠?] 예. 원을 풀어주기 위해서 제사를 지냈는 모양이여. 나도 지금 생각해보믄 그래. 풍어제라믄 바다를 보고 지내야 한디 어째 산을 보고 지내야. 요것이 이유가 있기는 있을 것이다 그렇게 생각해. 근데 그때 당시에 그런 말 했었지라. 화류계 계집아가 죽어서 칠월칠석날 제사를 지낸다. 그 구신들 죽었은게 한번에 싹 모듬으로 칠석날 저녁에 혼신들을 지사지냈든겨. 젊은 것들이 죽었은게 원도 있제. 많이 죽었닥 합디다. 매도 많이 맞고 독한 놈들 만나믄. [2004.6.30 임자면 하우리, 제보자: 허영식(남, 1929~), 주옥순(여, 1926~)]

---

21) アチツク ミユゼアム 編, 朝鮮多島海旅行覺書, 1939, p.36.

타리파시에서 일하던 기생 중에 '유명한 기생'이 있었는데 그 기생이 억울하게 죽은 뒤 다른 기생들의 꿈에 나타나 그를 위로하기 위해 제사를 지냈다는 것이다. 이 구술로 볼 때 칠석제사는 기생들의 죽음과 관련 있음을 알 수 있다. 그러나 "젊은 것들이 죽었은게 원도 있제. 많이 죽었 닥 합디다"라는 얘기로 대충 짐작할 수 있을 뿐, 주민들에게 더 이상의 설명을 들을 수는 없다. 이와 관련해 김영희의 책에 나온 '타리기생들의 사랑과 죽음'을 참고할 필요가 있다. 한일합방 직후에 일본인의 잠자리 요구를 거절한 조선 기생이 피살당한 일이 있었는데, 그 죽음을 슬퍼하던 기생들이 일본인의 횡포에 항의하는 뜻으로 집단으로 양잿물을 마시고 죽었으며, 그들의 주검을 뱃사람들이 수습해 하우리 쪽 바닷가에 매장했다고 한다.[22] 이것으로 볼 때 타리파시에서 칠석날 크게 지냈다는 제사는 일본인들의 횡포에 의해 죽은 기생들을 위한 것으로 보인다. 그 기생들의 원혼을 달래기 위해 매년 칠석날 제사를 지내고 큰 잔치를 벌였던 것이다.

> 요 근처만 모인 게 아니라 임자면 사람 싹 모여붓어. 외지에서 온 사람이 지방사람보다 더 많다니까. 지방사람보다 더 많애요. 더 많허고. 그러지 않아도 옛날에는 뭔 놀음놀이가 없거든. 노래부르고 춤추고 헌디를 보겄어? 그런게 임자면 사람 거의 다 모이지. 서로 먼저 앞에 앉을라고 내나 싸운당게. [조사자: 뭐하면서 놀던가요?] 노래 부름시로 춤추고, 악기는 악기대로 해주고. [2004.6.30 임자면 하우리, 제보자: 허영식(남, 1929~), 주옥순(여, 1926~)]

칠석 제사는 작은 규모의 기제사가 아니라 큰 잔치판이었던 것으로 짐작된다. 불등[23]에 제사상을 차리고 기생들이 제사를 지낸 후에, 외부

---

22) 김영희, 앞의 책, 296~309쪽.
23) 불등은 모래사장보다 2~3m 정도 높은 평평한 모래밭인데 이곳에서 제사를 지내고 놀았다고 한다.

에서 불러온 악사들의 반주에 맞추어 기생들이 노래 부르고 춤을 추는 놀음판을 크게 벌였다고 한다. 그래서 주변 마을만이 아니라 임자도 각 마을에서 구경꾼이 모여들었고 목포에서까지 구경하러 왔다고 한다. 앞자리를 차지하려고 자리다툼이 벌어졌고, 밤에 굿판이 벌어졌기 때문에 사람 찾느라 혼잡했다고 한다.

4. 파시와 현지 주민들의 관계

파시의 생활방식이나 일상은 일반 어촌과 다르다. 그래서 겉모습으로 볼 때 파시와 현지 주민들은 별관계가 없어 보인다. 주민들도 파시가 별개의 세계이며, 파시에서 벌어지는 유흥의 분위기는 자신들과 무관하다고 말하기도 한다. 또한 고기잡이는 외지 사람들이 들어와 하는 것이었고, 자신들은 농사를 짓고 살았으므로 파시와 주민들은 관련이 없다고 말하는 경우도 있다.

기존 보고서를 보면 파시와 주민들의 관계를 대립적으로 파악하고 있다. 1950년대 중반에 흑산도 파시를 답사했던 한국서해도서 사회학반은, 파시를 연극무대에 비유해서, 선주·어부·외래상인이 주역이며, 접객부들이 조역을 맡은 연극이라고 했다. 그리고 본래의 원주민들은 멀리서 바라보는 관극자이며, 흥겹게 벌어지는 무대 위의 광경은 그들과는 아무런 관계도 없는 딴 세계라고 했다. 파시가 '주민들에게 경제적으로 도움이 되기는커녕 오히려 풍기상의 문제를 위시해서 좋지 못한 영향이 있을 뿐 하등의 도움도 없는 존재'라고 파악한 것이다.[24]

하지만 파시와 현지 주민의 관계를 대립적으로만 볼 수 없다. 풍기상

---

24) 국립박물관, 『한국서해도서』, 을유문화사, 1957, 122~123쪽.

의 문란같은 문제가 분명히 있었지만, 파시와 주민들의 관계는 지속적으로 이루어졌다. 긍정적인가 부정적인가는 가치 평가의 문제일 뿐, 어느 경우이건 관계가 있어 비롯된 것이다. 그러므로 다양한 관계를 입체적으로 파악할 필요가 있다.

어린 시절 파시를 봤던 주민들은 파시에 대한 여러 가지 기억을 생생하게 전해준다. 아버지 따라 구경가고, 친구들과 모래밭에 동전 주으러 가고, 어른들 몰래 구경다닌 얘기 등을 말한다. 주민들에게 파시는 볼만한 구경거리가 많은 특별한 공간이었던 것이다. 특히 요리집에서 노래하고 춤을 추는 기생들의 모습이 '볼만한 굿'이었다고 전한다. 그리고 파시에는 간혹 줄타기 공연도 있었고, 활쏘기 등도 있었다고 하는데, 그럴 때의 '굿'은 처음 보는 특별한 것이어서 더 인기가 있었다고 한다.

주민들은 수시로 파시에 구경을 갔던 것으로 보인다. 그리고 어떤 경우 유흥의 분위기를 직접적으로 즐기는 사람들도 있었다. 어린 시절 친구들과 파시를 구경한 적이 있다는 김순금(임자면 괴길리, 여, 70)씨는 "어른들이 큰애기들은 파시에 못가게 했다"고 하면서 "그곳 사람들이 나쁘게 노니까, 기생들이랑 노무(남의) 남자들이랑 얼싸안고 춤추고 논께 못가제"라고 말한다. 파시의 유흥 분위기를 풍기 문란으로 경계했다는 것이다. 실제 그런 분위기가 현실이었음을 말해준다.

파시에서 큰 행사가 있을 때는 주민들도 축제 분위기를 적극 즐겼던 것으로 보인다. 다음 구술에서 그것을 볼 수 있다.

밤을 길게 지내븐 날이 샌지도 모르고. 사람들 찾으러 온 사람도 봤어. 타 부락에서 여기 와가지고 놀다 자버리면 불등에서 잔 사람도 있고. 뭐 잔 사람들, 연애 같은 것은 말도 못해. [조사자: 연애같은 것도 볼 수 있었어요?] 우들도 어렸을 때 쫓아댕임서 봤었당게. 구경온 사람들이. 옛날에는 전화도 없고 그런게. 만날 때는 어렵잖아. "칠석날 타리 가믄 제를 지내고 하자" 해갖고 와가지고 서로 만나고. [조: 연애를 걸면 어디로 가요?] 사질이라 가믄 백사장인게 허기야 좋지. 놀기가. 그런게 찾으러 온 사람을 여럿 봤다니까. 노무(남의) 새큰애기도 결혼한 사람이 상대허는 디도 보고. 어려서 넘어댕기믄은 별시런 사람이 다 있었다니까. 별시런 사람이 다 모인게 '개 잡퉁'이라고 말하제. [2004.6.30 임자면 하우리, 제보자: 허영식(남, 1929~)]

　타리의 칠석제사 때 축제처럼 큰 놀이판이 벌어졌을 때 구경온 사람들이 날 새워 놀고 잠도 잤다고 한다. 또한 그들 중에는 남녀가 연애를 하는 경우도 있었다고 한다. 파시가 요리집 기생들과의 사랑만이 아니라, 주민들끼리도 애정을 나누는 공간이었던 것이다. 제보자는 그곳에서 본 여러 행태를 두고 '개 잡퉁'이라고 표현했다.

　주민들에게 파시는 단순한 구경거리가 아니었다. 주민 중에는 파시와 직접적인 관계를 맺고 사는 사람들이 있었다. 물을 길어다 파는 사람들이 있었고, 야채를 파는 경우도 있었다. 하우리의 박기웅씨나 제보자 허영식씨의 아버지도 물을 져다 팔았는데, 허씨는 자신이 어릴 때 그것을 도왔다고 한다. 또한 한주韓酒를 빚어 파시에 공급하는 사람들도 여럿 있었는데 최권숙 씨와 박기웅 씨 등이 그렇게 해서 생계를 유지했다고 한다. 당시는 가난했기 때문에 생계를 위해 여러 가지 방식으로 파시에 참여하면서 돈벌이에 나섰다고 한다.

　또한 타리파시 상인들 중에 현지인들도 있었다. 현지 상인 중에서 인적 사항이 확인된 사람은, 유동안(진리), 박봉문(진리), 정평문(광산), 강동완(대기리 장동) 등이다. 이들은 타리파시만이 아니라 계절이 바뀌면 다른 지역으로 가서 '전문적으로 파수를 보던' 사람들이다. 그들은 "장사 속으로 유명해서 서해안으로만 돌고 다녔다"고 한다.

　한편 파시와 주민들의 관계는 인적·경제적인 사항만이 아니라 문화적 영향 관계도 있다. 그리고 그것은 특정 파시의 현상이 아니라 서해안 전역의 문화적 교류를 낳기도 했다. 주민들의 민속과 파시의 밀접한 관계를 말해주는 대표적인 예가 서해안의 배치기다. 배치기는 본래 황해도 지역에서 전승되던 민요인데, 서해안 전역에 전파되었으며 남쪽으로는 전남 진도, 가거도까지 퍼져 있다. 배치기의 전파는 파시의 매개 역할에 의해 가능했다. 파시가 매년 주기적으로 반복되면서 그곳에 몰려든 어부들에 의해 배치기 소리가 각 지역에 전파되었던 것이다. 파시를 통해 이루어진 해양문화 교류의 한 양상을 볼 수 있다.[25]

파시의 문화적 영향을 말해주는 다른 사례로 산다이를 들 수 있다. 임자도에서 배치기소리를 조사하지 못했지만 산다이에 대해서는 손쉽게 조사할 수 있다. 산다이와 파시의 관계에 대해 더 구체적으로 살펴볼 필요가 있다.

파시에서 술집 기생과 뱃사람들이 어울려 노는 것을 산다이라고 한다. 파시의 주막이나 요리집에서 이루어지는 놀이판을 통칭해서 산다이라고 하고, 술상 앞에서 노래부르고 노는 것을 산다이라고 한다. 또한 파시와 상관없이 주민들끼리 술 마시고 노래부르고 노는 것도 산다이라고 한다. 주민들은 크고 작은 놀이판을 일반적으로 산다이라고 부른다. 이렇게 보면 같은 이름의 놀이가 파시와 마을 모두에 있는 셈이다. 임자도 주민들이 말하는 산다이도 이 두 가지 형태다. 그러므로 상관성을 생각해볼 수 있다.

파시 산다이와 마을 산다이는 어떤 관계가 있는가? 앞서 얘기한 대로 주민들이 파시 구경을 많이 했으므로 파시에서 산다이를 배워 마을에서 했을 가능성을 생각해 볼 수 있다. 주민 중에서 산다이가 일본말이라고 말하는 경우가 있는데, 그대로라면 산다이가 일제 강점기에 파시를 통해 전파되었다는 말이 된다. 그러나 이는 실상과 다르다. 1936년에 나온『조선의 향토오락』에 의하면 전라도 여러 지역에 '산대'라는 이름이 보인

---

25) 이경엽, 「서해안의 배치기소리와 조기잡이의 상관성」,『한국민요학』15, 한국
   민요학회, 2004, 237~241쪽.

다. 이 산대는 특별한 형식 없이 산과 들에서 이루어진 보편적인 놀이로 전승되던 것이다. 또한 송파산대놀이, 양주별산대놀이라는 가면극에서 보듯이 산대라는 명칭은 전통적인 것이기도 하다. 서남해의 산다이는 일본어가 아니라 전통 연희의 산대 또는 『조선의 향토오락』에 나오는 산대와 통한다.

산다이는 서남해 전역에서 전승되고 있다. 대부분의 지역에서 산다이는 명절이나 놀이판에서 친구들과 어울려 노래부르고 춤추고 노는 것을 지칭한다. 또한 신안 가거도나 우이도 등지에서는 마을에서 노는 것을 산다이라고 하고, 여자들이 산에 일하러 가서 부르는 노래 자체를 산다이라고 한다. 그리고 보길도[26]나 추자도[27] 등지에서는 장례와 관련해 벌이지는 놀이판을 산다이라고 말하기도 한다. 산다이가 여러 가지 형태로 전승되고 있음을 말해준다. 이렇게 보면 파시 산다이는 산다이의 여러 양상 중의 하나라고 할 수 있다. 파시에서 산다이가 비롯되었다고 말할 수 없는 것이다.

한편 산다이가 파시에서 생겼다고 말하기는 어렵지만, 파시 산다이가 마을 산다이에 일정한 영향을 준 것은 분명해 보인다. 실제 파시가 서던 지역에서 산다이 전승이 활발한 측면이 있으므로, 산다이의 성립 문제와 별도로 전파와 영향 관계를 생각해 볼 수 있다. 특히 마을 산다이에 미친 노래의 영향을 주목할 필요가 있다.

파시는 놀이 분위기가 극대화된 공간이므로, 그곳에서 불려지는 노래들은 대체로 유흥의 정서가 강한 것들이다. 파시 산다이에서는 사랑과 이별 및 통속적인 정서를 담은 노래들이 많이 불려졌다. 그래서 파시라는 공간을 통해 청춘가, 창부타령, 아리랑 등이 폭넓게 전파되었다. 주민

---

26) 나승만, 『노래를 지키는 사람들』, 민속원, 1999, 262~268쪽.
27) 전경수, 「死者를 위한 의례적 윤간: 추자도의 산다위」, 『한국문화인류학』 24, 한국문화인류학회, 1992, 301~322쪽.

들의 산다이판에서 통속성이 강한 민요가 널리 불려지는 것은 파시 산다이와 관련 있다. 주민들의 생활 속에서 오랜 동안 전승돼온 노동요나 의식요, 유희요 등에는 통속적인 정서가 그리 많지 않다. 그런데 산다이의 노래에는 대부분이 그런 계열의 노래들이다. 파시를 통해 확대되고 재생산된 통속적인 민요들이 주민들에게 수용되어 마을 산다이에서 자리잡게 된 것이라고 할 수 있다.

파시가 일회적이 아니라 주기적으로 순환했기 때문에 주민들의 문화에 일정한 영향을 미쳤을 것이다. 파시가 외지인 또는 떠돌이들이 머무는 공간이지만, 현지 주민들과의 관계가 지속되었으므로 문화적 교류가 있을 수밖에 없었다. 앞서 얘기한 배치기나 산다이의 경우 파시가 지닌 순환적이고 연쇄적인 지속 과정에서 이루어진 교류 결과라고 할 수 있다. 그리고 그 방향을 보면, 산다이의 사례처럼 전체가 아니라 일정한 부문에 영향을 미쳤다고 할 수 있다.

파시와 현지 주민들의 관계는, '풍기문란'과 '볼만한 굿'이라는 두 측면의 평가가 있는 것에서 알 수 있듯이 복합적이다. 파시는, 일상적인 생활방식으로 인정하기 어려워 '개잡통'이라고 하면서도 구경거리로 즐기기 위해 찾아가는 곳이기도 했다. 또한 생업방식이 달라 경제적 이득이 직속되지 않았지만 여러 가지 방식으로 파시에 참여했고 현지상인들의 경우 적응된 형태를 보여주기도 했다.

문화적인 측면에서 파시는 고립된 특정의 공간이 아니라 외래적인 문화가 교류하는 공간이었다. 그 공간을 매개로 해서 배치기와 같은 황해도 민요가 서해안 전역에 전파되기도 했다. 또한 산다이처럼 통속성 짙은 민요와 놀이 방식을 확대하고 재생산함으로써, 그것이 주민들의 산다이에 특징적으로 수용되는 영향을 미치기도 했다.

5. 맺음말

임자도 타리파시를 중심으로 파시 사람들의 생활 모습을 살펴보았다. 타리파시의 공간 구성을 보면 100호가 넘는 임시 가옥과 주재소·보건소 같은 공공건물, 나박바우샘·모투랑샘·허드렛샘과 같은 우물, 갈솥 자리, 고기 상자 제작 공간 등으로 세분화되어 있었다. 그리고 보선에서 민어를 냉장 저장했다가 운반선에 담아 일본으로 실어가는 모습은 타리파시의 특징적인 풍경이었다.

임자도 해역은 민어가 많이 나는 어장이므로 각지에서 어선들이 집결했던 곳이다. 민어의 생태에 대한 풍부한 토착지식의 전승은 민어잡이의 전통과 상관있을 것이다. 그리고 상인들은 위도파시, 연평도파시 등을 거쳐 여름 파수를 보기 위해 임자도 타리파시로 들어왔다. 이들의 이동은 일정한 유형과 주기가 있었다. 여느 파시와 마찬가지로 요리집의 기생은 타리파시에서도 관심의 대상이 되었는데, 주민들은 기생의 모습과 뱃사람들의 산다이를 볼만한 굿으로 여겼다.

타리파시의 특징적인 행사로 칠월 칠석제사가 있었다. 칠석제사는 기생들이 주도하는 제사이자 큰 놀이판이었다. 칠석제사는 일본인들의 횡포에 의해 억울하게 숨진 기생들을 위로하고 달래기 위한 제사였다. 또한 외부에서 불러온 악사들과 기생들의 놀음놀이가 펼쳐지는 큰 놀음판이었다. 그래서 인근 지역뿐만 아니라 목포에서까지 구경꾼이 몰려와 밤새워 즐기는 축제이기도 했다.

파시와 현지 주민들의 관계는, 풍기문란을 걱정하고 의식하면서도 볼만한 굿이 있는 곳으로 여겼던 데서 알 수 있듯이 복합적이다. 문란한 곳이라고 경계했다는 말과 함께 구경거리가 많아 어른들 몰래 구경다녔다는 얘기가 같이 나오는 것은 이 때문이다. 또한 생계를 위해 물과 야

채, 한주 등을 팔고 현지 상인들이 파시에 참여했던 것도 이런 맥락과 관련 있다.

그리고 문화적인 측면에서 파시는 고립된 곳이 아니라 외래의 문화가 교류하는 공간이었다. 황해도 민요 배치기가 서해안 전역에 전파된 것은 파시의 매개 역할 때문이었다. 그리고 주민들의 산다이판에서 통속성이 강한 민요가 널리 불려지게 된 것은, 파시를 통해 확대되고 재생산된 통속적인 노래들이 주민들에게 수용된 결과라고 할 수 있다.

이 글은 임자도 파시민속을 정리하고 재구성하는 데 초점을 맞추었으므로 분석 결과를 이론화하는 쪽으로 가지 못했다. 관련 자료가 많지 않으므로 주민들의 구술 자료를 입체적으로 정리하는 것 자체가 의미가 있다고 판단했다. 파시에 관한 기존 논의는 외형화된 규모나 현상 문제에 집착한 경향이 있었다. 그것에 비해 이 글은 파시 사람들의 생활사를 주목하고, 주민들과의 복합적인 관계를 살펴보았다는 점에서 의의가 있다고 생각한다. 한편 타리파시 이후에 재원도에 들어섰던 재원파시의 경우 이 글에서는 깊이 다루지 않았다. 재원 파시를 포함한 논의는 다음 기회에 계속할 예정이다.

<참고 문헌>

『세종실록지리지』, 『숙종실록』, 『신증동국여지승람』, 『지도군총쇄록』.

국립박물관, 『한국서해도서』, 을유문화사, 1957.

김영희, 『섬으로 흐르는 역사』, 동문선, 1999.

김 준, 「생태환경의 변화와 파시촌 어민의 적응-비금도 강달어 파시촌을 중
　　　심으로」, 『도서문화』 19, 목포대 도서문화연구소, 2002.

나승만, 『노래를 지키는 사람들』, 민속원, 1999.

에틱발물관 편·최길성 역, 『일본 민속학자가 본 1930년대 서해도서 민속』,
　　　민속원, 2004.

이경엽, 「서해안의 배치기소리와 조기잡이의 상관성」, 『한국민요학』 15, 한국
　　　민요학회, 2004,

전경수, 「死者를 위한 의례적 윤간: 추자도의 산다위」, 『한국문화인류학』 24,
　　　한국문화인류학회, 1992.

주강현, 『조기에 관한 명상』, 한겨레신문사, 1998.

최길성, 「파시의 민속학적 고찰」, 『중앙민속학』 3, 중앙대학교 한국민속학연
　　　구소, 1991.

해양수산부, 『한국의 해양문화(서남해역 하)』, 2002.

村山智順, 『朝鮮の鄕土娛樂』, 朝鮮總督府, 1941.

アチツク ミユゼアム 編, 朝鮮多島海旅行覺書, 1939.

제3장

≪도서지역 민요≫와 문화관광
―〈신안민요〉·〈완도민요〉·〈진도민요〉를 중심으로―

홍 순 일

1. 머리말

≪도서지역 민요≫는 도서지역 주민들의 일상적 삶을 노래한 무형문화자원(intangible cultural properties)이다. 민요는 지역성을 띠면서 지역주민의 의식세계를 다양한 색깔로 드러내줄 뿐만 아니라 민요주체와 이를 자기화하는 사람들의 정체성을 확인케 하는 '총체적 거울'[1]로서 기능하기 때문이다. 물론 이러한 민요의 미적 가치는 생각하는 것 이상으로 삶과의 관계에서 넓고, 깊고, 크다고 할 수 있다. '넓다'는 것은 우리의 삶을 균형있게 표현한다는 것이고, '깊다'는 것은 의식의 깊은 내면

---

[1] 김익두, 『판소리, 그 지고의 신체전략―판소리의 공연학적 면모―』, 평민사, 2003, 103·115·159쪽.

을 담아내고 있다는 것이며, '크다'는 것은 과거의 사실에서 머무르지 않고 앞날을 다짐하고 있다는 것이다. 거기에다가 더욱 값진 것은 ≪도서지역 민요≫는 이러한 지역주민의 삶을 다면으로 반영하면서 이를 지역주민의 요구대로 양식화하는 미적 변형을 거칠 뿐만 아니라 지역민들은 주체로서 ≪도서지역 민요≫를 현단계의 지역사회에 적응시키는 문화행위를 하면서 전승 방안을 모색한다는 것이다. 관광자원화도 이러한 맥락에서 이해할 수 있다. 이처럼 민요는 단순한 노래인 것처럼 보이지만 그 속에 민중의 정서와 심미안을 알맹이로 담아내고 있는 민속문화인 동시에 문화관광의 길을 열어 보이는 문화원형인 것이다.

그러나 이러한 민요의 관광자원화 방안은 쉽게 모색되지 않는다. 왜냐하면 사회문화적 맥락에서 민요주체가 스스로 민요에 대한 태도・지식・기술을 지녀야 하고,[2] 사회적 장치 차원에서 민요 방안을 내놓아야 하는데, 민요의 예술성을 바탕으로 양자를 충분히 살려 나가지 못하고 있기 때문이다. 누가 그렇게 하는 것인가. 민요주체[3]일 수도 있고, 문화산업가[4]일 수도 있다. 문제는 '민요'와 '관광' 중 어느 쪽에 기준을 두고

---

2) 이에 부합하는 활동을 전개하는 지역민들이 있기도 하다. 전남 진도군 지산면 소포리 마을사람들과 의신면 사상리 마을사람들이다.

3) 이와 관련된 논문에는 나승만, 「서남해 도서연안지역 민요자료의 활용 방안」, 『남도민속연구』 제7집, 남도민속학회, 2001, 99~116쪽이 있고, 강등학, 「충남 민요의 축제활용을 위한 방향 모색」, 『한국민요학』 6, 한국민요학회, 1999, 7~20쪽과 정희정, 「충청지역 민요의 전승양상과 활용 방안」, 『충청학과 충청문화』 제2집, 충남발전연구원 부설 충남역사문화연구소, 2003, 71~91쪽을 참조할 수 있다.

4) 이와 관련된 논문으로 이덕안, 「서남해 연안 도서지역 문화유산의 관광자원화 ―목포 홍도 흑산도를 중심으로―」, 『서남해 도서 연안지역 유형문화자원의 개발과 활용방안 연구』, 목포대 도서문화연구소, 2004.11.19, 12~31쪽이 있고, 한양명, 「지역축제의 활성화와 중심적 연행」, 『한국지역축제의 문제점과 개선방안』, 전북전통문화연구소, 2003.5.24, 53~64쪽과 이경엽, 「무형문화재와 민속 전승의 현실」, 『한국민속학』 40, 한국민속학회, 2004.12, 293~332쪽

민요의 전승을 생각하느냐 하는 것이다.[5] 다시 말하면 민요자원의 개발과 관광자원의 활용을 상보개념으로 재정립하느냐 하는 것이다. 그 동안 민요의 관광자원화과정을 보면 먼저 문화산업가가 민요의 사회문화적 맥락을 살리지 못하고, 소재의 기능성만 강조한 것이 사실이다. 왜냐하면 정보사회에서 지역주민이 ≪도서지역 민요≫의 관광자원화에 참여하여 문화를 미적으로 전유하는 동시에 그 혜택을 되돌려 받았는가 하면 그렇지 못하다고 보기 때문이다.

왜 이런 일이 생겼는가를 생각해 보면 복잡하기보다 단순하다. 민요사회, 민요주체1, 민요, 민요주체2 등과의 대등관계에서 민요의 현대적 재창조를 궁리하지 못했기 때문이다. 이때 민요는 무형문화자원(intangible cultural properties)이요, 현대는 정보사회요, 재창조는 정보화·콘텐츠화·상품화를 뜻한다. 여기서 민요주체1·2는 민요사회의 구성원들이되, 민요주체1은 민요연행자이고, 민요주체2는 독자·청중·관객이다. 이것은 민요의 현대적 전승과 다름이 아니므로, 민요의 전승이라는 관점에서 민요의 관광자원화를 다루는 것은 현단계 우리의 쟁점이 아닐 수 없다.

따라서 ≪도서지역 민요≫의 관광자원화는 민요의 현대적 계승 중의 한 방법으로서 이해할 필요가 있고, 그 결과는 지역문화관광의 활성화에

을 참조할 수 있는데, 앞의 글은 관광자원화의 원리를 알려주고, 중간의 글은 축제에서 이 원리를 발견할 수 있으며, 뒤의 글은 문화재 제도가 민속 전승의 현실을 괴리시키는 측면을 깨닫게 해준다.

5) 이경엽은 무형문화재와 민속 전승 현실의 거리를 점검하는 작업을 하면서, 현장과의 탈맥락에서 만들어진 민속이 예능일변도로 대표 전승되고 있는 부정적 현실을 지적했다. 그러면서 민속 전승의 주체로서 주민이 제자리를 찾을 수 있도록 하는 동시에, 현장을 살려낼 수 있는 종목을 중심으로 무형문화재의 전승방향을 새롭게 마련해 갈 필요가 있다고 한 바 있다(이경엽, 위의 글, 293~332쪽). 이러한 문제의식과 대안은 ≪도서지역 민요≫의 관광자원화를 논의하는 이 자리에도 그대로 적용된다고 하겠다.

기여하는 바가 크다. 민요를 살리는 민요의 관광자원화는 민요의 활로를 인정하면서 각 요소와 그 사이의 관계를 문제삼으며, 대처를 해 나갈 때 비로소 가능하다고 할 수 있다. 다시 말하면 민요를 살리는 길은 민요현장에서, 민요와 떠나 있는 문화산업가의 손에 민요의 관광자원화 문제를 맡기는 것이 아니라, 민요현장에서 민요로 자신의 삶과 의식과 문화를 표현해 나가는 민요공동체 구성원들에게 그렇게 하는 것이 바람직하다고 하겠다. 성장면에서 볼 때 민요는 자신의 변화발전을 위해서 관광자원화하는 길을 선택할 수 있기 때문이다. 이렇게 본다면 ≪도서지역 민요≫와 문화관광과의 관계는 대등한 병렬 구조가 되는 것이 아니라, 위상을 달리하는 순차의 종속관계가 된다고 하겠다. 특히 지금과 같이 지역문화관광의 활성화에 관심이 많은 때에는 이러한 관점을 더욱더 견지할 필요가 있다.

이에 본고에서는 우선 민요와 문화관광과 관광자원화와의 상관성을 검토하고, 문화자원의 관광화를 위한 필수요소를 추가하겠다. 그리고 이에 조응한 전제로서 지역문화관광의 활성화를 위한 시대·지역·상황의 요소를 고려하겠다. 다음으로 문화자원으로서 ≪도서지역 민요≫의 가치를 언급하고, 그러한 ≪도서지역 민요≫가 문화상품성이 있음을 언급하겠다. 끝으로 현행 ≪도서지역 민요≫의 관광자원화에서 현황을 살피고, 그 방안을 모색하겠다.

주자료는 주로 필자가 전수받은 <진도민요>(1986)와 조사한 <신안민요>·<완도민요>·<진도민요>(2005), 허경회의 『신안지역의 설화와 민요』(1996)와 허경회·나승만의 『완도지역의 설화와 민요』(1992), 문화방송의 ≪한국민요대전-전라남도 편≫(1993), 나승만의 「서남해역 해양민요」(2002)이다. 이러한 논의는 문화론적 지역활성화의 관점에서 ≪도서지역 민요≫의 미적 가치를 확인하고, 지역개발을 위한 지역문화관광의 논의에 도움을 줄 것으로 기대한다.

2. 민요와 문화관광, 그리고 관광자원화

1) '민요'와 '문화관광'과 '관광자원화'와의 상관성

민요와 문화관광과 관광자원화는 서로 긴밀히 연관되어 있다. 민요와 문화관광을 연결하는 것이 관광자원화이기 때문이다. 그렇다면 여기에서 다루어야 할 것은 두 가지가 될 것이다. 하나는 민요와 문화관광, 관광자원화가 무엇인가 하는 것이고, 다른 하나는 이 요소와 요소간에 살펴야 할 것은 무엇인가 하는 것이다.

민요는 그 자체로 생동하며, 그 방향의 한 가지가 문화관광으로 겨냥될 수 있다. 실제로 민요는 관광자원화를 통해 자기 성장의 기틀로 삼는 것을 볼 수 있다. 문화관광은 개발된 문화자원을 토대로 실용화단계를 밟는다. 민요는 이러한 방향에서 자신의 존재방식을 구체화하기도 한다. 그 결과 지역문화의 활성화에 기여한다. 그리고 관광자원화는 기획에 따라 문화자원을 개발하고, 이 문화자원을 문화상품화하는 것을 말한다. ≪도서지역 민요≫도 이와 마찬가지이다. 즉 기획에 따라 문화상품화를 염두에 둔 문화자원을 개발해 나가는 것이다.

문화관광은 문화자원을 개발·보존하여 이를 변용變容하거나, 이를 활용活用하거나 하여 지역을 활성화한다는 연장선상에 있다. 이와 관련된 용어는 문화자원, 개발·보존, 변용, 정보화, 활용, 문화콘텐츠, 상품화, 문화관광, 지역활성화 등이다. 이 중에서 문화자원에는 개발·보존의 수단으로 기록, 영상이 있을 수 있다.

그런데 개발·보존된 기록·영상의 문화자원은, 변용變容의 차원에서 DB화를 거친 후, 정보화될 수 있는데 이 길이 'DB관리'이고, 개발로 기록·영상화되어 보존된 문화자원은, 활용活用의 차원에서 문화콘텐츠화를 거친 후, 상품화될 수 있는데 이 길이 '문화관광'이다. 여기서 문화콘텐츠화는 문화자원을 캐릭터, 게임, 영화, 출판, 문구, 모바, 애니, 음반 등으로 변환시키는 것을 말한다. 따라서 'DB관리'로부터 '문화관광'으로까지 나아가는 경로가 '관광자원화'라고 하겠다.

그렇다면 문화예술이 소통되는 맥락에서 관광자원화는 어떤 성격의 연결고리인가. 이에 관여하는 요소로는 예술대상, 예술가, 예술작품, 독자·청중·관객 등이 있는데[6] 민요사회는 대상(객체)이고, 민요연행자는 주체1이고, 민요는 작품이고, 독자·청중·관객은 주체2라고 할 수 있다. 이 요소와 그 사이에서 연구자의 관심이 매개된다. 즉 ①대상(객체), ②주체1, ③작품, ④주체2, ⑤대상＋주체1, ⑥주체1＋작품, ⑦작품＋주체2, ⑧대상＋주체1＋작품, ⑨주체1＋작품＋주체2, ⑩대상＋주체1＋작품＋주체2인 것이다. 이를 정리하면 다음과 같다.

①대상(객체), ②주체1, ③작품, ④주체2
⑤대상＋주체1, ⑥주체1＋작품, ⑦작품＋주체2
⑧대상＋주체1＋작품, ⑨주체1＋작품＋주체2
⑩대상＋주체1＋작품＋주체2

이것은 크게 자체론, 관계론, 대상에 대한 주체의 작품전유, 구심과 원심에 대한 외·내화, 소통론으로 구분할 수 있다. 우선 '자체론'이다. 이것은 ①대상(객체)론, ②주체1론, ③작품론, ④주체2론으로 표현하고 대상을 조사·연구할 수 있는 영역이다. 다음은 '관계론'인데, ⑤대상＋주체1은 반영론, ⑥주체1＋작품은 변형론(표현론), ⑦작품＋주체2는 수용론이다. 그 다음은 '대상에 대한 주체의 작품전유'이다. (⑤대상＋주체

---

6) M.S.까간 지음·진중권 옮김, 『미학강의』 Ⅰ·Ⅱ, 새길, 1989·1991, 참조.

1)+(⑥주체1+작품)=⑧대상+주체1+작품은 대상에 대한 주체의 작품 내적 전유, (⑥주체1+작품)+(⑦작품+주체2)=⑨주체1+작품+주체2는 작품에 대한 주체의 작품 외적 전유이다. 한편 '구심과 원심에 의한 내·외화'인데, ⑧대상+주체1+작품은 구심에 의한 내화, ⑨주체1+작품+주체2는 원심에 의한 외화이다. 끝으로 '소통론'이다. ⑩대상+주체1+작품+주체2는 문화예술의 소통 체계로서 사회적 장치이다.

여기에서 관광자원화는 사회적 장치 속에서 주체1이, '구심에 의한 내화'를 위해, 자신이 표현한 '작품'을 '작품에 대한 주체의 작품 외적 전유'로 나타낸다는 것이다. 이 말은 문화관광이 주체1의 '작품'을 뿌리로 하고, 이 '작품에 대한 주체의 작품 외적 전유'를 줄기로 하면서 수행하는 기획문화산업이라는 것이다. 이런 점에서 '대상에 대한 주체의 작품 내적 전유'와 '작품에 대한 주체의 작품 외적 전유'를 동시에 살펴 관광자원화의 경로를 모색해야 한다. 만약 주체2쪽에서만 활로를 찾고자 하면, 문화관광을 편들어 민요를 경시하게 되고, 주체1쪽에서만 민요의 현대적 계승을 생각한다면 정보화사회의 시스템에서 활로를 마련하는데 둔감할 것이다. 따라서 민요의 가치를 재창조할 뿐만 아니라 디지털매체를 이용하여 민요를 확산하고자 한다면 민요연행자인 주체1을 중심으로 실천하되, 독자·청중·관객인 주체2와의 연관에서 지역문화관광의 활성화 방안을 모색해야 할 것이다.

요컨대, 'DB관리'로부터 '문화관광'으로까지 나아가는 '관광자원화'는 문화관광이 도달하는 점인데, 이는 민요연행자인 주체1의 '작품'을 뿌리로 하고, 이 '작품에 대한 주체의 작품 외적 전유'를 줄기로 하면서 실현해 나가는 기획문화산업이다. 따라서 우리는 주체1을 중심으로 실천하되, 독자·청중·관객인 주체2와의 관계에서 지역개발을 위한 지역문화관광의 활성화 방안을 모색해야 함을 알 수 있다.

2) 문화자원의 관광화를 위한 필수요소

그렇다면 문화자원으로서 민요의 관광화를 위한 필수요소는 무엇인가. 우선 민요자원의 기획·개발이다. 그 동안 조사연구자들은 유·무형의 문화자원을 발굴해 왔다. 그렇지만 아직까지도 숨은 문화자원이 있을 뿐만 아니라 모습을 드러낸 문화자원조차도 목적을 정하고 쓸 때에는 재조사가 불가피한 경우가 많이 있다. 특히 무형문화자원은 상대적으로 무한한 창조력을 지닌 잠재력으로 인하여 주목을 받고 있지만, 시간의 경과에 따라 인멸될 위기에 처해 있는 것이 사실이다. 이렇게 볼 때, 이 시점에서 문화자원의 발굴은 급선무라고 할 만한 과제이며, 기왕이면 기획할 것, 디지털매체를 사용할 것, 그리고 영상화를 염두에 두고 정보화할 것 등이 요구되는 대목이라고 하겠다. 이 점은 다음 단계 문화관광콘텐츠의 제작을 보면 작업의 필요성이 더욱 분명해진다.

다음은 민요관광콘텐츠의 제작이다. 앞에서 "개발·보존된 기록·영상의 문화자원은, 변용變容의 차원에서 DB화를 거친 후, 정보화될 수 있는데 이 길이 'DB관리'이고, 개발로 기록·영상화되어 보존된 문화자원은, 활용活用의 차원에서 문화콘텐츠화를 거친 후, 상품화될 수 있는데 이 길이 '문화관광'이다"라고 말한 바 있다. 즉 기획에 의해 개발된 문화자원은 'DB관리'를 통해 수평적 전달을 꾀하고, 이것은 곧 문화관광으로 나아가기 위해 문화콘텐츠화를 거치는 것이다. 다시 말하면 정보화는 상품화를 전제하고, 상품화는 정보화의 결과물이 된다. 이렇게 볼 때 관광업자는 디지털시대 문화산업의 한 부분에서 역할하는 것이다. 이 점은 다음 3단계 문화관광자원의 활용 방안을 보면 이것이 필수요소임을 절감할 것이다.

그 다음은 민요관광자원의 활용 방안이다. 이 단계에서의 관건은 정보화사회에서 상품화의 가능성을 현실성으로 전환시키는 작업이다. 이것은 전술했듯이, 문화예술이 소통되는 맥락에서 관광자원화를 성격화해야만 가능한 작업일 것이다. 민요의 경우, 후술하겠지만 미적 가치를 인정하고 주체1이 주체2와 함께 유익한 방향을 찾아나갈 때 방법론이 도출될 것이다. 여기에서 한 가지 염두念頭에 두어야 하는 것은 민요행위 주체자들이 추구하는 이념인 '지역주민의 삶의 질 향상'을 민요에서 확인하고, 이를 관광자원화의 원리로 삼아야 한다는 점이다. 이를 감안하지 않는 문화관광은 문화자원의 기획 단계부터 이의 활용까지 무미건조한 것이 될 것이다.

요컨대, 우리는 ≪도서지역 민요≫를 관광자원화하는 과정이 바로 민요자원을 기획·개발하고, 민요관광콘텐츠를 제작하며, 민요관광자원의 활용방안을 모색하는 작업임을 알 수 있다.

3) 지역문화관광의 활성화를 위한
　　시대·지역·상황의 요소

문화관광의 목적은 관광객이 지역을 넘나들며 문화자원에 접근케 함으로써 관광객 자신에게 '문화적 충격'을 주어, 결국 삶을 변화시키는데 있다. 그런데 이러한 변화를 가능하게 하는 요소는 무엇인가. 시대·지역·상황의 요소가 바로 그것이다.

우선 고려해야 할 요소는 시대성이다. 이 '역사성'은 지역이 시간의 제한을 받을 때 나타나는 성격이지만, 논리의 개발상 이 시점에서 대등하게 놓고 가치평가할 것은 못된다. 왜냐하면 크게는 시간의 한계를 지니는 것이 지역이지만, 민속은 하나의 환상이라는 말과 같이, 민속문화는 이 역사성을 초월하기도 하기 때문이다.

다음으로 고려해야 할 요소는 지역성이다. 여기서 말하는 '지역성'은 도서성島嶼性을 말한다. 이 '도서성'은 해양과 관련지어 생태성·자연성·개방성·진취성으로 파악되는데, 섬사람들이 도서지역에 적응된 성격이므로, 타지역의 문화와 변별시키는 인자因子가 될 것이다. 그런 면에서 도서성은 연안·도서의 지역이나 마을이, 육지의 지역이나 마을과 다르게 하는 요소이므로 중시되어야 할 항목이다.

그 다음에 고려해야 할 요소는 상황성이다. 여기서 말하는 상황성은 후술하겠지만, '극적으로 구조화된 상황'을 의미한다. 문화관광으로 지역을 활성화한다는 말은 무슨 뜻인가. 그것은 관광지인 지역에서 관광객에게 문화적 충격을 주어 여행객의 삶을 크게 변화시킬 뿐만 아니라 이 과정에서 지역사회를 동력화시키는 것을 말한다. 그렇다면 어떻게 관광지에서 이러한 일이 일어날 수 있는 것인가. 그것은 극적으로 구조화된 문화상품을 '현장의 현재적 상황'에서 구매하게 하는 것이다. 즉 문화상품 속에 현재의 관광객이 과거를 왕래하고 미래를 전망하며 현재의 욕구를 해소시키는 요소를 넣는 것이다. 그것은 연행론적 공연행위를 통해 이루어진다. 이런 점에서 상황성의 고려는 관광객에게 흥미를 자아내는 핵심인자로 기능한다고 하겠다.

요컨대 우리는 지역개발을 위한 지역문화관광의 활성화를 위해 민속문화의 시대성, 도서성島嶼性인 지역성, 극적으로 구조화된 상황성 등을 고려해야 함을 알 수 있다.

3. ≪도서지역 민요≫의 관광자원화 가능성

1) 문화자원과 ≪도서지역 민요≫

(1) 21세기와 문화자원

21세기는 문화자원을 중시한다. 그것도 문화자원에 내재한 삶과 의식과 문화를 중시한다. 그렇기 때문에 21세기의 문화행위는 지역개발에 목표를 두어야 한다. '지역주민의 삶의 질 향상'에 초점을 두어야 하는 것이다. 이때 민속제도의 토대 위에서 사설을 음악화하는 연행론적 공연행위가 중요하다고 할 수 있다.

민속제도는 지역주민들이 마을에서 민속사회의 문화생활을 수행하는 과정에서 이루어지는 다양한 절차나 방법이다. 민요가 이 민속제도를 기반으로 구연·전승되는 동기나 배경을 보아야 한다. 인간의 생업과 관련시켜 반농반어半農半漁를, 인간의 지리와 관련시켜 도서지역島嶼地域을, 그리고 인간 자체와 관련시켜 자연에의 적응適應과 생사生死문제를 살펴야 한다.

사설은 민속사회에서 구연·전승되는 민요의 내용(구체적으로 비유·상징)이다. 사람의 삶과 의식과 문화를 전유(구체적으로 반영·변형)하는 행위를 통해 사람과 배경 사이의 갈등을 살펴야 한다. 음악은 민속사회에서 구연·전승되는 민요내용의 짝(구체적으로 선율·장단)이다. 생업에 나타난 생산력의 속도와 지리적 거리의 반영, 그리고 신체조건의 수용 등을 파악한다. 그리고 연행은 민속사회에서 민요를 전승시키는 행위(구체적으로 행하면서)이다. 이쪽 사람이 몸을 이용해 저쪽 사람을 만나 나누는 것인데, 사람들이 이념을 정서로 구현해 나가기 위한 미적 전유행위이다. 그러다보니 이러한 이념의 정서화과정에서 상승·전진운동을 한다. 바로 이 점을 살펴야 한다.

이처럼, 문화자원을 중시하는 21세기 문화행위는 '지역주민들의 삶의 질 향상'에 초점화되어 있는데, 이를 가능하게 하는 사회적 장치가, 사설, 음악, 연행의 민속으로 제도화되어 있고, 이를 통해 미적 가치를 실현해 나가고 있음을 알 수 있다.

(2) 도서지역과 민요

민요, 특히 ≪도서지역 민요≫는 '지역주민의 삶의 질 향상'을 추구하기 위해서 그 자체를 개발해 나가야 한다.

이를 위해서 ≪도서지역 민요≫는 사회적 장치면에서 접근해야 한다. 사회적 장치 속에서 구연·전승되는 ≪도서지역 민요≫가 바로 그것인데 <신안민요>(<밤달애 노래(362-365[7])) CD·10-1 신안 밤달애 노래>), <진도민요>(<다시래기 노래(597-599) CD·16-10 진도 다시래기 노래>) 등이다. 이 <신안 밤달애 노래>와 <진도 다시래기 노래>는 초상집에서 출상 전날 밤에 상주들을 위로한다는 기능을 수행한다. 그러므로 장례라는 사회적 장치 속에서 접근해야 한다.

한편 사회적 장치면에서 접근할 수 있는 ≪도서지역 민요≫는 민요소리꾼과 생업과 민요와의 연관 속에서 새로운 가치를 창출하고 있는데, 이를 다섯 가지로 구분해 보기로 한다.

가. 연구논문과 학술적 가치

우선 ≪도서지역 민요≫는 그 자체에 민중의식을 미적으로 전유하고 있어 학술적 가치를 지닌다는 점이다. 민요는 민요대상인 도서지역 주민의 삶, 민요생산의 주체인 도서지역 주민, 도서지역 주민의 생활의식을 노래한 민요, 이를 수용하여 소비하는 도서지역 주민 및 타지역 주민 등을 필수요소로 한다. 그런데 민요대상인 도서지역 주민의 삶에서는 사회적 환경, 시간·공간·심리 등도 포함된다. 민요생산의 주체인 도서지역 주민에서는 정서도 포함된다. 도서지역 주민의 생활의식을 노래한 민요에서는 관련 이야기도 포함된다. 이를 수용하여 소비하는 도서지역 주민 및 타지역 주민에서는 '현장의 현재적 상황'을 설정하는 일이 포함된다.

---

7) 『한국민요대전 2 전라남도 편-전라남도민요해설집』, MBC, 1993.

따라서 이러한 요소와 그 사이의 상관성 속에서 민요의 사회적 기능과 미적 가치의 실현을 감지할 수 있다. 이것은 연구자들의 좋은 탐구대상이 될 수 있다. 그러나 연구자들이 민요를, 보물찾기식의 연구대상으로만 보는 것 또한 경계해야 한다.[8]

나. 문화상품과 경제적 가치

다음은 ≪도서지역 민요≫는 그 자체의 상품성을 개발하여 관광자원화할 수 있어 경제적 가치를 지닌다는 점이다. 가령 민요의 오디오, 비디오, 영상자료의 판매가 바로 그것이다. 이렇게 된 데에는 정보사회에서 민요의 축적 형태가 달라졌고, 이것을 유통시키는 매개체의 유형도 다양해졌기 때문이다. 이러한 환경에서 민요의 소통은 구전일 수만 없고, 녹음테이프, CD, 비디오 등으로 매체화될 수밖에 없다. 따라서 이러한 매체에 맞는 문화콘텐츠, 즉 문화상품의 제작은 곧 경제적 가치의 창출로 이어지게 마련이다.

다. 강의교재와 교육적 가치

그 다음으로 ≪도서지역 민요≫는 배우고자 하는 사람으로 하여금 도서지역 주민을 이해하게 할 뿐만 아니라 자연에 적응된 인간정서를 풍부하게 체득·공유하게 하는 교육적 가치를 지닌다는 점이다.

대학교재에 게재된 "다음은 전래민요 <울도 담도 없는 집에서 시집 삼년을 살고 나니>이다. 서사적인 산문으로 고친 다음, 이러한 내용을 예시문으로 활용하여 '가부장제 의식의 문제점'에 관해 800~1,000자 정

---

8) 이해준은 민요를 보물찾기식의 연구대상으로 삼는 것 외에도 민요가 최후의 휴식처 정도로 치부되는 것 등을 경계했고, 섬사람 자신들에게서도 이러한 모습이 보인다고 한 바 있다(이해준, 「서남해 도서지역 문화자원의 가치와 활용 전망」, 2000년 학술심포지움 『문화자원 활용방안 모색』, 목포대 도서문화연구소, 2000.11.30, 1~10쪽 중 2쪽).

도로 논술하시오"[9) 하는 문제는 전래민요를 출제의도에 맞게 활용한 것
이다. 마찬가지로 ≪도서지역 민요≫도 강의목적에 따라 긍정적으로 활
용될 수 있다. 즉 어로요, 장례의식요, 놀이요 등을 제시하면서 도서지역
주민들의 삶에서 보이는 의식을 이해할 수 있는 것이다.

이처럼 민요를 자료로 삼아 갈래전환을 꾀함으로써 사고방식에 관한
연구·강의에 도움을 줄 수 있다. 이러한 접근은 단순하게 문제화하는
데에 그치는 것이 아니라 ≪도서지역 민요≫를 통해 지역민의 세계에
접근케 하는 효과가 있다고 하겠다.

라. 축제항목과 연희적 가치

한편 ≪도서지역 민요≫는 민요가 연행론에 의해 축제물로 공연됨에
따라 자신과 민족의 정체성을 확인케 하는 연희적 가치를 지닌다는 점
이다. 여기서 '공연'은 주체가 전유하는 행위인데, 배우·청관중 등 연극
주체가 연극의 모든 요소들을 구체적인 시공간에서 결합시켜 하나의 예
술형태를 실현해 나가는 연기·역할·참여[10)를 말한다. 요즘 지역주민
이나 지방자치단체에서 지방축제를 관광상품화하여 관광객들을 유치해
나가고 있는데, 민요는 여기에서 축제의 관광적 상품성을 제고시키는데
적절히 기여하고 있다. 민요는 전통문화 가운데서도 각 지역의 특성을
가장 잘 드러내는 장르이기 때문이다.[11)

---

9) 손종호 외 편저, 「제3장 논술문과 예술문의 차이」, 국어와작문교재편찬위원
   회, 『사고와 논증』, 충남대학교출판부, 2001, 57~70쪽 중 65~66쪽.
10) 홍순일, 『판소리창본의 희극정신과 극적 아이러니』, 박이정, 2003, 382쪽.
11) 강등학은 우리 민요의 거시적 판도를 검토하여 충남민요의 위상을 알아보고,
    나아가 충남민요를 축제의 이벤트로 활용하는 문제를 검토하면서, 민요의 축
    제활용의 구체적 방안으로 ①대중이 관람할 수 있는 농요의 시연, 가요극, ②
    대중이 직접 참여할 수 있는 노랫말 짓기, 농요경연, ③교육을 위한 프로그램
    으로 진지한 강습, 즉석에서 따라 하기 등을 제기한 바 있다(강등학, 앞의 글,
    7~20쪽).

그런데 '연행론적 민요의 공연행위'를 어떻게 볼 것인가 하는 것이다. 공연결과로 민요가 탈기능의 양상을 보인다고 하거나, 공연과정에서 지역주민과 기획연출가 등의 문화산업가, 그리고 지자체와의 상호관계에서 지역주민 중심의 대등관계가 아닌 지역주민이 타기관에 종속되는 양상을 띨 수도 있기 때문이다. 그러나 이 현상을, 민요자원이 정보사회에 적응하는 과정으로 이해한다면 민요 자체의 기능이 상실되는 것이 아니라 정보사회에서 새로운 기능이 파생되는 것으로 볼 수 있을 것이다. 이러한 인식에 따라 대학 및 연구소가 민요자원의 개발과 활용을 위한 사회적 장치의 구축에 적극적으로 대응해 나가야 할 것이다.

마. 구성원의 구심과 사회적 가치

끝으로 ≪도서지역 민요≫는 시가무 융합詩歌舞 融合의 원리에 따라 사물을 접한 정을 언어로 노래함으로써 신체를 움직이게 한다. 그 뿐만 아니라 이 과정에서 풀이된 신명으로 사회통합의 문화적 체계를 구축하게 한다. 이러한 동력은 민요가 사회적 가치를 지닌다는 한 예라고 할 수 있다.

이처럼 민요, 특히 ≪도서지역의 민요≫는 우리가 '지역주민의 삶의 질 향상'을 추구해 나가는데 도움을 준다고 하겠다. 이를 위해서는 민요자원 자체를 개발하는 일, 이를 사회적 장치로 접근하는 일, 민요소리꾼과 생업과 민요와의 연관 속에서 고유의 미적 가치를 발견하는 일 등에 관심을 가져야 할 것이다.

2) ≪도서지역 민요≫의 관광자원화

(1) 관광자원화의 개념

관광자원화는 '지역주민의 삶의 질 향상'을 겨냥한 상품화과정이라고 할 때, 여기에서 두 가지 방향에서 이를 살필 필요가 있다.

하나는 민요인데, 어떤 것이 ≪도서지역 민요≫인가 하는 것이고, 이 ≪도서지역 민요≫가 정말 우리의 삶을 변화시키는가 하는 것이다. 그렇다면 이 요소와 요소간에 살펴야 할 것은 무엇인가. 첫째, 민요에 대한 태도, 민요의 배경지식, 민요를 활용하는 기술을 확인하고, 이를 구비할 방도를 마련해야 하는 것이다. 둘째, ≪도서지역 민요≫가 주민들의 삶을 비추는 '총체적 거울'이요, 관광객은 그것을 통해 빛을 보게 되는가 하는 것이다.[12] 셋째, 이러한 삶의 맥락적 소통은 민요사회와 지역문화를 활성화시키는가 하는 것이다.

다른 하나는 문화관광인데, 관광의 수급체계가 되어 있는지를, 민요가 과연 문화상품이 될 수 있는지를, 그리고, 민요를 매개로 관광주체가 쌍방으로 유익한지를 보는 것이다.

이처럼 우리의 삶을 변화시키는 ≪도서지역 민요≫는 민요사회와 지역문화를 활성화시키는 맥락에서 소통되어야 하는 것이다.

(2) ≪도서지역 민요≫와 관광자원화

가. ≪도서지역 민요≫의 생활요소

≪도서지역 민요≫는 생활상의 기능을 수행한다. 다음의 <진도민요> 관련자료는 이러한 사실을 구체적으로 파악하는데 시사적이다. 우선 소리꾼 고 조공례[13]의 변신이다. 생활인인 조공례는 '현장의 현재적 상황'에 따라 순간적으로 소리꾼이 되는 것이다. 그만큼 민요가 삶의 기

---

12) 이수자, 「설화에 나타난 한국인의 관광의식 - <개가 된 어머니>유형의 설화를 중심으로 - 」, 『역사민속학』 제17호, 한국역사민속학회, 2003.12, 55~85쪽을 참조하면 관광의 개념을 설화에서 확인할 수 있다.
13) 홍순일, 민요전수자료(1986)와 나승만, 도서문화자료총서 5 『소리꾼 조공례』, 목포대 도서문화연구소, 1995 참조.

능을 수행하고 있다는 반증이다.

다음으로 진도소리의 연속적 연행이다. 농사짓고, 놀고, 장례를 치르는 과정에서 단계마다 소리가 연관되어 있는 것이다. 첫째, 농사를 지을 때이다.

①모를 찌을 때 "모뜨는 소리하자"(또는 "먼데소리 하자")고 한다(<모뜨는소리>, <먼데소리>).

②모를 심을 때 "상사 소리하자"고 한다(<상사소리>)

③첫 번째 김을 맬 때 "진절로 소리하자"고 한다(<진절로소리>).

④두 번째 김을 맬 때 "중절로 소리하자"고 한다(<중절로소리>).

⑤세 번째 김을 맬 때 "풍장소리를 하자"고 한다(<풍장소리>).

⑥해뜰 무렵 일터에 나가고 해질 무렵 집으로 돌아올 때 "질꼬낙하고 가자"(또는 "질꼬낙 부르고 가자")고 한다(<질꼬낙>).14)

둘째, 놀 때이다. 이때는 상황에 따라 유동적이어서 정해져 있지 않지만 집안에서 놀 때는 대체로 <산타령>→<매화타령>→<개고리타령>→<도화타령>→<방애타령>으로(→<방애타령> 순으로) 부른다고 한다.

①집안에서 놀 때 "노래나 부르며 놀자"고 하면서 <산타령>→<매화타령>→<개고리타령>→<도화타령>→<방애타령>, 이후에 <둥덩에타령>, <아리랑타령> 등을 한다.

②집밖에서 놀 때 "강강술래하자"고 한다(<강강술래>),15) "개고리타

---

14) 상황만 다른 진도의 일맺음소리를 발견할 수 있다. 농업에서 <CD·15-7 진도 풍장소리·1 질꼬내기(556-557)>, <CD·7-21 진도 풍장소리·2 질꼬냉이(558)> 등이 있고, 어업에서 <CD·7-21 진도 닻배소리 놋소리/술비소리/풍장소리(570-575)>가 있다(『한국민요대전 2 전라남도 편 – 전라남도민요해설집』, MBC, 1993).

15) <진도 강강술래>는 전남 서남해 지역의 부녀자들이 민속놀이하면서 연행한다. 남생아 놀아라(579)→개고리타령(579)→고사리꺾기(579)→청어엮기 · 덕석

령하고 놀자"고 한다(개고리타령), "도화타령하고 놀자" 또는 "도화타령
하자"고 한다(도화타령), "아리랑타령하고 놀자"고 한다(아리랑타령), "둥
덩에타령하고 놀자"고 한다(둥덩에타령), "발치기타령하고 놀자"고 한다.

셋째, 장례를 치를 때이다.

①성복을 지낸 후 관을 나를 때 <가나니보살>을 한다.

②수기를 씌우고 장화를 단 후 동구 밖으로 향할 때 <진염불>→<중
염불>→<애소리>를 한다.

③바란제(발인제)를 지낸 후 마을을 향해 마지막 인사를 할 때 <재화
치는 소리>→<화적하는 소리>를 한다.

④장지로 향할 때 <나무아미타불>→<애소리>→<회신곡>을 한다.

⑤다리를 건널 때 <천근을 부르는 소리>(추원하는 말인데 <다리천
근소리>라고도 함)→<나무아미타불>→<애소리>→<회신곡>을
한다.

⑥산에 도착하여 산에 오를 때 <가나니보살>을 한다.

⑦관을 나를 때 <가나니보살>을 한다.

⑧하관제를 지낸 후 맹인(망인)을 묻을 때 <다구질 소리>를 한다.

⑨봉을 만들 때 <가래소리>를 한다.

그 다음으로 진도소리의 다기능성이다. 상술한 바와 같이, 노동요인
들노래는 일하면서 즐겁게 하는 소리이고, 유희요는 노래를 묶어서 부르
며 놀거나 동작을 수반하여 구연하기도 하는 소리이다. 그리고 의식요인
만가는 사람이 죽었을 때만 슬프게 하는 소리이다.

한편 이러한 다기능성은 <진도민요>에 국한되지 않는다. 이에 대해

몰이(580)→지와밟기(580)→밭갈이가세(580)→손치기발치기(581)→바늘귀꿰기
(581)→술래소리(582) 등이다. 이것은 남녀 함께 하는 <진도 남한산선 도적이
야>(587-589)와 대비해 볼 수 있다. 앞의 것은 1986년 전수받고, 뒤의 것은 제
1차 2005.3.15, 제2차 2005.6.30~7.4 조사한 바 있다(둘 다 『한국민요대전 2
전라남도 편 - 전라남도민요해설집』, MBC, 1993 참조).

서는「한국민요대전-전라남도 편 기능별 분류 색인」[16]을 참고할 수 있는데, 노동요의 경우 <완도 CD·13-14 완도물레소리·2(481)>가 있고, 유희요의 경우 특히 희곡민요로 볼 수 있는 <CD·16-7 진도영감타령(593)>과 함께 <CD·13-20 완도 거무타령·2(491)>, <CD·7-21 완도 영감타령(492)> 등이 있다. 그리고 의식요로 출상 <CD·13-22 완도 염불소리(493)>가 있다. 특히 <CD·13-19 완도 거무타령·1(488)>은 곤충인 거미, 나비, 벌 등의 생태를 노래한 것이다. 이것은 미시적이지만, 세계관광기구(WTO)에서 언급한 '지속가능한 관광' 중 '환경적으로 지속가능한 관광'의 출발점을 마련한다는 점에서 의미가 있다고 하겠다.

나. ≪도서지역 민요≫의 생활미학

≪도서지역 민요≫는 몇 가지 생활미학을 보인다. 우선 민요 자체에 한의 정서가 풍부한데, 이것이 우리를 신나게 하는 것이다. 다음으로 노래로서 혼자 부르기도 하고 함께 부르기도 하는 것이다. 그 다음으로 전승을 위한 노력이다. 후손들은 예전에 배운 선조들의 것을 연속적으로 변이시켜 민요사회에서 이를 선택받게 한다. 각종 공연을 통해 확산시켜 나가는 것이 그 방법 중의 하나인데, 이는 <진도토요민속여행>과 관련지어 후술하기로 한다.

이처럼, 도서지역의 민요행위에는 '지역주민의 삶의 질 향상'이라는 목표에 맞추어져 있다. 특히 민요가, 우리를 놀라게 하는 미적 요소를 지니는 것, 생활하는 전문 민요소리꾼이 다기능을 수행하면서 연속적 연행을 하는 것, 혼자 또는 함께 풍부한 정서를 공연현장에서 신나게 하면서 전승시키는 것 등을 보면 이를 알 수 있다.

---

16) 여기에서 생활상의 기능요, 즉 농요, 어로요, 기타 노동요, 장례의식요, 세시의식요, 놀이요, 기타 민요 등을 확인할 수 있다(『한국민요대전 2 전라남도 편-전라남도민요해설집』, MBC, 1993).

4. ≪도서지역 민요≫의 관광자원화 현실성

1) 현행 ≪도서지역 민요≫의 관광자원화

전술한 바와 같이, 생활인인 민요소리꾼이 실생활 속에서 수행한 기능 위주의 소리는 다채롭고 풍부하다. 농사짓고, 놀고, 장례를 치르는 과정에서 단계마다 부르는 소리는 <진도민요> 뿐만 아니라 <신안민요>, <완도민요>에서도 살펴볼 수 있다. 문제는 이러한 ≪도서지역 민요≫를 문화자원으로 인식할 뿐만 아니라 관광자원화를 위한 정보화와 상품화 그리고 이렇게 되게 하는 기획과 마케팅이 모색되고 있느냐 하는 것이다. 왜냐하면 판매자는, 구매자가 저것들 말고 이것을 받아들이도록 확신시키는 결정과 행위들을 하는 것이 중요하기 때문이다. 특히 ≪도서지역 민요≫에서 발견되는 미적 가치를 어떻게 실현해 나갈 것이냐 하는 것이다. 왜냐하면 ≪도서지역 민요≫의 관광자원화는 다른 제품과는 달리, ≪도서지역 민요≫의 정보화와 상품화 과정에서 다양한 서비스 즉 교통, 숙박, 식음료, 놀이시설, 볼거리, 체험거리[17] 등이 제공되어야만 하기 때문이다. 다음 자료를 검토하고 논의하기로 한다.

> ▶거무야 거무야 왕거무야/ 네야 줄은 어따 쳤냐/
> 천장에 난장에 동백꽃 동산에/ 서산에 나산에 걸렸네/
> 백작 거무는 들랑수/ 천장의 거무는 오동수/
> 천국산 백국산 해남산 금강산/ 꽃과 같은 저 나부야/
> 법당문을 열고보니/ 짐선분가 박선분가/
> 담배 한대 태고 가소/ 말씀이사 좋네마는/
> 질때 바뻐 못태겄네/[18]

---

17) 이덕안, 앞의 글, 12~31쪽 중 21쪽.

▶영감/ 뭣해/
이 방 저 방 고리뒷방 안에/ 물멩주 석자 보았소/ 보았지 그랬지/
보았으면은 무엇했노/ 이 밑에 김도령/ 낯수건하라고 주었네/
잘 했지/ 잘 했지/ 그래야 우리야 내 영감/ ("다 했소 하하하…")[19]

▶영감/ 왜불러/
앞 방 뒷 방 골방 안에/ 멩지배 석자 보았농/ 보았제/
어쨌농/ 이웃집 김도령/ 손수건하라고 주었제/
잘했꿍 잘했꿍/ 잘했꿍 잘했꿍 잘했꿍/ 조선팔도 다 댕겨도/ 우리 영감
뿐일레/[20]

위의 인용문은 ≪도서지역 민요≫이다. 앞의 인용문은 <CD·13-20 완도 거무타령·2(491)>이고, 중간의 인용문은 <CD·7-21 완도 영감타령(492)>이고, 뒤의 인용문은 <CD·16-7 진도 영감타령(593)>이다. <완도 거무타령>은 곤충인 거미, 나비, 벌 등의 생태를 노래하는데 반하여, <완도 영감타령>과 <진도 영감타령>은 부부의 생활하는 모습이 드러나는 소리이다. 여기에서 민요소리꾼의 생활 정서가 표현되는 것은 물론이고 인생의 지향점이 무엇인지 드러내 보인다.

이러한 ≪도서지역 민요≫를 무형문화자원(intangible cultural properties)으로 인식한다면 관광자원화를 위한 정보화와 상품화 그리고 이렇게 되게 하는 기획과 마케팅은 현지에서 어떻게 진행되고 있는가. 신안군·완도군·진도군의 문화관광과에서 진행하는 테마별 문화상품을 보기로 한다.[21]

우선 신안군 문화관광의 내용을 보기로 한다. 이 신안군은 '신안군을

---

18) 『한국민요대전 2 전라남도 편－전라남도민요해설집』, MBC, 1993, 491쪽.
19) 『한국민요대전 2 전라남도 편－전라남도민요해설집』, MBC, 1993, 492쪽.
20) 『한국민요대전 2 전라남도 편－전라남도민요해설집』, MBC, 1993, 593쪽.
21) 신안군 http://tour.sinan.go.kr/ 완도군 http://tour.wando.go.kr/ 진도군 http://tour.jindo.go.kr/ 참조.

즐기는 6가지 테마여행'이라고 하고, 여섯 가지 테마여행을 개발하여 진행하고 있다. ①해당화 섬 해변 모래 체험 상품 ②다도해의 진기 명기 육·해상 체험 관광 ③가거도 바다낚시 체험 ④도서·해양 생태공원 체험 ⑤도서 전통마을 문화체험 ⑥명사십리 바닷길 체험(오토 캠프형) 등이 바로 그것이다.

이 신안군은 제목에 체험을 다 넣었으나 현행 ≪도서지역 민요≫를 관광자원화하는 테마는 보이지 않는다. 물론 다음과 같은 경우를 생각해 볼 수 있을 것이다. ①해당화 섬 해변 모래 체험 상품은 지도읍, 임자면, 증도면 일원에서 2~3일 가족단위 또는 동우회, 단체 관광객이 모텔, 민박, 청소년 수련관('03상반기 준공)을 이용하면서 해변모래(모래성 쌓기, 모래 게 잡기) 체험, 야생해당화 군락지 관람, 갯벌 체험 등을 하는 것이다. 이 갯벌 체험시 민요를 관광자원화하는 것이다. ③가거도 바다낚시 체험은 흑산면 가거도리 육·해상의 경우 2~3일 동우회 또는 개인이 민박을 하면서 바다낚시(선상, 갯바위낚시) 체험, 야생후박나무 군락지 관람, 삿갓재 낙조 관람, 가거도 팔경을 관광하는 것이다. 이 바다낚시(선상, 갯바위낚시) 체험시 어로요를 관광자원화하는 것이다. 그리고 ④ 도서·해양 생태공원 체험은 장산, 하의, 신의에서 1박 2일 가족단위 또는 개인이 민박을 하면서 도서지역 문화유적, 소금 생산지, 대통령 생가 등을 관광하는 것이다. 소금 생산지에서 민요를 관광자원화하는 것이다. 그럼에도 불구하고 이런 기미는 보이지 않는다.

다음으로 완도군 문화관광의 내용을 보기로 한다. 이 완도군은 '바다와 섬이 아름다운 건강의 섬'이라고 하고, 일곱 가지 테마로 관광하게 하고 있다. ①맞춤관광 ②어촌민속전시관 ③무인도(당사도)기행 ④고기잡이 바다체험 ⑤스킨스쿠버 관광체험어장 ⑥등산 ⑦완도의 해수욕장 등이 바로 그것이다. 이 완도군은 제목에 체험을 넣은 것은 ④고기잡이 바다체험, ⑤스킨스쿠버 관광 체험어장이지만 ②어촌민속전시관, ③무인도 기행(소안 월항리 걸그물(개매기) 바다 체험)도 체험에 해당한다고 하겠다.

그러나 현행 ≪도시지역 민요≫를 관광자원화하는 테마는 보이지 않는다. 물론 다음과 같은 경우를 생각해 볼 수 있을 것이다. ②어촌민속전시관은 완도군 정도리 화흥 포구 인근에 자리잡고, 2002년 5월에 개관한 국내 최초 어촌 박물관인데, 어촌의 생활사, 어획 방법, 수산양식의 실태, 선박의 발달사 등 어촌의 풍물들을 전시하면서 동시에 체험도 하게 한다. 이 어촌의 풍물을 체험할 때 민요를 관광자원화할 수 있을 것이다. ③무인도기행은 완도군이 주최하고, 여행사 (주)미지로 방송기획이 주관하는데, 7~8월, 4차(1회마다 1박 2일)에 걸쳐 초등학생(이하 69,000원), 중학생(이상 82,000원), 일반인, 가족단위로 진행한다. 여행지는 안성기·심혜진 주연의 영화 <그 섬에 가고 싶다>의 촬영지인 당사도인데, 관광코스는 다이아모텔 앞 해변도로(완도)→청산 <서편제> 촬영지→청산 민박(1박)→소안 당사도 등대→무인도선상유람→보길 윤선도 유적→소안 월항리 걸그물(개매기) 바다체험장→다이아모텔 앞 해변도로→해산 등이다. 소안 월항리 걸그물(개매기) 바다체험시 민요를 관광자원화할 수 있을 것이다. 그리고 ④고기잡이 바다체험은 완도군 소안면 월항리 해변 약 2km에 달하는 갯벌에서 전통의 고기잡이 방식인 개매기 어로 체험에 참여할 뿐만 아니라 물 빠진 갯벌에서 바지락, 게 등을 잡는다. 5~9월 10회 실시하는데 초등학생(이상 5,000원), 유아·유치원생(3,000원), 가족단위로 진행한다. 이 개매기 어로 체험시 민요를 관광자원화 할 수 있을 것이다. 그럼에도 불구하고 이런 기미는 보이지 않는다.

그 다음으로 진도군 문화관광의 내용을 보기로 한다. 이 진도군은 '꿈과 낭만이 있는 예술의 고장'이라고 하고, 테마 셋을 개발하여 진행하고 있다. ①예술, ②역사, ③체험 등이 바로 그것이다. 그런데 이 진도군은

체험을 ③테마 셋으로 독립시켰고, 현행 ≪도시지역 민요≫를 관광자원
화하는 행위가 보인다. 하나는 ③테마 셋, 체험의 경우인데, 온 가족이
함께 즐기는 신나는 체험 현장을 추구하면서, 1층에 세계의 희귀 조개들
을 전시하고, 2층에 다양한 바닷속 현장을 그대로 복원한 진도해양생태
관, 국악전용극장인 진악당, 야외무대인 달빛·별빛마당, 숙박시설인 사
랑채를 갖추고, 단체나 가족 방문객을 위한 남도전통음악예술과 국악체
험교실을 운영하는 국립남도국악원, 진도개의 우수혈통을 유전·육종학
적으로 연구하기 위해 총 100여 마리의 진도개가 사육되고 있는 진돗개
시험연구소 등을 체험관광 한다. 이 국립남도국악원의 체험행위가 바로
그것이다.

다른 하나는 관광코스의 한 지점으로 프로그램화한 <진도토요민속여
행>이라는 공연행위가 바로 그것이다. 이 <진도토요민속여행>은 후술
하기로 한다.

그렇다면 이러한 ≪도서지역 민요≫가 관광자원화하는 모습은 어디
에서 볼 수 있는가. 이러한 가능성이 현실화된 예는 2000년 12월 13일
진도군과 진도문화원에서 주최하고 진도민속예술연구회가 진행한 민요
극 <진도에 또 하나의 고려 있었네>에서 입증된 바 있다.[22] 그러나 이
점은 <진도토요민속여행>을 보면 더욱 분명해진다. 이것을, 관광의 성
립 요소인 관광객, 교통수단, 다른 지역, 하루 이상 1년 미만, 소비행
위[23] 등으로 구분하여 살펴보기로 한다.

첫째 <진도토요민속여행>을 성립시키는 요소로서 '관광객'이 있다.

---

22) 이 사실은 곽의진, 「지역문화와 숨겨진 예술의 끼―민요창극 <진도에 또 하
나 고려 있었네>를 중심으로―」, 『문화도시문화복지』 106, 한국문화정책개발
원, 2001.7, 44~47쪽과 나승만, 앞의 글, 99~116쪽 중 100쪽에서 확인되는데,
뒤의 글 주1)에서 이 공연 후 국립국악원 초청으로 국립국악원 예악당에서
2001년 3월 14~15일 공연되었다고 했다.

23) 이덕안, 앞의 글, 12~31쪽 중 16쪽.

<진도토요민속여행>은 21세기 지방화와 문화화의 흐름에 따라 1997년 이래 매주 토요일 상설공연을 하는데 주간 약 400여 명의 관객을 유치하고 있다. 이 관광객은 학생, 노인 등 단체 중심이다. 이 점 또한 후술하겠지만 공연맥락에서 상징적 의미가 있다. 삶을 시작하는 학생에게나, 삶을 마무리하는 노인에게나 <진도토요민속여행>이 지향하는 주요 테마에 겨냥되었기 때문이다.

둘째 <진도토요민속여행>을 성립시키는 요소로서 '교통수단'이 있다. 이것은 비행기, 기차, 버스 등이고, 비행기·기차로 와서 버스로 이동하는데, 이것은 도시와 도서지역의 접근성을 높이는 수단이라는 데에 그 의미가 있다. ①항공의 경우 서울→목포는 1일 1회, 서울→광주는 1일 9회 왕복하고 있다. ②철도의 경우 서울→목포는 1일 10회, 서울→광주는 1일 10회 왕복하는데, 특히 호남고속철도의 경우 서울→목포는 1일 7회(2시간 58분 소요) 왕복하고 있다. 그리고 ③버스의 경우 서울→진도는 1일 4회(5시간 30분), 광주→진도는 1일 35회(2시간 30분), 목포→진도는 1일 20회(1시간) 왕복하고 있다. 부산→진도는 1일 2회(6시간) 왕복하고 있다.

셋째 <진도토요민속여행>을 성립시키는 요소로서 '다른 지역'24)이 있다. 토요일에 민속의 보고인 진도로의 여행이라는 점이다. 이 진도는 시詩·서書·화畵·창唱을 꽃피워낸 예술의 고장으로서 '특별한 그 무엇'이 있는 곳으로 이미지화되고 있는 것이다.

넷째 <진도토요민속여행>을 성립시키는 요소로서 '하루 이상 1년 미만'인데, 당일 또는 1박 2일 등이라는 점이다.

---

24) 이 '다른 지역'에는 도서지역 주민이나 진도군립예술단과 같이 개인이나 단체가 들어가거나 대등하게 한 항목을 만들어 주어야 한다. 왜냐하면 관광객의 입장에서는 '다른 지역'으로서 진도이지만, 도서지역 주민들에게는 이 '다른 지역'이 삶과 문화와 의식이 숨쉬는 곳이요, 관광객과 만나는 곳이기 때문이다.

①당일 관광코스는 진도대교→녹진전망대→진도개묘기장→소전미술관→토요민속여행→운림산방→신비의 바닷길→남도석성→세방낙조 등인데 이것은 아래 ②1박 2일 코스(A)와 대비하면 차이점은 다도해 해상국립공원 해상관광→용장산성→이충무공전첩비→금골산이 없다는 것이다.

②1박 2일 관광코스(A)는 진도대교→녹진전망대→진도개묘기장→토요민속여행→운림산방→신비의 바닷길→남도석성→세방낙조→1박→소전미술관→다도해 해상국립공원 해상관광→용장산성→이충무공전첩비→금골산이다.

③1박 2일 코스(B)는 진도대교→녹진전망대→신비의 바닷길→운림산방→토요민속여행→남도석성→세방낙조→1박→진도개묘기장→소전미술관→용장산성→이충무공전첩비→금골산 등인데, 이것은 위 ②1박 2일 코스(A)와 대비하면 차이점은 다도해 해상국립공원 해상관광이 없다는 것이다.

다섯째 <진도토요민속여행>을 성립시키는 요소로서 '소비행위'가 있다. 여행선 상에서 볼 때 관광객은 이 공연을 위해서 시간을 내고 돈을 쓴다는 것이다. <진도토요민속여행>은 무형의 문화상품이기 때문이다. 여기에는 국가지정 중요무형문화재 4종과 도지정 무형문화재 3종이 포함되어 있다. ①강강술래(중요무형문화재 제8호), ②남도들노래(중요무형문화재 제51호), ③진도씻김굿(중요무형문화재 제72호), ④진도다시래기(중요무형문화재 제81호), ⑤진도북놀이(무형문화재 제18호), ⑥진도만가(무형문화재 제19호), ⑦진도잡가(무형문화재 제34호) 등이 바로 그것이다.

이 중에서, 강강술래, 남도들노래, 진도잡가, 진도만가는 <진도토요민속여행> 공연행위를 통해 민요를 관광자원화하는 경우이다. ①강강술래(중요무형문화재 제8호)는 8월 한가위날 달밤에 마을의 처녀들과 아낙

네들이 손을 마주잡고, 원을 그리면서 여러 가지 놀이를 하는 진도 지방 고유의 민속놀이이다. ②남도들노래(중요무형문화재 제51호)는 모내기, 논매기 등 주로 논일을 하면서 부르는 농요인데, 내용이 뛰어나고, 그 가락이 다양하며, 뒷소리를 길게 빼면서 노래를 한다. ⑦진도잡가(무형문화재 제34호)는 진도아리랑, 홍타령, 육자배기 등 남도민요인데, 여기에 남도지방 특유의 가락과 멋이 깃들어 있다. ⑥진도만가(무형문화재 제19호)는 사람이 죽었을 때 상여를 메고 가면서 부르는 상여소리인데, 다른 지방과는 달리 여자도 상두꾼으로 참여하고, 사물악기로 반주를 한다. 이러한 민요는 <진도토요민속여행> 공연행위를 통해 관광자원화되는 것이다.

한편 진도씻김굿, 진도다시래기, 진도북놀이도 민요를 관광자원화하는데 일정한 기능을 수행하고 있다.[25] ③진도씻김굿(중요무형문화재 제72호)은 노래와 춤으로 신에게 비는 무속의식으로서 망자의 후손으로 하여금 망자와 접하게 한다. ④진도다시래기(중요무형문화재 제81호)는 상가에서 출상 전날 밤에 상주와 그 가족을 위로하기 위하여 사물 반주에 맞추어 노래와 춤과 재담으로 진행되는 일종의 가무극적 민속놀이이다. ⑤진도북놀이(무형문화재 제18호)는 양손에 북채를 쥐고 장구처럼 치는 것이 특징인데, 가락이 다양하고, 특히 잔가락이 많이 활용되면서 멈춤과 이어짐이 민첩하다. 이러한 민속도 민요를 관광자원화하는데 일

---

[25] 진도씻김굿에서 무당은 상복차림으로 상주와 같이 장례에 참여하면서 장례식장에서 죽음을 예술적으로 승화시키는 역할을 수행한다. 실제로 이인순씨가 스승이고 2001년 10월 18일에 제72호 진도씻김굿의 전수교육조교가 된 송순단(1959년생: 여, 47)씨는 고 조동배曺東培(1929년생: 여, 76)씨를 위한 씻김굿을 연행했는데, 이때 마을사람 A가 <홍타령>, <육자배기>, <사철가> 등을 하게 했다. 이것은 진도씻김굿의 연행현장에서 민요가 어떻게 결합되어 살아 숨쉬는지 그 생태를 보여주는 예라고 할 수 있다(필자 현지조사, ≪진도 씻김굿≫, 2005년 3월 15일 18:00, 전남 진도군 진도읍 쌍정리 125번지).

정한 기능을 수행하는 것이다.

이처럼 <진도토요민속여행>은 관광의 성립 요소인 관광객, 교통수단, 다른 지역, 하루 이상 1년 미만, 소비행위 등이 상관하면서 민요를 관광자원화하고 있는 것이다.

한편, 이 공연의 역사문화적 맥락은 진도군립예술단의 공연형태에서 확인할 수 있다.[26]

제1기(1986년 조례제정-1996)는 보존회에서 <진도씻김굿>·<남도들노래>·<강강술래>·<다시래기> 공연 및 시연, 각각의 마을에서 연행되는 민속, 군립예술단원을 포함한 전문예능인의 개별적 공연 등을 공연내용으로 하는데, 리틀엔젤스 공연(4개의 무형문화재, 1994) 등에서 보는 것처럼, 산발적으로 이루어지는 외부 공연형태였다.

제2기(1997~2001)는 1997년 4월 <토요민속여행> 상설 공연이 시작되고, 1997년 7월 조례를 개정하여 부단장제 및 비상임단원제를 개설하는데, 지정문화재 시연, 이벤트별 개별 공연(개인, 축제) 등을 공연내용으로 하면서 진도 향토문화회관 대공연장에서 개관 기념공연을 시작으로 공연하는 형태였다.

제3기(2002~2003)는 조례를 개정하여 연출단장직을 신설하는데, 테마 중심의 공연, 즉 약 15개의 테마를 설정하는 것이다. 주요 테마는 '원무, 그 원형의 소리전'이고, 소리의 발생(<홍그레타령>), 소리의 발전(<육자배기>), 소리의 극치(판소리), 소리의 절정(<강강술래>) 등을 공연내용으로 하는데, 소리의 발생경로와 변화의 맥락을 하나의 테마로 묶어서 공연하는 형태였다. 이 ≪진도토요민속여행≫의 테마에는 '원무,

---

26) 이하는 필자가 이윤선, 「≪토요민속여행≫ 스토리텔링 전략과 '진도문화 브랜드' 포지셔닝」,『도서·해양문화관광의 활성화 방안』, 목포대 도서문화연구소, 2005.5.13, 21~27쪽 발표논문을 참조하고, 다음날인 14일(토) 14:00, 진도향토문화회관에서 공연한 ≪진도토요민속여행≫을 관람하여 조사한 내용이다.

그 원형의 소리전’ 이외에 ‘진도쌀, 그 생태와 신명전’, ‘왕생의 문, 상생의 무’, ‘재생의 꿈, 다시래기전’, ‘내 삶의 마지막 여행, 진도만가전’, ‘남도의 권27)과 징한 신명전’ 등이 있다.

제4기(2004~현재)는 스토리텔링 및 테마 중심의 공연, 즉 관광객 자신의, 삶의 마지막 여행지로 상징화된 진도를 설정하는 동시에 사람들의 스토리가 있는 생애사를 소리와 춤, 의식을 통해 공연할 뿐만 아니라 관광객이 직접 공연에 참여함으로써 향수를 매개로 극적 동화를 유발시키게 하는 공연형태이다. 그러다보니 이러한 공연은 신명풀이하는 역동적 전체구조를 취한다. 즉 삶의 과정이, 삶의 시작(<자장가>, <홍그레타령>, 산조 외), 삶의 고난(<들노래>, <홍그레타령>, <둥덩에타령>, <닻배노래>, 단편 창극 외), 삶의 격정(<강강술래>, 진도북춤, 농악, 단편창극 외), 삶의 마무리(씻김굿, <만가> 외) 등으로 단계화되어 있고, 그 과정에서 파도형의 전진과 나사형의 상승이 동시적으로 작용하고 있는 것이다. 이러한 운동성의 확보는 ‘향수를 매개로 한 극적 동화를 통해 공동체성의 회복’을 가능하게 해주고, 현장성과 결합하여 토요여행의 홍미와 민속공연의 감동을 배가시키는 것이다.

이러한 ≪도서지역 민요≫의 가능성을 현실화하고자 할 때 유의할 점이 있는데, 그것은 무엇보다도 신안군·완도군·진도군에서 보듯이, 문화관광이 체험 형태을 띠고 발전하므로, 온라인상에서 쌍방향매체인 인터넷 사이트를 사용하여, 실제로 사람을 모아갈 뿐만 아니라 이 ≪도서지역 민요≫를 축제 속에 넣어서, 또는 공연하면서 민요자원의 미적 가치가 실현되도록 해야 한다는 점이다. 물론 이러한 방향의 결과는 문화관광의 영역에서 지역 활성화를 촉진시킨다고 하겠다. 이것은 ≪진도토요민속여행≫에게서 확인되는 바였다.

요컨대, ≪도서지역 민요≫를 문화자원으로 인식할 뿐만 아니라 관광

---

27) ‘멋지다’, ‘아름답다’, ‘인간미가 넘치다’

자원화를 위한 정보화와 상품화, 그리고 이렇게 되게 하는 기획과 마케팅이 모색되고 있는지를, 특히 ≪도서지역 민요≫에서 발견되는 미적 가치를 실현하기 위해 방안을 모색하고 있는지를 살펴야 한다.

2) ≪도서지역 민요≫의 관광자원화 방안

우선 ≪도서지역 민요≫의 관광자원화에서 조합이 가능한 요소들을 보면 첫째, 민요소리꾼이 민요사회 속에서 민요행위를 하면서 자기 환경과 관련된 생활이야기를 해 나가야 한다. 이 과정에서, 민요사회구성원과 함께 하는 프로그램을 개발하여 운용해 나가는 것이다. 둘째, 위의 내용을 오프라인 상 관광객과, 온라인 상 예비 관광객과 함께 자기화해 나가야 한다. 셋째, 또한 이러한 작업이 가능하도록 사회적 장치를 구축해 나가야 한다.

다음으로 ≪도서지역 민요≫의 관광자원화에서 여기에 영향을 주는 요소를 보면 첫째, 5일제 근무에 따른 문화관광의 가능조건이 창출되고 있으므로, 삶의 여행으로 연속시켜야 한다. 도서지역 주민들(진도군립예술단원들을 포함함)과 관광객, 그리고 문화관광 행정가들(진도군 문화관광과 직원들을 포함함)이 문화관광의 방향과 내용을 공유하는 일은 이런 관점에서 의미가 있다고 하겠다. 둘째, 외국의 문화관광과 다르게 한국의 문화관광→남도의 문화관광→도서島嶼의 문화관광을 선택할 수 있도록 해야 한다. 셋째, 21세기 문화사회가 추구하는 '지역주민들의 삶의 질 향상'을 문화상품을 통해 보편적으로 구현할 필요가 있다. 이러한 도서지역 주민들의 지향과 이를 바라는 관광객들의 욕구가 맞아떨어질 때 '문화적 충격'을 기대할 수 있고, 그 효과는 곧바로 새로운 삶에로 변이시킬 수 있기 때문이다.[28]

---

28) 강등학은 축제참여의 동기를 정리하면서 "사람들은 무엇보다 새로운 것을 경

　그 다음으로 ≪도서지역 민요≫의 관광자원화에서 이를 작동시켜 지역을 활성화시키는 요소들을 보면 첫째, ≪도서지역 민요≫와 관련된 주체문화의 회복이다. 둘째, ≪도서지역 민요≫를 관광자원화하는 태도・지식・기술의 획득이다. 통시적인 면에서 현재는 민요의 개발・보존・변용・활용을 병행하고 있으나, 더욱더 문화론적 지역활성화를 위한 주민, 정보화, 문화콘텐츠화가 병행되어야 할 것이다. 따라서 미래의 문화관광을 위해서 현재의 사회적 장치가 어떻게 재구조화되어야 하는지를 살펴야할 것이다. 공시적인 면에서 사람들은 일방적 매체를 지양하고, 쌍방적 매체를 통해 민요 현장에 드나들고 있다. 따라서 민요 현장의 이러저러한 모습이나 정황을 표현할 수 있는 다각적 안목과 전체적인 시각을 견지해야 한다. 셋째, 이를 운용하는 사회적 장치의 개발이다.

　한편, 이 문제를 활용의 관점에서 깊이있게 다룬 나승만은 문화론적 지역활성화를 위한 민요자원의 활용을 구상하면서 민요자원의 활용 방향을 다섯 가지로 잡아냈다. ①논문화, ②대중화, ③문화상품화, ④학습재료화, ⑤전승지속화가 바로 그것인데, ①논문화는 연구자와 지식인들을, ②대중화와 ③문화상품화는 시민 대중을, ④학습재료화와 ⑤전승지속화는 민요주체와 민요전승자(지역주민들과 학생들)를 겨냥한 작업이라고 했다. 관련 내용을 정리하여 제시하면 다음과 같다.[29]

　　①논문화 과정을 통해 지역민요자원의 실상을 체계적으로 제시하고 민요자원의 활용방향을 제시한다.
　　②대중화는 민요자원과, 민요를 전승하고 있는 민요사회, 그리고 민요를 부르는 전승주체의 삶과 민요를 통해 드러내고자 하는 의도와 표현행위에

───────────────────

　험하고 재미를 느끼고 싶어 하는 욕구를 가지고 축제에 참여한다"고 한 바 있다(강등학, 앞의 글, 7~20쪽).
29) 나승만, 앞의 글, 2001.12, 99~116쪽 중 115~116쪽.

내재된 민중미학을 대중적 글쓰기로 전환하여 제시한다. 이것은 대중매체
와 민요기행 등의 글쓰기로 표현된다.

③문화상품화는 현장에서 수집한 민요자원을 CD 등으로 전자매체화
한다.

④학습재료화는 전통문화나 민속문화의 재생산을 위하여 학교나 지역문
화학교의 교육과정에서 실천될 수 있도록 하는데, 지역민요에 대한 해설,
사설의 설명, 악보, 가창방법, 학습법 등을 제시한다.

⑤전승지속화의 경우 학교의 교육과정에 정규화하는 방안을 구상하고,
또 해당지역이나 마을에서 민요를 비롯해 지역의 문화를 전승하고 재생
산할 수 있도록 민요보존회 또는 전통문화연구회를 구성하는 방안을 제
시한다.

위에서 정리한 요약문에서 보는 것처럼, 나승만은 전체적 시각에 따
라 민요자원, 민요사회, 전승주체의 삶, 민요를 통해 드러내고자 하는 의
도, 표현행위에 내재된 민중미학 등을 도서지역 주민과 민요와 사회와의
관계 속에서 살피면서 서남해 도서·연안지역 민요자료의 활용 방안을
제시하고 있는 것이다.

그러면 이와 관련하여 몇 가지 방안을 제시해 보기로 한다.

(1) 도서지역의 특성에 맞는 민요관광의 문화기획력 제고

《도서지역 민요》의 관광자원화와 관련하여 부각시켜야 할 내용의
첫 번째는 관광지로서 도서지역을 부각시키는 동시에 이것의 특성, 즉
생태성·자연성·개방성·진취성을 맞추는, 민요관광의 문화기획력을
제고해야 한다는 것이다. 물론 해양문화와의 융합을 전제로 하거나 융합
을 요구한다고 하겠다. 이 문화기획력은 《도서지역 민요》의 가치를
발견하고 이를 작품화하여 홍보하면 할수록 더욱 더 강화될 것이다. 물
론 이 문제점을 극복한 민요관광의 예로 앞에서 《진도토요민속여행》
을 든 바 있지만, 이렇게 하기 위해서는 《도서지역 민요》의 현대적 계

승이라는 차원에서 문화기획력이 되살아나야 한다. 이 힘으로 민요자원을 개발하고 활용하는 묘법을 찾아낼 뿐만 아니라 문화관광을 통해 사회의 문화소통체계를 구축해 나갈 수 있는 것이다.

한편 필자가 ≪진도토요민속여행≫에서 주목하는 것은 두 가지인데, 하나는 진도군립예술단원들의 주체적 지속 참여이다. 상술한 바와 같이, 공연자는 민속을 연행해 나가는 각 마을사람이고, 지정문화재를 보존해 나가는 회원이고, 개별적으로 공연하는 군립예술단원 등 전문예능인이다. 바로 이들이 주요 관광객과 함께 ≪진도토요민속여행≫을 꾸며나가고 있는 것이다. 물론 관광객이 없는 ≪진도토요민속여행≫은 상상하기 어렵지만, 일차적으로 문화예술의 소통체계에서 주체1이 적극적으로 자기역할을 수행하며 지속적으로 참여하고 있다는 사실은 간과할 수 없는 일이다.

다른 하나는 2002년 이후 ≪진도토요민속공연≫ 속에 <진도민요>를 기획·연출하는 인물의 등장과 역할이다. 특히 연행론적 공연행위를 통해 ≪도서지역 민요≫<진도민요>를 현대적으로 재창조해 나가는 활동에 주목할 필요가 있다. 특히 진도군립예술단의 공연사를 볼 때 기획·연출가의 출현은 필연이다. 왜냐하면 ≪진도토요민속여행≫이 문화관광의 한 지점에서 요구된 문화상품이라고 할 때, 공연자는 관광객의 욕구를 충족시켜 주기 위해서 기획·연출가와 함께 문화상품을 창작하고 이를 유통시키기 위해 마케팅 전략, 즉 진도 진입로에서의 홍보, 안내한 버스운전사에 대한 군의 인센티브제 실시 등을 세워야만 했기 때문이다. 이처럼 ≪진도토요민속여행≫은 현단계 현재진행형이지만, 이것은 <진도민요>를 민속이란 이름으로 관광자원화한 것임을, 돋보이는 문화기획력으로 도서지역, 특히 진도지역의 특성에 맞게 민요를 관광화한 예임을 알 수 있다.

(2) 시가무詩歌舞가 융합된 민요의 추구

두 번째 ≪도서지역 민요≫의 관광자원화와 관련하여 부각시켜야 할 내용은 문화산업가가 아니라 도서지역 주민이 주체가 되어야 한다는 것이다. 이렇게 하기 위해서는 주체1이 민요를 중심으로 설화, 동작, 그림 등을 융합해 나가면서 신명풀이의 소리판을 마련해야 한다. 즉 민요는 우리의 이야기를 뿌리로 말과 동작과 그림을 사용하여 함께 할 수 있는 노래라는 쪽으로 인식을 바꾸어야 하는 것이다.30)

▶(… 전략 … 엄마도 연못에 못을 던져 스스로 목숨을 끊고 말았어요. 슬픈 목소리로 이런 노래를 부르면서요.)
아기장수야, 아기장수야,/ 가엾은 내 아기야./못난 엄마를 만나/ 세상을 떠났구나./ 먼 훗날 다음 세상에/ 다시 태어난다면/ 못다 이룬 네 꿈을/ 부디 활짝 피우렴./
(그 뒤로 사람들은 … 후략 …)31)

▶("… 전략 … 마지막으로 약수물을 떨어뜨려 넣었어요./ 그러자 아버지가 스르르 눈을 떴어요. "아함. 봄잠을 참 오래 잤구나!")
딸이라 해서 던져딘/ 던진데기 바리 공주/자기를 던져 버린/ 아버지를 살려서/ 효녀로 불렀다네.//
딸이라 해서 버려진/ 버린데기 바리 공주/ 아버지를 살린 공으로/ 죽은

---

30) 이에 대한 생각은 정희정의 글에서도 발견된다. 정희정은 충청지역 민요의 전승양상을 살피면서 민요의 활용방안으로 지역을 대표하는 민요의 선정, 민요의 현황파악, 민요의 전승을 위한 강습, 이야기와 함께 할 수 있는 노래라는 책을 만드는 등의 인식 전환, 우리 실생활의 일부로서 민요의 활용 등을 제기한 바 있는데(정희정, 앞의 글, 71~91쪽), 필자는 "우리의 전통설화와 함께 구전되는 노래들을 전승한다"는 언급에 동의하면서 이를 연행론에 의한 공연문화와 관련시켜 논의를 확대한 것이다.

31) 글 김장성 · 그림 김용철, 시와 노래가 있는 옛이야기 그림책 『아기장수』7, 한솔교육, 2002, 31쪽.

넋을 저승으로/ 이끄는 신이 되었다네.//

　던져라 던진애기/ 버려라 버린데기/ 홀로 큰 바리 공주/ 효녀로 받들어졌다네./ 신으로 섬겨졌다네.//[32]

　위의 인용문은 시와 노래가 있는 옛이야기 그림책 <아기장수>의 뒷부분이고, 아래의 인용문은 시와 노래가 있는 옛이야기 그림책 <바리데기 공주>의 뒷부분이다. 앞의 <아기장수>는 아들이 죽자 엄마도 죽는, 비극의 서사적 사건에서 음악을 삽입시킨 것이다. 반면에 뒤의 <바리데기 공주>는 바리데기 공주가 어렵게 구해 온 약수로 아버지를 구한다는, 희극의 서사적 사건에서 음악을 삽입시키는 것이다. 이처럼 서사적 사건 속에 음악이 삽입되거나 노래를 부르더라도 이야기를 동반하면 이야기와 창이, 창과 이야기가 섞이면서 강창극講唱劇[33]으로 공연되는 판소리처럼, 삶 속에서 생성된 감정과 긴장의 정도를 효과적으로 드러낼 수 있다. 이러한 면모는 정규헌 옹의 고소설 강독[34]에서도 확인할 수 있다. 이 구연판이 변수를 수반하는, '현장의 현재적 상황'과 만나면 그 효과는 배가될 것이다.

---

32) 글 하종오·그림 나애경, 시와 노래가 있는 옛이야기 그림책 『바리데기 공주』 2, 한솔교육, 2002, 31~32쪽. 한편 이 바리데기 이야기는 ≪동해안 별신굿≫<오구굿> 현장에서 무가로 들을 수 있는데 부정굿, 골매기 서황굿, 청혼굿, 문굿, 문답, 뱃노래, 조상굿, 초맘자굿 ※김닦는 굿, 겹읽기, 규왕굿(규왕굿, 놋동이굿), 발원굿, 심우염불, 오귀자리, 판염불, 꽃노래, 뱃노래, 등노래, 등문기 중 발원굿(2005.10.02 13:42~16:22, 2시간 40분 소요)에서 살필 수 있다(필자 현지조사, ≪동해안 별신굿≫<오구굿>-고 김석출 옹 천도제, 부산시 기장면 일광해수욕장, 2005.10.01~02).

33) 사재동, 「한국희곡사 연구서설」, 『어문연구』 18·19, 어문연구학회, 1988·1989.

34) 김균태, 「고소설 강독사 사례」, 2004년 동계학술대회 『공연예술의 기록사와 공연사』, 한국공연문화학회, 2005.1.28~29, 60~71쪽.

(3) 디지털방식에 의한 기록·영상화의 실현

≪도서지역 민요≫의 관광자원화와 관련하여 부각시켜야 할 내용의 세 번째는 ≪도서지역 민요≫로 지역문화관광을 활성화하기 위해서는 디지털문화의 속성에 따라 민요자원을, 학제적 접근이 가능한 자료로 만들어 나가야 한다는 것이다. 이렇게 하기 위해서는 민요자원을 기록·영상화해야 한다. 그 이유는 두 가지를 들 수 있기 때문이다.

하나는 이렇게 한 것이 현세대의 오감五感을 자극할 것이기 때문이다. 민요의 생명은 젊은이의 손에 쥐어진 것이라면 당연히 젊은이에 의해 전승되는 길을 모색해야 한다. 즉 젊은이의 정서에 호소하는 기획·마케팅 전략을 주도해야 한다는 것이다. 도서지역의 특성에 맞는 민요관광의 문화기획력을 구사하되, 디지털방식에 의한 기록·영상화를 시도할 때 시가무가 융합된 민요는 관심을 끌 수 있을 것이다. 영상물은 디지털시대 문화콘텐츠사업의 내용으로서 온라인 탑재의 가능태요 영상화는 그 수단이기 때문이다.

다른 하나는 이렇게 한 것이, 전공분야가 다른 연구자에게, 자료에 대한 다각적 시각을 제공하기에 충분할 것이기 때문이다. 즉 컴퓨터와 인터넷의 급증에 따라, 웹상에서의 활용을 적극적으로 준비해 나가야 한다는 것이다. '민요에 있어서 정보화 작업은 무엇보다도 중요하다'고 한 김혜정35)은 이러한 입장에서 기존 민요자료의 형태를, 크게 책자로 출판된 경우, CD의 음향자료로 제작된 경우, VTR이나 VCD의 동영상자료로 제작된 경우, 사이버공간에서 공개되는 경우로 구분했는데, 이러한 기술방법의 다양한 모색은 모두 민요의 존재양상과 연행실상을 보다 구체적으로 드러내기 위한 일환으로 이루어진 것이라고 했다. 즉 가사→

---

35) 김혜정, 「민요의 정보화와 <사이버 한국민요대관>의 음악학적 활용 방안」, 『한국민요학』 14, 한국민요학회, 2004.6, 89~110쪽 중 89~94쪽.

악보(주로 오선보)→음향자료→VTR이나 VCD자료형태로 현장의 민요를 전유해 나가는 것이다. 이렇게 민요의 영상화는 전통민요의 전승 방안이자 더 나아가 폭넓은 민요연구자료[36]이기 때문이다. 이처럼 정보화는 상품화와 함께 민요자원의 관광자원화 과정에서 필수라고 할 때, 디지털방식에 의한 기록·영상화의 실현을 염두念頭에 두지 않을 수 없는 것이다.

(4) 연행론적 공연방법에 의한 '현장의 현재적 상황'의 조성

네 번째 ≪도서지역 민요≫의 관광자원화와 관련하여 부각시켜야 할 내용은 도서지역 주민(단체를 포함함)이 관광객의 욕구를 감지해야 한다는 것이다. 이렇게 하기 위해서는 연행론적 공연방법에 의해 '현장의 현재적 상황'을 조성해 나가야 한다. 이렇게 하지 않으면 문화적 충격을 줄 수 없기 때문이다. 또한 이에 대한 정보망을 오프라인·온라인을 동시에 운영함으로써 공간의 제한없이 실시간에 다양한 정보가 전달될 수 있도록 해야 한다. 특히 이러한 사회적 장치는 장기적·단기적으로 민중의 정체성 확인과 민족의 동질감 회복, 그리고 문화원형의 추적을 가능하게 한다고 하겠다. 여기서 두 가지를 예시해 보기로 한다.

하나는 관광지에서 관광객의 수요에 공급하는 관광상품으로서 ≪도서지역 민요≫를 만드는 일이다. 우선 육지와 도서島嶼와의 일반성과 개별성을 찾아내는 일이다. 대체로 관광객은 도서성島嶼性을 같거나 다르게 느낀다. 개별성은 '생태성·자연성·개방성·진취성'이어서, 도서지역 주민과 관광객 각자를 흥미있게 하기 때문이다. 그리고 일반성은 '해양이 제2의 국토'라는 인식을 전제하는 것이어서, 도서지역 주민과 관광객

---

36) 홍미희, 「전통민요의 영상화에 관한 고찰―논농사노래를 중심으로―」, 위의 책, 311~353쪽 중 312쪽.

사이에 공감을 불러일으키기 때문이다. 물론 이러한 인자因子들과 함께 재미나게 하기 위해서 독창, 구체, 필요, 신선, 친근, 긴장, 극적, 유머, 슬기 등의 요소를 중시할 수밖에 없다. 민요에서도 이러한 도서성이 발견되어야 하는 것이다. 이런 점에서 <강강술래>나 <진도아리랑>[37]은 그 지명도로 인하여 적격이라고 하겠다.

다음에 어민들 삶의 이야기에서 갈래의 형식적 전환을 꽤할 수 있다. 여기에는 문화원형으로서, 어민들의 생애담[38]이 바탕이 될 것이다. 어민들의 정을 서술하여 서정성을, 어민들인 사건을 서술하여 서사성을, 어민들이 깨달은 바 지혜를 서술하여 교술성을, 어민들의 갈등을 신명으로 풀기 위해 극적 구조를 지닌 서술로 희곡성 등을 불러일으킬 수 있다. 여기에서 둘 이상의 갈래가 조합되면 갈래의 복합으로 전환될 수 있다.

그 다음에 삶의 내용을 색깔로 접근할 수도 있겠다. 여기서 1차 자료는 어민들의 생애담이고, 여기에서 일곱 빛깔의 테마를 찾아내는 것이다. 가령, 빨강·주황·노랑·초록·파랑·남색·보라가 바로 그것이다. 여기에 오방색의 관점을 두고 검정색과 흰색을 추가할 수도 있을 것이다. 특히 '빨강 빛깔'은 천상의 밝음과 나라의 시작을 상징하고, 재앙과 악귀를 물리치는 벽사辟邪의 의미도 지니고 있고,[39] '노랑 빛깔'은 방

---

37) 2005년 5월 14일(토) 14:00, <진도토요민속여행>에서 다룬 <진도아리랑>의 사설은 이렇다. (후렴) 아리아리랑 서리서리랑 아라리가 났네~ 아리랑 응~ 응~ 응~ 아라리가 났네 ①문경새재는 왠 고갠가 구부야 구부구부가 눈물이 난다 ②놀다 가세 놀다나 가세 저 달이 떴다 지도록 놀다나 가세 ③서산에 지는 해는 지고 싶어서 지느냐 날 두고 가시는 님은 가고 싶어서 가느냐 ④세월아 네월아 오고 가지를 말아라 아까운 청춘들이 다 늙어간다. ⑤우리가 여기 왔다 그냥갈 수가 있냐 노래 부르고 춤추며 놀다나 가세 ⑥한국 최남단 보배섬 진도珍島 인심이 좋아서 살기도 좋네. 여기서 ⑤는 상황성과 관련되고, ⑥은 지역성과 관련된 사설이다.

38) 나승만, 「뱃사람들의 생활과 생애이야기」, 『한국의 해양문화』 1 서남해역 (하), 해양수산부, 2002.12, 60~131쪽.

위로는 중앙(땅이 평평하며, 늘 젖어 있어서 만물이 잘 자라는 곳)·서울·풍요를 상징하며,[40] '파랑빛깔'은 피안彼岸의 빛·거룩함, 동쪽(해돋이, 밝음, 맑음 등), 승화의 빛, 신생과 약동하는 힘, 초월·지양·희망을 상징하므로,[41] 이에 맞는 이야기를 연결시킨다.

끝으로 표준화된 관광의 양식에서 벗어나 개인·단체를 위한 실내·외용의 일정표를 마련하는 것이다. 이에 대한 구체적 진술은 아래의 내용과 관련됨으로 생략한다.

다른 하나는 도서·해양문화의 하나인 조기잡이 어민들의 삶과 의식과 민요를 재현·체험케 하는 일이다. 물론 신안군·완도군·진도군의 문화관광을 본 것처럼, 현재에도 갯벌이나 진흙 체험 등으로 익숙해져 가고 있지만, 위의 내용을 현장에서 현재화하여 상황을 감지케 하는 체험문화관광이라는 면에서 여전히 관심거리가 된다고 판단한다. 그 배경에는 '귀로 듣는 것'에서 '눈으로 보는 것'으로, '머리로 생각하는 것'에서 '가슴으로 느끼는 것'으로 전환한다는 전제가 있고, 여기에는 시가무詩歌舞 융합融合[42]에 따라 상황을 극적 구조화하는 연행론적 공연작업이 드러난다. 즉 '민요의 극적 구조화'는 섬사람들의 삶과 의식과 문화가 전유된 ≪도서지역 민요≫를 통해 민요주체가 과거를 왕래하고, 민요사회의 미래를 전망하면서 민요공동체가 지향하는 '현장의 현재적 상황'을 미적으로 전유해 나간다는 의미이다.

---

39) 한국문화상징사전편찬위원회, 『한국문화상징사전』, 동아출판사, 1992, 385쪽.

40) 위의 사진, 165쪽.

41) 위의 사전, 606쪽.

42) 시가무 융합은 詩(언어)＋歌(음악)＋無(무용)로 표현된다. 한편 보여주는 자와 보는 자는 소리판에서 서로 극적으로 관계하고, 민요 자체와 그 관련의 요소에 동시적으로 작용하여, 오른쪽으로 파도형의 전진운동을, 위쪽으로 나사형의 상승운동을 수행하는 동시에 이 시가무 융합에 의한 신명풀이를 지향한다(홍순일, 앞의 책 참조).

제1차 자료는 조기잡이 민요로서 서해안 태안군에 있는 황도 배치기[43]이다. 이 배치기 소리는 조기잡이라는 물적 기반과 문화적 배경을 토대로 전승되고 있다[44]는 것으로 인해, 강릉부터 부산까지 같은 소리의 특성을 보이는 것처럼, 황해도·경기도·충청도부터 전남 진도나 고흥 나로도까지도 같은 소리의 특성을 보인다. 따라서 전남 진도나 고흥 나로도 소리에 대한 관심은 황해도소리에 대한 이해로까지 확장된다. 특히 배치기소리와 조기잡이는 분단 이전부터 지속되어온 문화적 전통이므로, 배치기 소리를 통해 이념이나 국경, 행정구역에 제한되지 않는, 삶터와 문화적 전통의 공유양상을 이해할 수 있다.[45]

한편 민요 자체로도 관광자원화가 현실화되지만, 민요를 민속문화와 관련시키면 그 가능성은 무궁무진하다고 할 수 있다. 즉 안면도 어민들의 조기잡이 민요와 문화관광을 테마로, 조기잡이 어민들의 조기잡이 경로를 따르면서, 여러 지역의 민속을 주목하고, 먹거리문화를 체험하게 하는 것이다. 특히 이 지역은 당제가 많고, 이것이 축제화된 상태를 보이므로, 인식을 전환하여 사회적 장치를 작동시킨다면 현실화의 여지는 많다고 하겠다.

요컨대 ≪도서지역 민요≫의 관광자원화는 도서지역의 특성에 맞는 문화기획력에 따라 시가무가 융합된 민요를 디지털방식에 의해 기록·영상화하는 동시에 연행론적 공연방법에 의해 '현장의 현재적 상황'을

---

43) 한국민요대전－충청남도 편의 충청남도 민요분류표에 의하면 어업노동요는 어획과 기타 어촌노동으로 구분되는데, 어획의 경우 노젓는 소리, 그물놓는 소리, 그물당기는 소리, 고기푸는 소리(현지곡명: 들어치기), 만선풍장소리(현지곡명: 배치기), 고기낚는 소리 등이고, 기타 어촌노동은 배 올리는 소리이다 (변영호, 「충청남도 민요의 기능별 분류와 분포」, 『한국민요대전－충청남도 편』, MBC, 1995.12, 15~43쪽 중 16~17쪽).

44) 이경엽, 「서해안 배치기소리와 조기잡이」, 제12차 하계전국학술대회『한국 어업노동요의 분포와 특성』, 한국민요학회, 2004.8.20~21, 5~22쪽 중 19쪽.

45) 위의 글, 5~22쪽 중 20쪽.

조성해 나갈 때 가능하다고 할 수 있다.

5. 맺음말

이러한 사실을 종합해 볼 때, 우리는 민요행위주체자들이 지역개발의 목표인 '지역주민의 삶의 질 향상'을 위해 민요의 미적 가치를 실현하고자 함을 알 수 있다. 따라서 민요연행자인 주체1이 독자·청중·관객인 주체2와 함께 이러한 이념을 정서화시키기 위해 사회적 장치를 가동시키는 동시에 연행론적 공연행위를 계속해야 한다. 왜냐하면 그럴 때 비로소 ≪도서지역 민요≫의 관광자원화가 가능하기 때문이다. 이를 요약하여 기술하면 다음과 같다.

첫 번째로 논의한 내용은 '민요와 문화관광과 관광자원화'이다. 'DB관리'로부터 '문화관광'으로까지 나아가는 '관광자원화'는 문화관광의 도달점인데, 이는 주체1의 '작품'을 뿌리로 하고, 이 '작품에 대한 주체의 작품 외적 전유'를 줄기로 하면서 수행하는 기획문화산업이다, 따라서 민요연행자인 주체1을 중심으로 실천하되, 독자·청중·관객인 주체2와의 관계에서 지역개발을 위한 지역문화관광의 활성화 방안을 모색해야 한다. 특히 ≪도서지역 민요≫를 관광자원화하는 과정은 문화자원을 기획·개발하고, 문화관광콘텐츠를 제작하며, 문화관광자원의 활용방안을 모색하는 작업이다. 이 과정에서 지역문화관광의 활성화를 위해 민속문화의 시대성, 도서島嶼의 지역성, 극적으로 구조화된 상황성 등을 고려해야 한다.

두 번째로 논의한 내용은 '≪도서지역 민요≫의 관광자원화 가능성'이다. 21세기의 문화행위는 문화자원을 중시하면서 '지역주민의 삶의 질 향상'에 초점을 둔다. 인간의 의식이 전유된 것이 문화유산이기 때문이다. 따라서 사설, 음악, 연행이 민속으로 제도화되어 미적 가치를 실현해 나가는 과정을 살필 수 있다. 민요, 특히 ≪도서지역의 민요≫는 무형문화자원(intangible cultural properties)으로서 이 과정을 살피는데 도움을 준다. 이를 위해서는 민요 자체를 개발하는 일, 이를 사회적 장치로 접근하는 일, 민요소리꾼과 생업과 민요와의 연관 속에서 고유의 미적 가치를 발견하는 일 등에 관심을 가져야 한다.

우리의 삶을 변화시키는 ≪도서지역 민요≫는 민요사회와 지역문화를 활성화시키는 맥락에서 소통되어야 한다. 특히 이러한 민요소통행위는 '지역주민의 삶의 질 향상'이라는 목표에 맞추어져 있다. 민요소리꾼은 우리를 놀라게 하는 민요의 미적 요소를 중시하고, 생활의 다기능을 수행하면서 연속적 연행을 하며, 혼자 또는 함께 풍부한 정서를 전승시키는 신명의 공연을 추구하는 것이다.

세 번째로 논의한 내용은 '≪도서지역 민요≫의 관광자원화 현실성'이다. 민요행위주체자들이 ≪도서지역 민요≫를 자원으로 인식할 뿐만 아니라 관광자원화를 위한 정보화와 상품화, 그리고 기획과 마케팅을 모색하고 있는지를, 특히 ≪도서지역 민요≫에서 발견되는 민요의 미적 가치를 실현하기 위해 방안을 모색하고 있는지를 살피는 것이 관건이다. 즉 도서지역의 특성에 맞는 문화기획력에 따라 시가무가 융합된 민요를 디지털방식에 의해 기록·영상화하는 동시에, 연행론적 공연방법에 의해 '현장의 현재적 상황'을 조성해 나가는 방법을 제시해야 한다.

이처럼 문화론적 지역활성화의 관점에서, ≪도서지역 민요≫의 문화관광화 가능성과 현실성을 살펴봄에 따라, 민요행위주체자들은 '지역주민의 삶의 질 향상'을 위해 민요의 미적 가치를 실현하고, 이것이 가능하도록 사회적 장치를 작동시켜야 함을 알 수 있다. 그러나 이러한 방향의 민요행위가 지역개발을 위한 지역문화관광의 활성화에 기여하기 위해서는 민요, 특히 ≪도서지역 민요≫와 문화관광, 그리고 이를 연계시

키는 관광자원화가 산학연관産學硏官의 협동 하에 이루어져야 한다. 이
방법은 이후에도 계속 논의되어야 할 사항이다.

<참고 문헌>

강등학, 「충남 민요의 축제활용을 위한 방향 모색」, 『한국민요학』 6, 한국민요
　　　학회, 1999, 7~20쪽.

곽의진, 「지역문화와 숨겨진 예술의 끼－민요창극 <진도에 또 하나 고려 있
　　　었네>를 중심으로－」, 『문화도시문화복지』 106, 한국문화정책개발
　　　원, 2001.7, 44~47쪽.

국어와작문교재편찬위원회, 『사고와 논증』, 충남대 출판부, 2001.

권오경, 「영호남지역 민요의 교섭양상과 문화적 의미」, 제10회 하계학술발표
　　　대회, 한국민요학회, 2003.8.21~22, 1~14쪽(전체쪽수 없음).

김상규, 「경쟁력 제고를 위한 민요 활용의 시장경제교육」, 『논문집』 35, 대구
　　　교육대, 2000.6, 147~173쪽.

김익두, 『판소리, 그 지고의 신체 전략－판소리의 공연학적 면모－』, 평민사,
　　　2003.

김창원, 「서해 5도 지역의 민요에 대한 교육적 고찰」, 『기전문화연구』 25·26,
　　　인천교육대 기전문화연구소, 1998.8, 261~341쪽.

김학성·심선옥·김문태, 「근대민요 ≪정선아라리≫의 데이터베이스 구축과
　　　활용 방안」, 『어문연구』 제31권 제4호 통권 120호, 국어어문교육연구
　　　회, 2003 겨울, 133~157쪽.

김혜정, 「민요의 정보화와 <사이버 한국민요대관>의 음악학적 활용 방안」,
　　　『한국민요학』 14, 한국민요학회, 2004.6, 89~110쪽.

김혜정, 『우리 몸에 새겨진 삶의 노래 강강술래』, 한얼미디어, 2004.

나승만, 「완도지역 민요연행의 실상과 변천」, 『민요논집』 제2집, 민요학회,
　　　1993.3, 77~109쪽.

나승만, 「소포리 노래방 활동에 대한 현지 연구」, 『역사민속학』 제3호, 한국역
　　　사민속학회, 1993.7, 27~45쪽.

나승만, 「남동리 민요공동체 당당패의 성립과정」, 『한국민요학』 제2집, 한국
　　　민요학회, 1994.7, 55~74쪽.

나승만, 도서문화자료총서5『소리꾼 조공례』, 목포대 도서문화연구소, 1995.

나승만, 「노래판 산다이에 대한 현지작업」,『한국민요학』제4집, 한국민요학회, 1996.11, 39~62쪽.

나승만, 「삶의 처지와 노래생산양식의 상관성−촌부·무당 그리고 기독교인으로 살아온 김안례의 사례를 중심으로−」,『도서문화』제16집, 목포대 도서문화연구소, 1998.12, 182~200쪽.

나승만, 「민요 소리꾼의 생애담 조사와 사례 분석−서남해 도서지역 민요 소리꾼 생애담 조사를 중심으로−」,『구비문학연구』제7집, 한국구비문학회, 1998, 165~186쪽.

나승만, 「압해도 민요자료 활용 방안」,『도서문화』18, 목포대 도서문화연구소, 2000.2, 289~303쪽.

나승만, 「서남해 도서연안지역 민요자료의 활용 방안」,『남도민속연구』제7집, 남도민속학회, 2001.12, 99~116쪽.

나승만, 「뱃사람들의 생활과 생애이야기」,『한국의 해양문화』1 서남해역(하), 해양수산부, 2002.12, 60~131쪽.

나승만, 「서남해역 해양민요」,『한국의 해양문화』1 서남해역 (하), 해양수산부, 2002.12, 525~569쪽.

나승만,『강강술래』, 국립문화재연구소, 2004.

문화방송,『한국민요대전 2 전라남도 편−전라남도민요해설집』, MBC, 1993.

변영호, 「충청남도 민요의 기능별 분류과 분포」,『한국민요대전−충청남도편』, MBC, 1995.12, 15~43쪽.

사재동, 「한국희곡사 연구서설」,『어문연구』18·19, 어문연구학회, 1988·1989.

손동인·정동화, 「구비문학의 교육적 활용에 관한 연구−특히 민요·전래동화를 중심으로−」,『논문집』22, 인천교육대, 1988.6, 1~68쪽.

M.S.까간 지음·진중권 옮김,『미학강의』Ⅰ·Ⅱ, 새길, 1989·1991.

이광진,『민속과 축제의 관광적 해석』, 민속원, 2004.

이경엽, 「서해안 배치기소리와 조기잡이」, 제12차 하계전국학술대회『한국 어업노동요의 분포와 특성』, 한국민요학회, 2004.8.20~21, 5~22쪽.

이경엽, 「무형문화재와 민속 전승의 현실」,『한국민속학』40, 한국민속학회, 2004.12, 293~332쪽.

이경엽, 『진도다시래기』, 국립문화재연구소, 2004.

이덕안, 「서남해 연안 도서지역 문화유산의 관광자원화−목포 홍도 흑산도를 중심으로−」, 한국학술진흥재단 중점연구소 3단계 1차년도 제1세부 과제 워크샵 『서남해 도서 연안지역 유형문화자원의 개발과 활용방안 연구』, 목포대 도서문화연구소, 2004.11.19, 12~31쪽.

이두현·정병호, 무형문화재 지정 조사 보고서 제161호 『진도다시래기』, 문화재관리국, 809~미확인쪽.

이윤선, 「≪토요민속여행≫ 스토리텔링 전략과 '진도문화 브랜드' 포지셔닝」, 『도서·해양 문화관광의 활성화 방안』, 목포대 도서문화연구소, 2005.5.13, 21~27쪽.

이수자, 「설화에 나타난 한국인의 관광의식−＜개가 된 어머니＞유형의 설화를 중심으로−」, 『역사민속학』 제17호, 한국역사민속학회, 2003.12, 55~85쪽.

이창식, 「전통민요의 자료 활용과 문화콘텐츠」, 『한국민요학』 11, 한국민요학회, 2002.12, 173~202쪽.

이해준, 「서남해 도서지역 문화자원의 가치와 활용 전망」, 2000년 학술심포지움 『문화자원 활용방안 모색』, 목포대 도서문화연구소, 2000.11. 30, 1~10쪽.

정우택, 「≪정선아라리≫의 조사 현황과 데이터 정리 및 활용 전망」, 『한국민요학』 제14집, 한국민요학회, 2004.6, 257~284쪽.

정희정, 「충청지역 민요의 전승양상과 활용 방안」, 『충청학과 충청문화』 제2집, 충남발전연구원 부설 충남역사문화연구소, 2003, 71~91쪽.

한국문화징사전편찬위원회, 『한국문화상징사전』, 동아출판사, 1992.

한양명, 「지역축제의 활성화와 중심적 연행」, 『한국지역축제의 문제점과 개선방안』, 전북전통문화연구소, 2003.5.24, 53~64쪽.

허경회, 『신안지역의 설화와 민요』, 목포대 도서문화연구소, 1996.

허경회·나승만, 『완도지역의 설화와 민요』, 목포대 도서문화연구소, 1992.

홍미희, 「전통민요의 영상화에 관한 고찰−논농사노래를 중심으로−」, 『한국민요학』 14, 한국민요학회, 2004.6, 311~353쪽.

홍순일, 『판소리창본의 희극정신과 극적 아이러니』, 박이정, 2003.
홍순일, 「≪도서지역 민요≫와 문화관광-<신안민요>·<완도민요>·<진
　　　도민요>를 중심으로-」 2005 목포문화콘텐츠박람회 도서·해양 문
　　　화콘텐츠 세미나 『도서·해양문화관광의 활성화 방안-목포대 도서
　　　문화연구소와 도서3군 문화관광의 만남』, 목포대 도서문화연구소,
　　　2005.5.13, 39~55쪽.
홍순일, 「≪도서지역 민요≫와 문화관광-<신안민요>·<완도민요>·<진
　　　도민요>를 중심으로-」, 『발표논문』, 한국민요학회, 2005.5.21, 1~
　　　23쪽.
홍순일, 「≪도시저역 민요≫와 문화관광-<신안민요>·<완도민요>·<진
　　　도민요>를 중심으로-」, 『한국민요학』 17, 한국민요학회, 2005.12.
　　　28, 311~355쪽.

제4장

전남 서남권의 개발잠재력과 개발방향

신 순 호

1. 머리말

국제적으로는 오랜 냉전시대가 종말을 고하고 미국 중심의 시대(Pax Americana)로부터 차츰 다원화와 지역주의 확대로 변화하는 가운데 국가간 경쟁이 과거보다 훨씬 복잡하게 전개되고 있고, 국내적으로는 1990년대 초부터 지방화시대가 본격 실시되어 각 지역간의 발전을 위한 경쟁이 치열하게 전개되고 있다.

이러한 시대적 환경 속에는 오랜 역사의 흐름동안 국가발전의 중요한 전략적 중심지로 자리해온 서남권의 개발에 대한 논의는 매우 의미가 크다고 볼 수 있다.

서남권은 우리나라 국토의 서남부 축에 위치하고 있고, 환 황해권과

환 남해권이 교차하는 지역의 축에 위치하고 있어 중국, 일본, 러시아 등 동북아시아 지역을 중심으로 전개될 동북아경제권의 중심지이자 서남해안지역의 관문으로서 지정학적으로 매우 중요한 위치에 있다.

그러나 지난 60년대 이래 총량적 경제개발이라는 명목 하에 편향된 국토개발정책의 지속으로 인해 지역간 불균형이 심화되어 국토개발의 축이 수도권과 동남권에 과도하게 집중되어 온 반면, 서남권은 아직도 낙후된 지역으로 남아 있다.

이러한 상황 속에서 국토의 미래상과 장기적·종합적인 정책방향을 제시하는 제4차 국토종합계획은 국토의 합리적 개발을 목표로 하고 있고, 참여정부는 국정지표로서 국가균형과 지방의 활성화를 정하고 국가균형발전, 지방분권, 신행정수도 등의 방안을 구체화 해가고 있다. 이러한 시점에서 볼 때 전남도청이 많은 우여곡절을 거처 서남권의 중심지인 목포와 무안군 일대로 이전하게 되어 2005년이면 새로운 역사가 전개될 것인 바, 이를 기점으로 서남권의 발전에 대한 합리적 개발방향의 모색은 어느 때 보다 그 필요성이 크다 할 수 있다.

다시 말해 서남권은 전남 신도청 이전이라는 역사적 사업을 중심으로 무안국제공항과 목포신외항의 건설과 대불산업단지의 활성화 등 국가적 주요사업의 조속한 추진과 함께 환 황해권의 국제교역 중심지로 성장해 나갈 수 있도록 목포권내 각 지역이 잠재력을 충분히 살려 종합적인 지역개발방향을 모색·추진해야 할 과제가 시급한 실정이다.

따라서 본 연구는 서남권 개발의 여건은 어떠한가. 그리고 그 과제는 무엇인가를 살펴봄으로서, 여기에서 적출된 여건과 과제를 바탕으로 향후 서남권 개발 기본방향의 주요 대목을 제시해 보고자 한다.

2. 서남권 개발 여건: 잠재력과 제약요소

1) 인 구

서남권의 면적은 목포시 47.24㎢, 해남군 882.43㎢, 무안군 436.42㎢, 영암군 565.94㎢, 진도군 430.70㎢, 신안군 654.01㎢로 총 3,016.74㎢인 바. 이는 전국의 3.02%와 전남의 25.06%에 해당되는 면적이다.

또한 권내 인구는 총 558,489명으로 전국의 1.17%와 전남의 27.11%를 점하고 있다. 각 시·군별로는 목포시 245,315명, 해남군 92,459명, 무안군 66,240명, 영암군 65,069명, 신안군 49,733명, 진도군 39,673명이다.

인구밀도를 보면 권역전체는 185.13인㎢이며, 목포시는 5,192.9 해남군은 104.8, 무안군은 151.8, 영암군은 114.9, 신안군은 76, 진도군은 92이다.

목포시의 인구 밀도는 전국의 시 지역(특별시, 광역시 포함)의 인구밀도 가운데 8위로 수도권을 제외하고는 가장 높은 인구밀도를 보이고 있다.

전체인구에 대한 65세 이상의 노년인구 비율(2002년 기준)을 보면 서남권은 12.65%로 전남과 비슷하나 전국의 6.57%에 비해서는 상당히 높은 편이다. 다만 목포시는 6.64%로 전국에 비슷한 모습이나 해남군 17.48%, 진도군 18.86%, 신안군 20.19%는 전남에 비해서도 상당히 높고, 전국에 비해서는 매우 높은 비율로 목포시를 제외한 군郡지역의 인구가 매우 노령화되었음을 보여주고 있다.

인구변화 추이를 보면 서남권 전체의 경우 1955년에 744,881명에서 1966년에는 957,416명으로 증가를 계속하였으나 1970년에는 924,500명으로 감소하기 시작해 1980년에는 809,928명, 1990년에는 643,376명,

1998년에는 588,996명, 2002년에는 558,489명이다(<표 2-1> 참조).

<표 2-1> 서남권의 면적과 인구
기준: 2002.12 (단위: 개소, ㎢, 가구, 명)

시군 \ 구분	면적	세대	인 구			인구밀도	65세 이상 고령자(*)
			계	남	여		
전 남	12,036.94	731,087	2,059,621	1,024,613	1,035,008	171.1	274,134 (13.30)
소 계	3,016.74	203,382	558,489	276,956	281,533	185.13	70,684 (12.65)
목포시	47.24	82,721	245,315	121,949	123,366	5,192.9	16,304 (6.64)
해남군	882.43	35,217	92,459	45,050	47,409	104.8	16,163 (17.48)
무안군	436.42	24,931	66,240	33,197	33,043	151.8	10,601 (16.00)
영암군	565.94	24,542	65,069	32,619	32,450	114.9	10,087 (15.50)
신안군	654.01	20,257	49,733	25,129	24,604	76.0	10,043 (20.19)
진도군	430.70	15,714	39,673	19,012	20,661	92.1	7,486 (18.86)

자료: 전남통계연보

<표 2-2> 서남권의 시·군별 인구변화 추이 (단위 : 명, %)

구 분	1955	1966	1970	1980	1990	1998	2000	2002	총증감율 (연평균 증감률)		
									55~02	55~66	66~02
전 국 (천명)	21,502	29,160	31,434	38,124	43,411	46,430	47,008	47,640	121.56 (2.53)	35.61 (2.81)	63.37 (1.66)
전 남	2,770,411	3,876,534	3,371,040	2,923,191	2,180,170	2,173,989	2,134,629	2,059,627	-25.65 (-0.53)	39.92 (3.10)	-46.86 (-1.23)
소 계	744,881	957,416	924,500	809,928	643,376	588,996	583,493	558,489	-25.02 (-0.52)	28.53 (2.31)	-···41.6 6 (-1.09)
목포시	113,626	162,491	177,801	211,856	221,193	248,950	246,741	245,315	115.89 (2.41)	43.01 (3.31)	50.97 (1.34)

해남군	180,958	229,747	214,303	168,546	121,411	101,825	100,867	92,459	-48.90 (-1.01)	26.96 (2.19)	-59.75 (-1.57)
무안군	119,554	142,746	132,774	115,238	85,875	71,708	71,341	66,240	-44.59 (-0.92)	19.40 (1.62)	-53.59 (-1.41)
신안군	137,153	174,996	166,555	130,973	85,307	56,622	56,961	49,733	-63.73 (-1.32)	27.59 (2.24)	-71.58 (-1.83)
영암군	110,713	139,731	127,906	99,980	72,615	66,004	66,199	65,069	-41.22 (-0.85)	26.21 (2.14)	-53.43 (-1.40)
진도군	82,877	107,705	105,161	83,335	56,975	43,887	43,384	39,673	-52.13 (-1.08)	29.96 (2.41)	-63.16 (-1.66)

자료: 통계청. 인구 및 주택 총조사 보고서, 각 시군 통계.

이를 증감율로 보면 서남권은 1955~1966년 기간동안에는 28.53%(연평균 2.31%)의 증가를 보였으나 인구 및 주택 총조사 기준연도를 중심으로 볼 때 1996년을 기점으로 감소하기 시작해 1966~2002년의 기간동안에 41.66%(연평균 1.09%)의 감소율을 보이고 있다. 1955~2002년의 47년간에 서남권은 총 25.02%(연평균 0.52%)의 감소율을 보이고 있다(<표 2-2> 참조).

이 같은 인구 변화추이를 전국과 비교해 볼 때 전국 인구가 1955~2002년 기간동안 121.56%(연평균 2.53%)의 증가율에 비해 서남권은 매우 높은 감소율을 보이며, 1966~2002년 기간동안 63.37%(연평균 1.66%)의 증가율에 비해서는 더욱 엄청난 감소를 보이고 있다. 서남권의 인구변화를 전남의 경우와 비교해 볼 때는 1955~2002년 기간동안 전남의 감소율은 거의 비슷한 상태를 보이나, 1966~2002년 기간동안 전남의 46.86%(연평균 -1.23%) 변화율에 비해 서남권이 낮은 감소율을 보이고 있다. 그러나 내부적으로 보면 1966~2002년 기간동안 목포시가 50.97%(연평균 1.34%)의 증가율을 보였던 까닭에 전체 권역내 인구 감소율 수치에 큰 영향을 끼쳤음을 알 수 있고, 여타 군 지역들은 해남군 -59.75%(연평균 -1.57%), 무안군 -53.59%(-1.41%), 영암군 -53.43%(-1.40%)의 변화율을 보이고, 특히 신안군과 진도군은 각각 -71.58%(연평균

1.83%)와 -63.16%(-1.66%)의 변화율을 보여 전남의 인구 감소율에 비해 엄청나게 높은 변화율을 나타내고 있다.

인구는 해당 지역사회구조의 가장 기본이며 시원적 요소이다. 또한 인구현상은 自己再生産(reproduction rate)의 결과이며 조건[1]이기 때문에, 인구집단은 일정한 정치·경제·사회조직의 주체로서 그 지역이 처하고 있는 자연·사회·경제조건과 관련되어 있다. 따라서 인구현상은 해당 지역현상의 의미를 함축하고 있을 뿐 아니라, 비록 그것이 수량적으로 표현된다고 할지라도 지역의 다양한 내용과 포괄적 의미를 통해 차원 높은 추상적 개념을 읽을 수 있는 것이다. 인구에 대한 논의의 관점은 매우 오랜 역사를 가지고 있는 바, 정치·경제·사회적 관점에서 다양하게 의미를 부여해 오고 있다. 그러나 일반적인 관점에서 국가와 일정 지역의 자원 가운데 가장 중요한 것은 인구라고 정의하며,[2] 인구는 해당국가나 지역의 정치적 위치를 가늠하게 하고 또 경제적으로 노동력의 원천으로서 구매력과 수요 그리고 인프라의 규모와 종류 그리고 사회적 성장의 동력을 결정하는 요소이다. 이러한 점에서 볼 때, 극심한 지역의 인구 감소와 왜곡된 인구구조는 지역의 발전 측면에서 우려되는 바 크다.

2) 항 만

서남권에는 무역항으로 목포항이 있고 연안항으로 대흑산도항과 홍도항, 팽목항이 있다. 목포항은 우리나라 서남해안 축에 위치하고 있어 중

---

1) 岸本 實, 「人口地理學」, 東京: 大明堂, 1968, p.2 ; 吳洪哲, 「人文地理學」, 敎學社, 1982, p.32에서 재인용.
2) Joseph J. Spengler, French Predecessors of Malthus, Durham: Duke University Press, 1942, Chart.1.

국의 최대무역항인 상해와 가장 가까운 항구(목포~상해 671㎞, 군산~상해 790㎞, 인천~상해 918㎞)로써, 목포항의 하역능력은 7,011천 톤이고, 대흑산도항은 483천 톤, 홍도항은 48천 톤이다.

목포항은 항만 하역 능력 면에서 1991년에 2,016천 톤에서 2002년에 7,011천 톤으로 동 기간 동안 247.76%의 증가를 보였으나, 2002년 기준으로 전국 28개 무역항 가운데 14위의 항만하역능력을 가진 항이다(<표 2-3> 참조).

목포항의 입항실적은 1991년에 2,931천 톤에서 2002년에는 12,595천 톤으로 329.71%의 증가를 보였고, 화물수송은 1991년 2,241천 톤에서 2002년에는 8,275천 톤으로 269.25%의 증가를 보이고 있다(<표 2-3> 참조).

항만시설은 3만톤급 2선석, 2만톤급 2선석, 1만톤급 2선석 등 11척의 접안능력을 가지고 있다.

<표 2-3> 입출항 및 항만시설 (단위 : 척, 천톤, %)

구 분		전 국			목 포		
		1991년	2002년	증가율	1991년	2002년	증가율
입 항	척 수	156,590	370,250	136.44%	12,457	12,172	-2.28%
	톤 수	409,737	1,963,127	379.11%	2,931	12,595	329.71%
출 항	척 수	156,326	185,117	18.41%	12,445	12,143	-24.26%
	톤 수	409,361	985,830	140.82%	2,887	13,728	375.51%
하역능력(A)		248,365	486,510	95.88%	2,016	7,011	247.76%
화물수송실적(B)		339,096	864,540	154.95%	2,241	8,275	269.25%
B/A		1.37	1.77	-	1.11	1.18	-
집인능력(척)		-	624	-	-	18	-

자료: 해양수산부, 목포지방해양수산청

3) 제조업과 산업단지

서남권의 제조업체수는 2001년 말 기준으로 목포시 152개 업체를 포

함해 724개 업체가 입지해 있고 종사자수는 목포시 소재 업체에 3,483
명을 포함해 18,268명이다(<표 2-4> 참조).

<표 2-4> 광·공업 제조업체 및 종사 (단위: 개, 명)

구분	1985	1990	1995	1998		2001	
				업체수	종사자수	업체수	종사자수
전국	44,037	68,872	96,202	79,544	2,323,893	106,550	2,665,604
전남	2,019 (100.0)	1,856 (100.0)	2,634 (100.0)	2,269 (100.0)	66,330 (100.0)	2,619 (100.0)	73,331 (100.0)
목포시	125 (6.2)	152 (8.2)	164 (6.2)	110 (4.85)	3,394 (5.17)	152 (5.8)	3,483 (4.74)
서남권	456 (22.6)	421 (22.7)	669 (25.4)	606 (26.7)	8,120 (12.24)	724 (27.64)	18,268 (24.91)

자료: 통계청 시군구 100대지표 2002.12.

서남권이 전남에 차지하고 있는 비율은 업체수면에서 27.64%이고, 종
사자수로는 24.91%이며, 전국에 대한 비율은 업체수 0.67%, 종사자수
0.68%를 차지하고 있다. 인구가 차지하는 비율에 비해 업체 수에서는
전남과 비슷하나 종사자수는 다소 못 미치는 수준이고, 전국인구 비율에
비해서는 업체수와 종사자수가 절반 정도수준이다. 이는 서남권의 제조
업이 크게 발달하지 못한데다 그 규모도 영세함을 보여주고 있다.

산업단지는 국가산업단지로 대불산업단지(분양계획면적 294만평)가
있고, 지방산업단지(총 분양계획면적 67만평)로는 영암삼호산업단지, 목
포삽진산업단지가 있다. 이들의 분양실적은 2002년 10월 말 현재 대불
산업단지의 경우 90만평이 분양되어 39.6%의 분양률을 보이고 있고, 두
곳의 지방산업단지는 93.8%의 분양률을 보이고 있다. 한편 이들 산업단
지에 대한 입주업체는 대불산업단지에 73개 업체, 지방산업단지에 7개
업체가 입주해 있는 데, 이 가운데 대불산단의 가동률은 79.4%를 보이
고 있다(<표 2-5> 참조).

<표 2-5> 산업단지 현황(2002.12) (단위: 만평, 개사, 명)

종　류		조성 총면적	분양계획 면적	분양실적 (미분양)	입주업체 (휴업)	가동율 (%)	종업원수	비고
총　　계		443	294	156 (138)	80 (15)	81.25	5,059	
국가 산단	대불산단	349	227	90 (137)	73 (15)	79.4	1,898	
지방 산단	소　계	94	67	66 (1)	7	100	3,161	
	영암삼호산단	88	62	62 -	2 -	100	2,790	
	목포삽진산단	6	5	4 (1)	5 -	100	371	

자료: 전라남도, 목포시 자료.

　농공단지의 경우에는 권내에 총 8개의 단지가 조성되어 164개 업체가
입주하고 있는 데, 이 가운데서는 131개 업체가 가동 중이고 43개 업체
가 휴·폐업 중으로 가동율은 75.7%이다(<표 2-6> 참조).

<표 2-6> 농공단지 입주현황(2002.12)

시 군	단지명	입주계약 업체수(A)	입　주			준　비			가동율 (B/A)
			소　계	가동(B)	휴·폐업	소　계	건설중	미착공	
총　계		173	164	131	43	9	9	-	75.7
목 포	산 정	47	47	41	16	-	-	-	87
해 남	옥 천	16	16	11	5	-	-	-	69
영 암	신 북	10	9	5	4	1	1	-	56
	군 서	15	9	7	2	6	6	-	77
무 안	삼 향	21	20	13	7	1	1	-	62
	청 계	36	36	34	2	-	-	-	94
	일 로	22	21	16	5	1	1	-	76
진 도	고 군	6	6	4	2	-	-	-	67

자료: 전라남도.

4) 도서 및 관광자원

　서남권에는 134개의 유인도와 1,028개의 무인도가 있어 총 1,162개의
도서가 있다. 이는 전라남도 도서 수의 59.2%를 차지하고, 전국의 37.1%
를 차지하고 있다. 해안선 연장은 총 2,983.45km로 전남의 46.48%, 전국
의 약 17%를 점하고 있다(<표 2-7> 참조).

<표 2-7> 해안선과 도서 수(2002.12) (단위: km, 개)

구분 시군	해안선 길이	도　서　수		
		계	유 인 도	무 인 도
전　남	6,418.55	1,963	274	1,689
소　계	2,983.45	1,162	134	1,028
목포시	47.70	12	6	6
해남군	302.40	65	7	58
무안군	220.30	27	2	25
영암군	16.04	1	-	1
신안군	1,734.74	827	74	753
진도군	662.27	230	45	185

자료: 전남통계연보, 2002 각시군통계.

　서남권에는 국립공원으로 월출산국립공원과 다도해해상국립공원이 지
정되어 있고, 도립공원으로 두륜산도립공원이 있다(<표 2-8> 참조).

<표 2-8> 국·도립공원 지정 현황

공 원 명		지정일	행정구역	집단시설지구	관리청
국립공원	월출산	1988.6.1	영암군	천황사, 도갑사, 금릉경포대	국립공원 관리공원
	다도해 해상	1981.12.23	여천, 고흥, 완 도, 진도, 신안	거문도(여천), 나로도(고흥), 명사십리(완도), 홍도(신안)	
도립공원	두륜산	1979.12.26	해남군	대흥사	전라남도 (당해시군)

자료: 광역서남해권 발전전략(2000), 국제해양관광지구조성개발계획(2000).

서남권에는 국가지정문화재로 국보 50호로 지정된 도갑사해탈문을 비롯해 3개의 국보가 있고, 대흥사 북미륵암 마애여래좌상(보물 48호)을 비롯한 15개의 보물, 진도 용장산성(사적 126호)을 비롯한 9곳의 사적 및 명승, 무안 청천리 팽나무와 개서나무의 줄나무(천연기념물 82호)를 비롯한 15개의 천연기념물, 강강술래(무형문화재 8호)를 비롯한 5개의 무형문화재, 해남 윤탁 가옥(중요민속자료 153호)을 비롯한 5개의 중요 민속자료가 있고 그 밖에도 수많은 지방문화재가 있다.

또한 서남권의 관광(단)지로는 해남 화원관광단지를 비롯해 우수영, 토말, 영산호, 성기동, 월출산온천, 회동, 녹진 등이 있다. 그 밖에도 목포권에는 대광해수욕장, 원평해수욕장, 우전해수욕장, 관매해수욕장, 톱머리해수욕장, 송호해수욕장 등 수 많은 해수욕장이 있다(<표 2-9> 참조).

<표 2-9> 관광(단)지 현황

시군명	관광(단)지명	위 치	관광지지정일
해남군	우수영	해남군 문내면 학동리	1986. 1. 4
	토 말	해남군 송지면 송호리	1986. 6. 7
	화원관광단지	해남군 화원면 주광리 화봉리	1992.10.19
영암군	영산호	영암군 삼호면 나불리	1983.10.10
	성기동	영암군 군서면 동구림리	1986. 6.23
	월출산온천	영암군 군서면 해창리	1997.10.13
신안군	대광해수욕장	신안군 임자면 대기리 광산리	1990. 9.21
진도군	회 동	진도군 구군면 금계리	1987.10.15
	녹 진	진도군 군내면 녹진리	1988.12.16
계	9개소		

자료: 광역서남해권 발전전략(2000), 국제해양관광지구조성개발계획(2000).

5) 추진 중인 주요 개발사업

서남권의 발전을 위한 필수적인 사업들이 오랜 기간 동안 진전을 보지 못하다가 근래 서해안 시대의 전개와 더불어 차츰 그 모습이 현실로 드러나고 있다.

서해안고속도로와 호남선복선화 사업이 완공되고 도청이전사업과 무안국제공항 등의 사업이 활발히 전개되고 있으나 목포신외항건설과 화원관광단지조성사업 등은 예정했던 당초 계획보다 상당한 차질을 빚고 있다.

<표 2-10> 국가시행 주요산업(단위: 억원)

사 업 명	사업량 (2001계획)	사업기간	총사업비
전남도청 이전사업	447만평	2000~2019	25,835
화원관광단지 조성	154만평	1991~2004	7,528
목포~광양간 고속도로 건설	100.1km	2002~2005	24,887
목포~광양간 국도4차로	150.5km	1989~2004	7,520
국가지원지방도(목포~압해) 건설	3.56km	2000~2005	1,840
국도 2호선 대체우회도로 개설	14.5km	2002~2008	3,243
서해안고속도로 건설	60km(전남구간)	1990~2001	7,603
광주~무안간 고속도로 건설	41.62km	2002~2007	8,034
목포~고하도간 목포대교 가설	4.1km	2002~2009	2,823
호남선 철도전철화	256.3km	2000~2005	8,993
서남권 신산업철도 건설	12.4km	1997~2003	1,784
송정~목포간 철도 복선화	70.6km	1991~2003	7,231
호남고속철도 건설	325km	2001~2015	123,520
목포~보성간 철도 건설	79.5km	2000~2011	11,387
무안공항 건설	부지 2,473천㎡	1999~2006	2,007
목포신외항 건설	12선석	1993~2011	6,611
목포항(무역항) 건설	안벽 933내외1	1983~2011	4,454
탐진댐 건설사업	183백만톤	1996~2004	6,094
전남남부권(탐진댐)광역 상수도 사업	350천톤/일	1997~2011	3,645
영산강 종합정비	호안축제 268.9km	1990~2002	2,295

자료: 목포시 도시과.

3. 서남권의 개발 방향

서남권은 앞서 개발여건에서 살펴보았듯이 서남해안축에 위치하고 있어 한국, 중국, 일본, 러시아 등 아시아 지역을 중심으로 전개될 동북아경제권의 중심지로서 매우 중요한 지정학적 이점을 지니고 있고, 서남해안지역 축의 관문으로서 대 중국교역의 전진기지로서의 역할이 증대되고 있다.

서남권은 국토의 서남부축에 위치하고 있어 수도권과의 접근이 불리하나, 개방형 통합국토축에서 볼 때 환 황해권가 환 남해권이 교차하는 지역으로서 동북아경제를 주도할 국제교류의 거점기지로 육성해야 할 필요성이 증대되고 있다.

또한 서남권은 잘 발달된 리아스식해안과 각양각색의 수많은 섬을 보유하고, 간석지가 넓게 발달되어 있어 연안어족이 풍부하며 해조류와 패류의 서식에 좋은 여건을 가지고 있다. 이에 따른 산, 바다, 섬 등 매우 훌륭한 해양지향적 자연환경과 함께, 문화 자원이 풍부하여 해양 수산산업과 관광발전잠재력이 어느 곳 보다 풍부하다.

그러나 한편으로는 최근 들어 전남도청의 이전 계획과 무안국제공항 등 대형 사업은 비교적 활발하게 전개되고 있으나, 서남권은 오랜 기간 동안 국토공간상의 발전축에서 소외되었고 이로 인한 심각한 인구유출과 내부적으로 안고 있는 공간조정 등 누적된 문제로 인해 여러 부문에서 개발해야할 과제를 안고 있다.

1) 공간구조 및 행정구역의 개편

국제화, 정보화 등의 시대적 변화에 신속하게 대응하기 위해서는 시·군단위인 소단위 단일행정구역의 지역개발보다는 보다 광역적·권역적 지역개발이 이루어져야 할 것이며, 일정 지역과는 행정구역 조정이 필요하다.

현재의 목포시의 면적은 47.24㎢에 불과하고, 그 영향권도 신안군과, 무안군, 영암군 일부 권역만이 목포를 중심으로 제한된 목포권을 형성하고 있다. 목포시는 협소한 공간과 지방도시로서 과도한 인구밀도로 인해 지역공간의 적절한 개발효과를 거두기에 이미 한계에 다달았고, 목포시 연접 군지역은 과소한 인구밀도로 인해 적절한 집적의 이익을 창출하기 어렵다. 또한 주요 지역 핵심시설을 유치·건설하는데에도 소 지역간 이기주의의 발생으로 권역 내 전체의 손실로 연결될 수 있음은 충분히 예견되는 사실이다.

또한 지역개발을 효율적으로 집행하기 위해서는 상·하위계획간에 상호 긴밀한 연관성과 체계성을 지녀야 하는데 이러한 연계·교류기능의 미흡으로 중앙과 지방간뿐만 아니라 특히 시·군간에 시행하는 개발사업간에 상충되는 사례가 많아 비효율성과 낭비적 요소가 많고 종합적이고 체계적인 관리가 어려운 실정이다.

이미 목포시와 무안군, 신안군과는 3차례에 걸친 시·군통합을 추진하였으나 모두 무산되었다. 남악 신도시로 전남도청의 이전이 확정되어 신청사가 2005년에 준공예정으로 활발한 공사추진을 하고 있고 이어서 대규모 도시개발사업이 이루어지게 될 것인 바, 기존 시·군계획에 의한 공간구조를 수정·보완할 필요성이 대두되고 있어 보다 지역통합적, 해양지향적인 후발 이점을 충분히 살려 기존의 인천권, 부산권, 광양권의 개발전략과의 차별화된 공간구조 조성과 행정구역의 조정이 필요하다.

행정구역조정에는 먼저 주민들의 충분한 이해가 전제되어야 하는 지난한 과제인 바, 제도적 뒷받침이 확보된 광역도시(개발)계획이 주민들의 공감대 속에 마련됨이 우선 과제이다.

여기에는 해당 농어촌지역은 도시적 기능을 충분히 활용하고 핵심도시지역에서 넘쳐나는 인구와 시설을 광활한 공간에 보다 쾌적한 전원도시적 공간으로 조성해 가는 방향으로 계획이 확고하게 수립되어야 할 것이다.

또한 목포권을 제1순환교통망과 제2교통망으로 연결하여 목포시와 남악, 서영암은 권역 중심의 핵으로 중추관리 기능과 국제적 기능, 권역 중심 기능을 분담토록 하고, 해남읍과 무안읍, 영암읍, 압해도, 진도읍은 지역내 주요 생활권 중심 기능을 담당토록 하고 여타 지구별로 특성을 살려 각각의 미래에 대한 주요 기능을 담당토록 함이 바람직하다.

2) 개방적이고 능동적인 공간조성

서남권을 개방적이고 능동적인 공간으로 조성하기 위해서는 경제를 비롯한 문화, 교육 등 다양한 국제교류가 이루어질 수 있도록 국제물류 거점의 확보, 그리고 이를 지원할 수 있는 공공지원시설, 서비스체계 구축 등이 이루어져야 하고, 국제교류 전문인력의 양성 및 국제 인프라 확충 등이 시급히 해결되어야 한다.

이 같은 사회적 물적 부문의 체계적 실현을 바탕으로 국제자유도시로의 추진이 필요하다. 이를 위해서는 대불산업단지 내에 기 지정된 외국인 기업단지를 확대함과 아울러 해양과 내륙의 조화를 이룬 해양성 관광벨트를 조성하고 목포 연접지역에 국제업무지역을 조성하는 3T (Transportation, Trade, Tourism)를 통해 생산·물류형의 국제자유도시를 건설함이 절실히 요청된다.

3) 국제교류의 거점기지로 육성

서남권은 지정학적 위치를 십분 살려 거대한 경제블록으로 형성되어 가는 환황해경제권을 대비해 국제교류의 협력 거점기지로 육성할 필요가 크다.

이를 위해서는 앞서 기술한 바와 같이 육상교통, 항만, 공항 등의 확충 및 건설이 전제되어야 하고, 도시지역 공간의 정비, 문화적 요소의 질적 향상, 관광시설의 확충과 특성화, 주민의식의 국제화, 제도의 구축 등이 전제되어야 하는 바, 권내 자치단체간의 추진기구를 구성하여 지속적으로 추진해야 할 것이다.

4) 해양수산 전진기지로의 개발과 항만 기능 확충

해양 수산개발산업은 21세기를 주도할 거대한 미래산업이다.

서남권은 전국 최대의 도서 및 해안선을 보유하고 있어 해양 수산개발의 여건과 개발 잠재력이 크다. 특히, 서남권은 1,162개의 도서가 있고, 해안선 길이가 무려 2,983.5㎞에 이르고 있고 광활한 갯벌과 대륙붕을 보유하고 있어 해양 수산개발의 양호한 여건을 가지고 있다. 또한 다양한 수산생태 자원과 함께 인근에 넓은 해역을 가지고 있고, 동지나해역과 남지나해역 그리고 태평양과의 좋은 위치를 점하고 있어 여기에서 조업하는 각종 어선들의 모항으로 아주 적절한 여건을 가지고 있다. 따라서 서남권의 해안을 중심으로 우리나라 해양 수산개발의 전진기지로 육성함이 필요하다.

서남권 해양수산개발을 위하여 단기적으로는 수산진흥과 해양관광개발, 항만 확충을 통한 물류기지화에 중점을 두고, 조업 어선들에 대한 모항으로서 기능을 충분히 갖추고 일정한 장소를 수산물 가공저장기지로 조성할 필요가 있으며, 장기적으로는 해양연구개발의 전진기지화를 추천해야 한다.

또한 해양 수산관련 국가 기관과 연구소를 목포권에 유치하고 대학 내에 해양 수산 연구를 보다 획기적으로 할 수 있는 방안을 모색하여 해양수산행정과 연구의 메카로서 발돋움을 위한 계획을 마련 추진해야 할 것이다.

그 밖에도 국제교역과 국토공간의 지정학 위치를 생각할 때, 목포는 항구로서의 기능 확충이 매우 절실하다. 기존의 항만시설이 취약한바 이미 추진 중인 목포신외항 건설사업이 보다 효율적으로 추진되어야 할 것이고 기존의 항만 기능의 재편도 아울러 추진되어야 할 것이다.

5) 광역 교통망체계의 구축

21세기 서남해안 시대를 맞이하여 서남권의 핵심인 목포인접지역을 지역통합적, 해양지향적인 국제교류의 거점기지로 육성하기 위해서는 광역 교통망체계의 구축이 시급한 과제이다. 그것은 중국의 5개 경제특구(Special Economic Zone)와 14개 경제기술구(Economic and Technology District) 가운데 5개의 경제특구 전부와 9개의 경제기술구가 서남권과 가장 가까운 곳에 위치하고 있기 때문이다.

지역의 원활한 교통망체계의 구축을 위해서는 순환 방사선형 교통망체계의 구축이 필요하다.

광역 교통망체계의 개편은 광역전체 및 광역내부의 광역교통 체계 개편과 공간구조개편과 연계된 교통망체계의 계획, 시설설치(Hard ware)는 물론 운영체계(Soft ware)도 고려해야 한다. 먼저 광역 교통망체계의 구축은 서남권 전체가 담당해야 할 국제교류 거점기능을 감당할 수 있도록 목포-광주간 연계 및 목포-광양만권과의 유기적 연계를 도모해야 하고, 목포를 중심으로 한 권역 내부의 교통망체계는 지구별 기능배분과 연계된 순환 방사선형 교통망체계가 구축되어야 한다. 여기에는 서남해안일주도로의 국도승격과 목포-고하도간의 교량건설, 무안-광주간의 고속도로건설, 무안 일로-나주공산간 도로 건설, 압해-눌도-달리도-화원간의 교량 및 도로 건설, 신안 도서간의 연도 연육교, 해남-영암-남악간 교량 및 도로가 건설되어야 한다.

따라서 도로체계는 목포-광양간, 광주-망운간, 목포-무안간 고속도로를 통한 동서 및 남북간 골격 형성과 목포-압해-망운-나주-광주간 거점도시권내 도시간 연결기능을 강화하며, 무안국제공항진입로 목포 북항-신외항-대불산단간 연결도로를 개설하여 항만, 공항, 신산업지대에의 접근성제고를 중심으로 형성됨이 필요하다. 그리고 항만·공항개발을 위하여 현재 추진 중에 있는 목포 신외항, 압해 국제항, 무안 국제공항을 조기에 건설하여야 하고, 천안-익산-광주-목포구간의 호남고속철도, 목포-보성간 경전선 직·복선화, 목포-군산-인천간 철도건설의 추진과 물류 및 산업활동의 지원을 위한 목포권 신산업철도, 압해인입철도, 무안국제공항 인입철도 등의 주요 간선철도망의 확충이 필요하다.

6) 국제 해양 문화관광지역으로 개발

서남권은 수많은 도서와 긴 해안선, 수려한 해안풍광과 해수욕장, 낚시터, 갯벌, 문화자원 등 이루헤아릴 수 없는 해양관광자원과 함께 이들과 연접해 있는 내륙의 특색 있는 관광자원을 가진 해양관광자원의 보고이다. 다도해지역은 도서·해양의 비중이 높고 해양자연풍광이 뛰어나고, 독특한 전통문화를 보유하고 있어 국제해양관광지대로서 발전할 가능성이 풍부한 지역이다. 그러므로 국내외 관광객이 체류하여 다도해

지역을 보고, 즐기고, 휴식할 수 있는 해양·문화관광개발이 시급하다. 특히, 목포항은 국내 항구 가운데 마치 미국의 샌프란시스코 항구나 시애틀 항구와 같은 지형구조를 가지고 있어 국제 관광항구로 개발 가능성이 크다.

따라서 바다, 물고기, 배의 접촉이 즐겁고도 광범위하게 이루어질 수 있고, 관광권역의 배후지역으로서 기능이 가능한 광역 목포권을 국제해양관광도시(Marinepolis)로 개발함이 크게 요청된다.

여기에는 마리나유람선, 관광어업 해양민속관, 호텔, 식당가, 해양관련 특산물, 쇼핑거리등 독특한 해양성 관광·문화공간 등이 구비되도록 해야 한다. 그리고 수려한 자연환경, 풍부한 전통문화, 따뜻한 인정을 기조로 한 어촌생활, 어촌문화 등과 조화된 제반의 여가활동을 할 수 있는 어촌체재형 여가활동의 의미로 추진되는 블루 투어리즘(Blue Tourrism)을 모델사업으로 추진하고, 내륙에서 볼 수 없는 독특한 도서경관, 다도해의 특성을 관광자원으로 활용할 수 있는 다도해 Satellite Resort개발도 함께 추진되어야 할 것이다.

또한 일본 국토청에서 낙도지역의 활성화를 위해서 추진되고 있는 것으로 도서지역의 아름다운 자연환경과 문화 등의 섬 지역자원을 활용한 휴양, 요양활동으로 지칭되는 아일랜드 테라피(Island Therapy)등의 특화관광도 개발해야 한다. 신안군의 증도 갯벌생태공원, 임자 해양리조트 휴양타운, 지도 갯벌연구 전시관, 자은 세계도서민속촌, 팔금 세계다리공원, 안좌 다도해선사문화공원, 화원관광단지, 땅끝 해양리조트 등 관광진흥을 위한 갯벌체험과 다양한 문화접근이 이루어지도록 해야 할 것이다.

그리고 서남권의 문화관광자원인 다도해해상 국립공원, 영암월출산 국립공원, 해남두륜산 도립공원과 영산호, 우수영, 토말, 대광해수욕장, 월출산온천 등 지정관광지, 진도 영등제, 영암 왕인박사축제, 신안 게르

마늄축제, 무안 회산연꽃축제, 해남 땅끝맞이축제와 흑석산 철쭉축제, 목포 유달산 개나리축제와 목포권 도자기축제 등 관광문화축제 등 문화관광자원을 연계 프로그램화한 관광루트를 종합적이고 체계적으로 개발해야 할 것이다.

4. 맺음말

서남권은 오랜 침체의 늪에서 지역의 발전이 어느 곳보다 뒤져왔다. 이는 오랫동안 성장지향적 국토개발정책에서 비롯되었으나, 최근들어 국제경제질서의 변화와 함께 서해안시대를 맞아 새로운 전기를 맞고 있다.

그러나 오랜 기간동안 누적된 기반시설의 빈약과 산업구조 그리고 심각한 인구유출 현상 그리고 지역 내 공간구조의 고착화 등은 90년대 초부터 시작된 지방자치제도의 실시로 제기된 지역통합력의 상실 등과 함께 목포권이 발전하는데 해결해야 할 과제들이다.

본 논문에서는 지역 발전에 있어 기본적 요소인 인구와 자연 환경요소 그리고 기반시설 가운데 주요한 몇 가지와 관광자원, 최근 권력 내에서 추진 중인 주요 개발사업 등을 살펴보고, 향후 서남권 개발의 방향을 모색하였다.

개발방향은 전반적인 부문을 모두 섭렵할 수 없는 지면상 그리고 연구 과정상의 문제로 주요 부문만을 모색하였다.

권내에는 특성을 달리하는 시·군이 포함되어 있고, 오랜 기간 동안 행정구역을 달리하여 각기행정을 수행하고 있어 보다 극대화한 통합적 개발을 수행하기가 쉽지 않다. 더구나 본격화된 지방제도 실시는 무엇보다 각 자치단체 중심의 지역주의의 시각에서 개발을 생각하기 마련이다.

이 같은 점을 극복하는 획기적인 체제 변화는 무엇보다 중요한 요소이나 이를 인정한 가운데서의 협조 체제 모색은 어느 부분적 개발방안 보다 권내 전 지역의 발전에 주요한 요소가 될 것이다.

또 한편으로 지역개발을 위해 물리적 요소나 제도 못지않게 중요한 것은 발전을 지속시킬 수 있는 주민들의 사고와 문화적 품격이다.

물리적 변화는 내부의 주민들에게 충격으로 작용될 수 있고, 자칫 궁극적 삶의 행복과 거리를 주게 될 수 있다. 결국 물리적 발전은 외부의 힘에 의해 이루어질 수 있지만, 사회내부의 색깔과 분위기는 주민들의 힘에 의해 전적으로 형성되어 질 수 밖에 없다.

이러한 의미에서 일부 지역 내 주민들이 간직할 수 있음직한 오랜 기간 동안의 패배주의적이고 부정적 정서가 보다 긍정적이고 광역적이며 국제적 주민의식으로 변화됨이 무엇보다 중요하다고 생각되어 진다.

<참고 문헌>

광역서남해권행정협의회,『광역서남해권 발전전략』, 2000.

광주 · 전남발전연구원,『제3차 전라남도 종합계획』, 2000.

목포시,『21세기 목포발전전략계획(1998~2007)』, 1998.

박광순, 「전남의 해양개발 어떻게 할 것인가」,『한국도서연구』제7집, 한국도서(섬)학회, 1996.

박양호 외 4인, 「남해안의 다도해 황금해안 프로젝트 구상」,『물과 한국인의 삶』, 나남출판, 1994.

박양호, 「선택의 폭이 넓은 국토구조로의 개편」,『국토 21세기』, 나남출판, 1997.

손형섭, 「신안군 도서중심지 개발에 관한 연구」,『새마을운동 학술논문집』제9집 4권, 새마을운동중앙본부, 1984.

손형섭, 「한 · 중수교와 지역경제의 교류전망」,『광주 · 전남 경영계』통권 제9호, 광주 · 전남 경영자협회, 1992.

손형섭, 「한 · 중 교역과 전남지역개발」,『임해지역개발연구』제13집, 목포대학교, 1994.

손형섭, 「한국 서남권 지역개발의 방향」,『임해지역개발연구』제16집, 목포대학교, 1996.

손형섭, 「광역목포권 개발의 과제와 기본방향」,『서해안 개발의 평가와 전망』, 한국지역 개발학회 2000년 하계학술발표회논문집, 2000.

신순호, 「「2011년 인구 50만 목포를」를 위한 전제와 내부역할」,『임해지역개발연구』제18집, 목포대학교, 1998.

신순호, 「시 · 군통합추진과정에서 나타난 갈등에 관한 사례연구」,『한국도시행정학보』제8집, 한국도시행정학회, 1995.

신순호, 「예향의 도시, 목포의 눈물과 웅비」,『국토』통권 219호, 국토연구원, 2000.1.

신순호 · 김정민, 「전남도청 소재지와 도청입지 선정에 관한 연구」, 목포권도

청유치추진 위원회, 1993.

오홍석, 『인문지리학』, 교학사, 1982.

유동운, 「농업과 수산업의 정부예산 투자효율분석」, 『수협조사 통계연보』 4월 호, 1996.

이향열, 「세계화·지방화를 지향하는 21세기 국토과제」, 『국토21세기』, 나남 출판, 1997.

임해지역개발연구소, 「광역 서남권 발전전략(해남군 협의자료)」, 목포대학교, 2000.

岸本 實, 「人口地理學」, 동경: 대명당, 1968.

Joseph J. Spengler, *French Predecessors of Malthus*, (Durham: Duke University Press), 1942.

ㅇ

▌필자 소개

나승만
목포대학교 국어국문학과 교수

신순호
목포대학교 사회과학부 교수

조경만
목포대학교 역사문화학부 교수

이경엽
목포대학교 국어국문학과 교수

김 준
목포대학교 도서문화연구소 연구교수

홍순일
목포대학교 도서문화연구소 연구교수

해양생태와 해양문화

인쇄일 : 2007년 5월 20일
발행일 : 2007년 5월 30일
집필자 : 나승만·신순호·조경만·이경엽·김준·홍순일
발행처 : 경인문화사
발행인 : 한 정 희
편 집 : 김 소 라
주 소 : 서울시 마포구 마포동 324-3
전 화 : 02-718-4831~2
팩 스 : 02-703-9711
홈페이지 : www.kyunginp.co.kr | 한국학서적.kr
이 메 일 : kyunginp@chol.com
등록번호 : 제10-18호(1973.11.8)

ISBN : 978-89-499-0484-9 94380
ⓒ 2007, Kyung-in Publishing Co, Printed in Korea
파본 및 훼손된 책은 교환해 드립니다.
값 15,000원